# 最《さい》高《こう》に すごすぎる 天《てん》気《き》の図《ず》鑑

TENKI NO ZUKAN

荒木健太郎

空《そら》のひみつがぜんぶわかる!

The Most Amazing Visual Dictionary of Weather

by Kentaro Araki

# はじめに

「すごい夕焼《ゆうや》けはいつ見《み》えるんだろう」「雪《ゆき》が白《しろ》いのはどうしてかな」「雲《くも》を見《み》て天気《てんき》を予想《よそう》してみたい」——。空《そら》を眺《なが》めたり、テレビのニュースなどを聞《き》いていたりすると、疑問《ぎもん》に感《かん》じる天気《てんき》の話題《わだい》がたくさんあると思《おも》います。

これまで『すごすぎる天気《てんき》の図鑑《ずかん》』シリーズとして、『すごすぎる天気《てんき》の図鑑《ずかん》』（図鑑《ずかん》1）、『もっとすごすぎる天気《てんき》の図鑑《ずかん》』（図鑑《ずかん》2）、『雲《くも》の超図鑑《ちょうずかん》』（雲図鑑《くもずかん》）で、雲《くも》や空《そら》、天気《てんき》について疑問《ぎもん》に思《おも》われやすいトピックを紹介《しょうかい》してきました。

今回《こんかい》の『最高《さいこう》にすごすぎる天気《てんき》の図鑑《ずかん》』では、さらに雲《くも》と生活《せいかつ》、空《そら》と文化《ぶんか》、気象《きしょう》と気候《きこう》、天気《てんき》と防災《ぼうさい》について、身《み》近《ちか》なものを使《つか》った実験《じっけん》や観察《かんさつ》などを交《まじ》えながら、とってもおもしろい内容《ないよう》を紹介《しょうかい》しています。目次《もくじ》の気《き》になった項目《こうもく》から読《よ》んでみてください。

私《わたし》たちの生活《せいかつ》を大《おお》きく左右《さゆう》する天気《てんき》。少《すこ》しでも知識《ちしき》があれば、美《うつく》しい空《そら》や雲《くも》に出会《であ》えるようになり、災害《さいがい》から身《み》を守《まも》れるようになります。天気《てんき》を知《し》るということは、人生《じんせい》が豊《ゆた》かになること。この本《ほん》が、みなさんにとって雲《くも》や空《そら》、天《てん》気《き》を存分《ぞんぶん》に楽《たの》しむきっかけになればいいなと思《おも》います。

※この本《ほん》の内容《ないよう》は、筆者《ひっしゃ》のYouTube《ユーチューブ》チャンネル『荒木健太郎《あらきけんたろう》の雲研究室《くもけんきゅうしつ》』で目次《もくじ》の項目《こうもく》すべてについて動画《どうが》で解説《かいせつ》していますので、本《ほん》とあわせてご覧《らん》ください。

- **太陽《たいよう》を直接見《ちょくせつみ》ると眼《め》を傷《いた》める可能性《かのうせい》があり、非常《ひじょう》に危険《きけん》です。**建物《たてもの》などの陰《かげ》から空《そら》を見上《みあ》げて、太陽《たいよう》を隠《かく》して安全《あんぜん》に空《そら》や雲《くも》を観察《かんさつ》してください。
- **実験《じっけん》は大人《おとな》と一緒《いっしょ》に安全《あんぜん》に行《おこな》いましょう。**
- ドライアイスを扱《あつか》うときは必《かなら》ず部屋《へや》を換気《かんき》し、直接手《ちょくせつて》で触《さわ》らないように注意《ちゅうい》してください。使《つか》い終《お》わったドライアイスは適切《てきせつ》に処分《しょぶん》してください。
- お湯《ゆ》や火《ひ》を扱《あつか》うときは、火傷《やけど》をしないように注意《ちゅうい》してください。

# キャラクター一覧《いちらん》 & 紹介《しょうかい》

本書《ほんしょ》には、雲《くも》や空《そら》にまつわるとってもかわいいキャラクターが登場《とうじょう》します！

### パーセルくん

空気《くうき》のかたまり（エア・パーセル）。水蒸気《すいじょうき》を飲《の》みすぎてよく雲《くも》をつくる。空《そら》を昇《のぼ》ったり降《お》りたりして天気《てんき》を変《か》える。

### 積乱雲《せきらんうん》

上向《うわむ》きな気持《きも》ちと下向《したむ》きな気持《きも》ちをあわせ持《も》つ、人間的《にんげんてき》な雲《くも》。天気《てんき》を急変《きゅうへん》させるが、体《からだ》を張《は》ってサインを出《だ》している。

## 十種雲形《じっしゅうんけい》の雲《くも》たち

積乱雲《せきらんうん》も含《ふく》めて10種類《しゅるい》の雲《くも》たちが大活躍《だいかつやく》！

### 巻雲《けんうん》

高《たか》い空《そら》にいてクール。なでたくなる。

### 巻積雲《けんせきうん》

穴《あな》が開《あ》いたり虹色《にじいろ》の彩雲《さいうん》になったりする。

### 巻層雲《けんそううん》

薄《うす》く空《そら》に広《ひろ》がってハロ・アークの虹色《にじいろ》を生《う》む。

### 高積雲《こうせきうん》

ひつじ雲《ぐも》なのにひつじっぽくない姿《すがた》にも——。

### 高層雲《こうそううん》

太陽《たいよう》や月《つき》をおぼろげにしちゃう。

### 乱層雲《らんそううん》

雨《あめ》や雪《ゆき》を降《ふ》らせて天気《てんき》を乱《みだ》す。

### 層積雲《そうせきうん》

畑《はたけ》のうねのように並《なら》ぶ。野菜《やさい》はイメージ。

### 層雲《そううん》

おとなしい。地《ち》に足《あし》をつけると霧《きり》になる。

### 積雲《せきうん》

元気《げんき》。もりもり成長《せいちょう》すると雄大積雲《ゆうだいせきうん》（入道雲《にゅうどうぐも》）に。

### 彩雲《さいうん》

古《ふる》くから良《よ》いことが起《お》こる前《まえ》ぶれとされてきたが、コツさえつかめば頻繁《ひんぱん》に出会《であ》える雲《くも》。

### レンズ雲《ぐも》

上空《じょうくう》の強風《きょうふう》に乗《の》ってツルッとした見《み》た目《め》になってしまった。天気《てんき》がくずれる目安《めやす》にもなる。

### ミニパーセルくん

低《ひく》い空《そら》にたくさんいて、押《お》してくる。高《たか》い空《そら》にはあまりいない。気圧《きあつ》を教《おし》えてくれる。

### パーセルさん

大人体形《おとなたいけい》のパーセルくん。視角度《しかくど》の説明《せつめい》に腕《うで》の長《なが》さが足《た》りなかったため、進《しん》化《か》を遂《と》げた。

パーセルくんとパーセルさんは、次《つぎ》のページから全部《ぜんぶ》で何人《なんにん》いるか数《かぞ》えてみよう！（答《こた》えはP171へ）

### 暖気《だんき》と冷気《れいき》

アツくて軽《かる》い暖気《だんき》と、
クールで重《おも》い冷気《れいき》。
そんなふたりから
はじまる雲《くも》の物語《ものがたり》。

### 小柄《こがら》な力士《りきし》

雨《あめ》や雪《ゆき》の重《おも》さがとんで
もないことを教《おし》えてく
れる。体重《たいじゅう》はちょうど
100kg。

## 雲《くも》にまつわるつぶたち

### 水蒸気《すいじょうき》

気体《きたい》の水《みず》。透明《とうめい》で
見《み》えない。雲《くも》のも
とになる。

### エアロゾル
### (空気中《くうきちゅう》のチリ)

空《そら》に浮《う》かぶ、目《め》に見《み》え
ないほど小《ちい》さなつぶ。
雲《くも》や気候《きこう》に重要《じゅうよう》。

### 雲粒《うんりゅう》(雲《くも》のつぶ)

液体《えきたい》の水《みず》のつぶ。
モクモクした雲《くも》
はだいたい雲粒《うんりゅう》。

### 雨《あま》つぶ(雨《あめ》のつぶ)

空《そら》から落《お》ちてくる
ときに空気抵抗《くうきていこう》で
おまんじゅう形《がた》に。

### 氷晶《ひょうしょう》(氷《こおり》の結晶《けっしょう》)

固体《こたい》の水《みず》(氷《こおり》)のつぶ。
みんな最初《さいしょ》は六角柱《ろっかくちゅう》。
氷《こおり》の雲《くも》をつくる。

### 雪結晶《ゆきけっしょう》(雪《ゆき》の結晶《けっしょう》)

気温《きおん》や水蒸気《すいじょうき》の量《りょう》に
よって姿《すがた》が変《か》わる。
種類《しゅるい》がたくさん!

### 霰《あられ》

雪《ゆき》の結晶《けっしょう》が雲粒《うんりゅう》を
たくさん取《と》り込《こ》ん
だ氷《こおり》のつぶ。

### 雹《ひょう》

霰《あられ》が積乱雲内《せきらんうんない》での上《じょう》
下運動《げうんどう》を繰《く》り返《かえ》して
至《いた》った氷《こおり》のかたまり。

## 積雪《せきせつ》にまつわるつぶたち

### 新雪《しんせつ》

雪《ゆき》の結晶《けっしょう》のかたちが
残《のこ》っている。

### こしまり雪《ゆき》

しまり雪《ゆき》になる
一歩手前《いっぽてまえ》のつぶ。

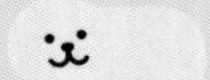

### しまり雪《ゆき》

丸《まる》みのある氷《こおり》のつぶ。
丈夫《じょうぶ》。

### こしもざらめ雪《ゆき》

平《たい》らな面《めん》を
持《も》っている。

### しもざらめ雪《ゆき》

霜《しも》のような
コップ状《じょう》の体《からだ》。

### ざらめ雪《ゆき》

ぬれて丸《まる》く、大《おお》きく
なった存在《そんざい》——。

### 太陽《たいよう》

口《くち》ぐせは「ピカァ」。地球《ちきゅう》に熱《ねつ》のエネルギーを送《おく》ってくれる。

### 地球《ちきゅう》

表面《ひょうめん》の7割《わり》が海《うみ》の、水《みず》の惑星《わくせい》。自転《じてん》して昼《ひる》と夜《よる》を生《う》む。

### サーマルくん

晴《は》れた日《ひ》に地面《じめん》がアツくなってわき上《あ》がる。積雲《せきうん》をつくる。

### 高気圧《こうきあつ》

彼《かれ》らをつくる空気《くうき》によって性質《せいしつ》が違《ちが》う。天気《てんき》を晴《は》れにすることが多《おお》いが、曇《くも》りにすることも。

### 温低《おんてい》ちゃんとトラフくん

温帯低気圧《おんたいていきあつ》の温低《おんてい》ちゃんは、トラフくん（気圧《きあつ》の谷《たに》）の接《せっ》近《きん》でアツくなって渦《うず》を巻《ま》く。その恋路《こいじ》の先《さき》は――。

### 台風《たいふう》

積乱雲《せきらんうん》がまとまることで発達《はったつ》した渦《うず》。熱帯低気圧《ねったいていきあつ》から進化《しんか》した。海《うみ》からの熱《ねつ》と水蒸気《すいじょうき》がごはん。

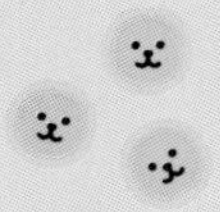

### 潜熱《せんねつ》

水《みず》の状態《じょうたい》が変《か》わるときにいる熱《ねつ》。雲《くも》や空《そら》を変《か》える。

### 温室効果《おんしつこうか》ガス

熱《ねつ》を吸収《きゅうしゅう》することで地球《ちきゅう》の温度《おんど》を支配《しはい》する。

### たつのすけ

強《つよ》まった渦《うず》。回転半径《かいてんはんけい》が小《ちい》さいとさらに強《つよ》まる。

### 風猫《かぜねこ》

空《そら》を翔《か》ける猫《ねこ》。気流《きりゅう》の乱《みだ》れるところに現《あらわ》れる。

### 昆虫《こんちゅう》

空《そら》に浮《う》かぶ彼《かれ》らは、ただ風《かぜ》に流《なが》されるのだった――。

### 火山《かざん》

火口《かこう》からエアロゾルと熱《ねつ》を出《だ》す。大噴火《だいふんか》で気候《きこう》にも影響《えいきょう》。

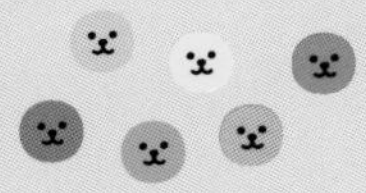

### 可視光線隊《かしこうせんたい》・虹《にじ》レンジャー

人間《にんげん》が目《め》で見《み》える光《ひかり》。本書《ほんしょ》では理科年表《りかねんぴょう》に倣《なら》って紫《むらさき》・青《あお》・緑《みどり》・黄《き》・橙《だいだい》・赤《あか》の6色《しょく》。

### マイクロ波放射犬《はほうしゃけん》

大気《たいき》や雲《くも》の電磁波《でんじは》を受《う》け取《と》り、上空《じょうくう》の水蒸気《すいじょうき》と気温《きおん》を高頻度《こうひんど》に測《はか》る。かしこくてかわいい。

### テンさん

電子基準点《でんしきじゅんてん》の受信機《じゅしんき》のアンテナ。自分《じぶん》のいる場所《ばしょ》が正確《せいかく》にわかるので迷子《まいご》にならない。水蒸気《すいじょうき》も測《はか》れる。

# CONTENTS



## CHAPTER 1 すごすぎる雲《くも》と生《せい》活《かつ》のはなし

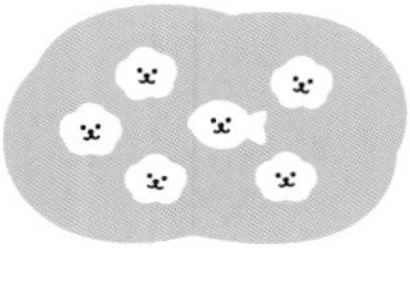

CHAPTER 2

# すごすぎる空《そら》と文《ぶん》化《か》のはなし

CHAPTER 3

# すごすぎる気象《きしょう》と気候《きこう》のはなし

CHAPTER 4

# すごすぎる天《てん》気《き》と防《ぼう》災《さい》のはなし

観察《かんさつ》

**ブックデザイン**　マツヤマ チヒロ（AKICHI）
**イラスト**　うてのての
**DTP**　山本秀一・山本深雪（G-clef）、NOAH
**校正**　麦秋アートセンター
**編集協力**　佐々木恭子、津田紗矢佳（ウェザーマップ）、
太田絢子（ウェザーマップ）、斉田有紗、
関原のり子、深谷恵美
**編集**　川田央恵（KADOKAWA）

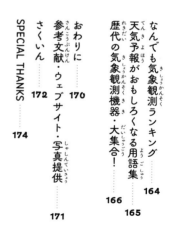

CHAPTER 1

# すごすぎる雲《くも》と生《せい》活《かつ》のはなし

あたり前《まえ》のように空《そら》に浮《う》かぶ雲《くも》――。
雲《くも》たちはどんなしくみで、どうしてそのような姿《すがた》になっているのでしょうか。
そこには、楽《たの》しい「科《か》学《がく》」があるのです。
この章《しょう》では、雲《くも》たちのしくみに迫《せま》り、
生《せい》活《かつ》のなかで体《たい》験《けん》できる「雲《くも》の世《せ》界《かい》」をご紹《しょう》介《かい》します。

# 01

# 炭《たん》酸《さん》飲《いん》料《りょう》のペットボトルを開《あ》けたときのモワモワは「雲《くも》」

炭《たん》酸《さん》飲《いん》料《りょう》のペットボトルのフタを開《あ》けたときに出《で》る、白《しろ》いモワモワ……。じつはこれ、立派《りっぱ》な雲《くも》なのです。

**雲**《くも》とは、小《ちい》さな水《みず》や氷《こおり》のつぶが集《あつ》まったもの。気体《きたい》の水《みず》である**水蒸気**《すいじょうき》を含《ふく》む空気《くうき》が上昇《じょうしょう》すると、上空《じょうくう》ほど**気圧**《きあつ》（空気《くうき》がものを押《お》す力《ちから》）は低《ひく》いため、まわりから押《お》される力《ちから》が弱《よわ》まって空気《くうき》はふくらみます。すると、ふくらむためのエネルギーに自分《じぶん》の熱《ねつ》を使《つか》うので温度《おんど》が下《さ》がります。空気《くうき》は温度《おんど》が低《ひく》いほど含《ふく》める水蒸気《すいじょうき》が少《すく》なくなる性質《せいしつ》があり、温度《おんど》が下《さ》がると限界《げんかい》（**飽和**《ほうわ》）を迎《むか》え、水《みず》があふれて雲《くも》ができます（**凝結**《ぎょうけつ》）。

炭酸飲料《たんさんいんりょう》がシュワシュワなのは、二酸化《にさんか》炭素《たんそ》を無理《むり》やり含《ふく》ませているから。このため、開封前《かいふうまえ》のペットボトルのなかは気圧《きあつ》が高《たか》く、フタを開《あ》けると急《きゅう》に気圧《きあつ》が下《さ》がり、温度《おんど》が下《さ》がって雲《くも》ができるのです。

手《て》でつぶせる柔《やわ》らかいペットボトル内《ない》にアルコール消毒液《しょうどくえき》を何回《なんかい》かスプレーし、フタをして思《おも》い切《き》りひねってから手《て》を放《はな》しても雲《くも》をつくれます。ぜひチャレンジを！

⬆ペットボトルを少《すこ》し押《お》すと飛《と》び出《だ》してくる。強《つよ》く押《お》すと中身《なかみ》が出《で》てくるので注意《ちゅうい》。

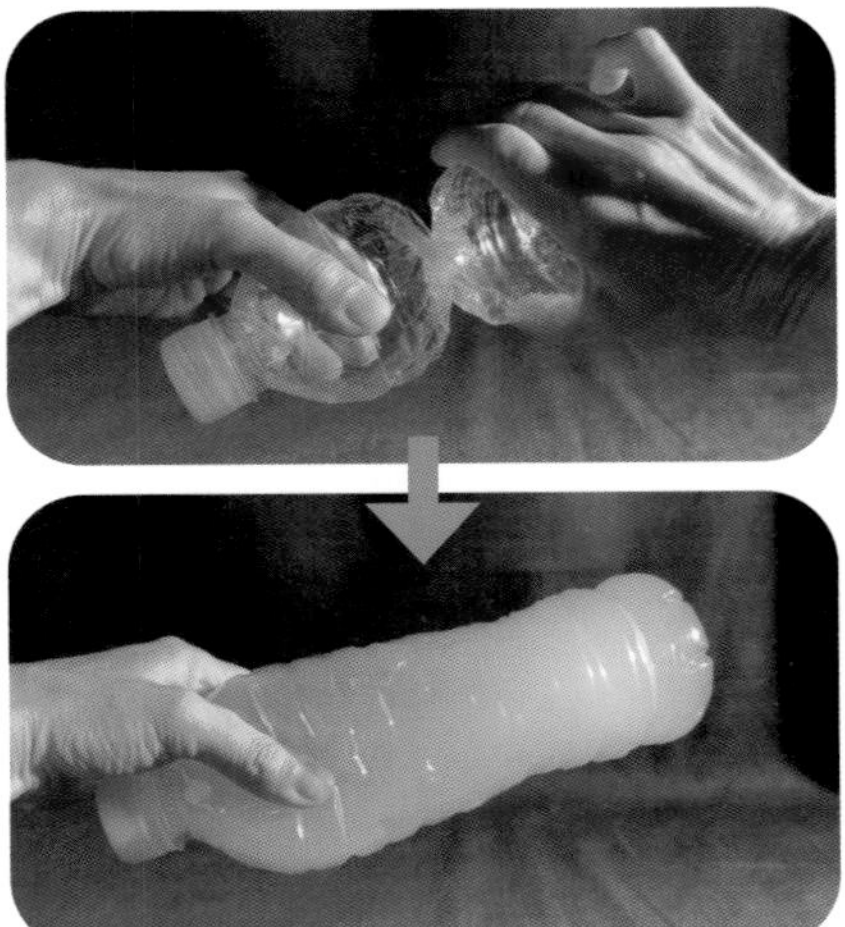

実験《じっけん》

⬆アルコール消毒《しょうどく》スプレーを2〜3回《かい》プッシュしてひねり、手《て》を放《はな》そう。アルコールは蒸発《じょうはつ》しやすいぶん、凝結《ぎょうけつ》もしやすく、雲実験《くもじっけん》向《む》き（図鑑《ずかん》2／P29）。

**豆知識《まめちしき》**

絵《え》を写《うつ》すときに使《つか》うトレーシングペーパーは水蒸気《すいじょうき》を吸《す》ってふくらむ性質《せいしつ》があり、2cm×5cmくらいに切《き》って手《て》のひらの上《うえ》に置《お》くと、手《て》の汗《あせ》が蒸発《じょうはつ》した水蒸気《すいじょうき》を吸《す》うために曲《ま》がっていきます。目《め》に見《み》えない水蒸気《すいじょうき》を体感《たいかん》できます。

# 02 徹底解明《てっていかいめい》！彩雲《さいうん》が虹色《にじいろ》に見《み》えるワケ

**虹《にじ》**

色《いろ》に彩《いろど》る雲《くも》、**彩雲《さいうん》**。彩雲《さいうん》が虹色《にじいろ》に見《み》える理由《りゆう》を徹底解明《てっていかいめい》しましょう。

私《わたし》たちの目《め》で見《み》える光《ひかり》を**可視光《かしこう》**といいます。光《ひかり》には波《なみ》の性質《せいしつ》があり、可視光《かしこう》の波長《はちょう》(波《なみ》ひとつぶんの長《なが》さ)ごとに短《みじか》いほうから紫《むらさき》～赤《あか》と色《いろ》が変《か》わります。可視光《かしこう》が水《みず》の雲《くも》のつぶ(雲粒《うんりゅう》)にあたると、雲粒《うんりゅう》を回《まわ》り込《こ》むように曲《ま》がります(**回折《かいせつ》**)。このとき波長《はちょう》によって曲《ま》がる度合《どあ》いが異《こと》なるため、色《いろ》がわかれて虹色《にじいろ》が生《う》まれるのです。

彩雲《さいうん》はすじ雲《ぐも》(巻雲《けんうん》)などの氷《こおり》の雲《くも》にはできず、いわし雲《ぐも》(巻積雲《けんせきうん》)やひつじ雲《ぐも》(高積雲《こうせきうん》)などの水《みず》の雲《くも》に現《あらわ》れます。また、雲粒《うんりゅう》が小《ちい》さいほど光《ひかり》は回折《かいせつ》で大《おお》きく曲《ま》がり、色《いろ》がわかれやすくなります。とくに雲《くも》の輪《りん》郭《かく》付近《ふきん》は雲粒《うんりゅう》が蒸発《じょうはつ》して小《ちい》さくなりやすく、色《いろ》が大《おお》きくわかれて鮮《あざ》やかな虹色《にじいろ》に。

ふつう、雲粒《うんりゅう》の大《おお》きさはバラバラなので彩雲《さいうん》の虹色《にじいろ》の並《なら》びも不規則《ふきそく》ですが、レンズ状《じょう》の巻積雲《けんせきうん》などでは雲粒《うんりゅう》の大《おお》きさがそろいやすく、大規模《だいきぼ》な彩雲《さいうん》にも。太陽《たいよう》を直接《ちょくせつ》見《み》ないように気《き》をつけて観察《かんさつ》してみて。

高積雲《こうせきうん》にできた
鮮《あざ》やかな彩雲《さいうん》、肉眼《にくがん》でも
はっきりとわかる!

観察《かんさつ》

レンズ状巻積雲《じょうけんせきうん》に現《あらわ》れた
幻想的《げんそうてき》な彩雲《さいうん》——

➡彩雲《さいうん》は太陽《たいよう》のすぐ近《ちか》くの雲《くも》に現《あらわ》れる。建物《たてもの》の陰《かげ》に入《はい》り、太陽《たいよう》がギリギリ隠《かく》れる位置《いち》から空《そら》を見上《みあ》げると観察《かんさつ》しやすい(図鑑《ずかん》2/P40)。

## ▼鮮《あざ》やかな彩雲《さいうん》が生《う》まれる理由《りゆう》

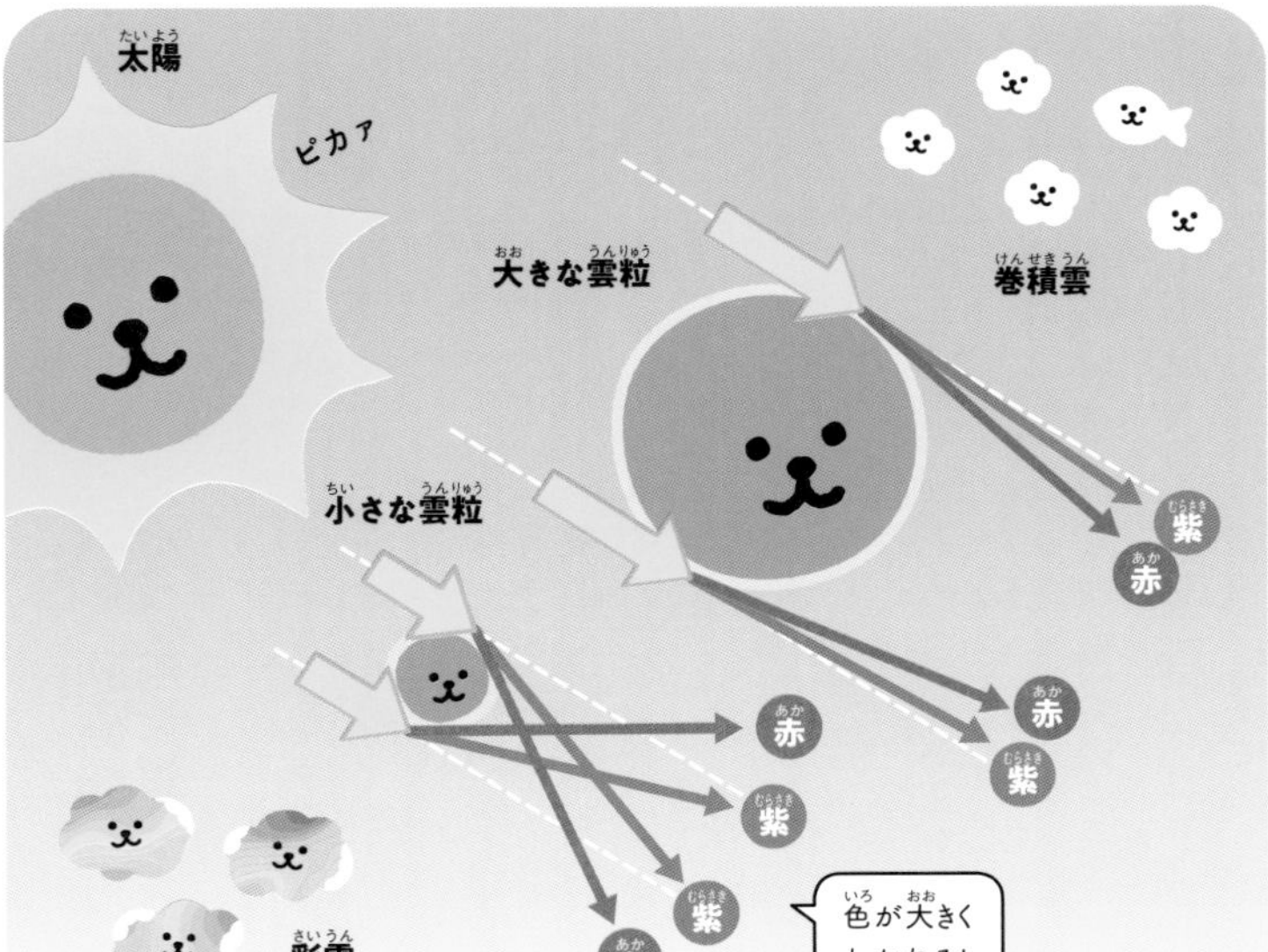


**豆知識《まめちしき》**

リンゴの赤《あか》など、ものには特有《とくゆう》の色《いろ》があります。一方《いっぽう》、可視光《かしこう》に作用《さよう》をする構造《こうぞう》が原因《げんいん》で本来《ほんらい》は持《も》っていない色《いろ》(構造色《こうぞうしょく》)になるものも。油《あぶら》の膜《まく》の虹色《にじいろ》、タマムシや真珠《しんじゅ》の虹色《にじいろ》、クジャクの羽《はね》の色《いろ》などが構造色《こうぞうしょく》といわれています。

# 03

# 湯気《ゆげ》が虹色《にじいろ》になる？ おうちでできる彩雲《さいうん》実験《じっけん》

美《うつく》しい空《そら》の虹色《にじいろ》のひとつである**彩雲《さいうん》**は、おうちにいながらでも観察《かんさつ》できます。

まず、朝《あさ》や夕方《ゆうがた》の太陽《たいよう》の高《たか》さがさほど高《たか》くないとき、太陽《たいよう》の光《ひかり》の入《はい》る部屋《へや》でカップにお湯《ゆ》を入《い》れます。湯気《ゆげ》の出《で》ているカップを光《ひかり》がさす場所《ばしょ》に置《お》き、自分《じぶん》は陰《かげ》に隠《かく》れるように、太陽《たいよう》とカップの湯気《ゆげ》と、自分《じぶん》がほぼ一直線《いっちょくせん》になる位置《いち》に移動《いどう》します。そこからスマートフォンのカメラで湯気《ゆげ》を撮《と》ると、なんと虹色《にじいろ》の彩雲《さいうん》になっているのがわかります。**太陽《たいよう》の光《ひかり》を直接《ちょくせつ》見《み》ると眼《め》を傷《いた》めて危《き》険《けん》**なので、慣《な》れないうちは肉眼《にくがん》ではなく**スマートフォンで安全《あんぜん》に観察《かんさつ》**しましょう。

また、ライトなどの強《つよ》い光源《こうげん》があれば、自然《しぜん》の太陽《たいよう》の光《ひかり》がなくても彩雲《さいうん》をつくる実験《じっけん》ができます。カップにお湯《ゆ》を入《い》れて、ライトの光《ひかり》を横《よこ》から湯気《ゆげ》にあてます。カップに立《た》てたスプーンなどで光源《こうげん》を隠《かく》せば、彩雲《さいうん》のできあがり！

空《そら》の彩雲《さいうん》と同《おな》じく、湯気《ゆげ》の彩雲《さいうん》も刻々《こくこく》と色《いろ》や姿《すがた》を変《か》えています。とても美《うつく》しくて、いつまでも眺《なが》めていられます。

## ▼太陽《たいよう》の光《ひかり》で彩雲実験《さいうんじっけん》

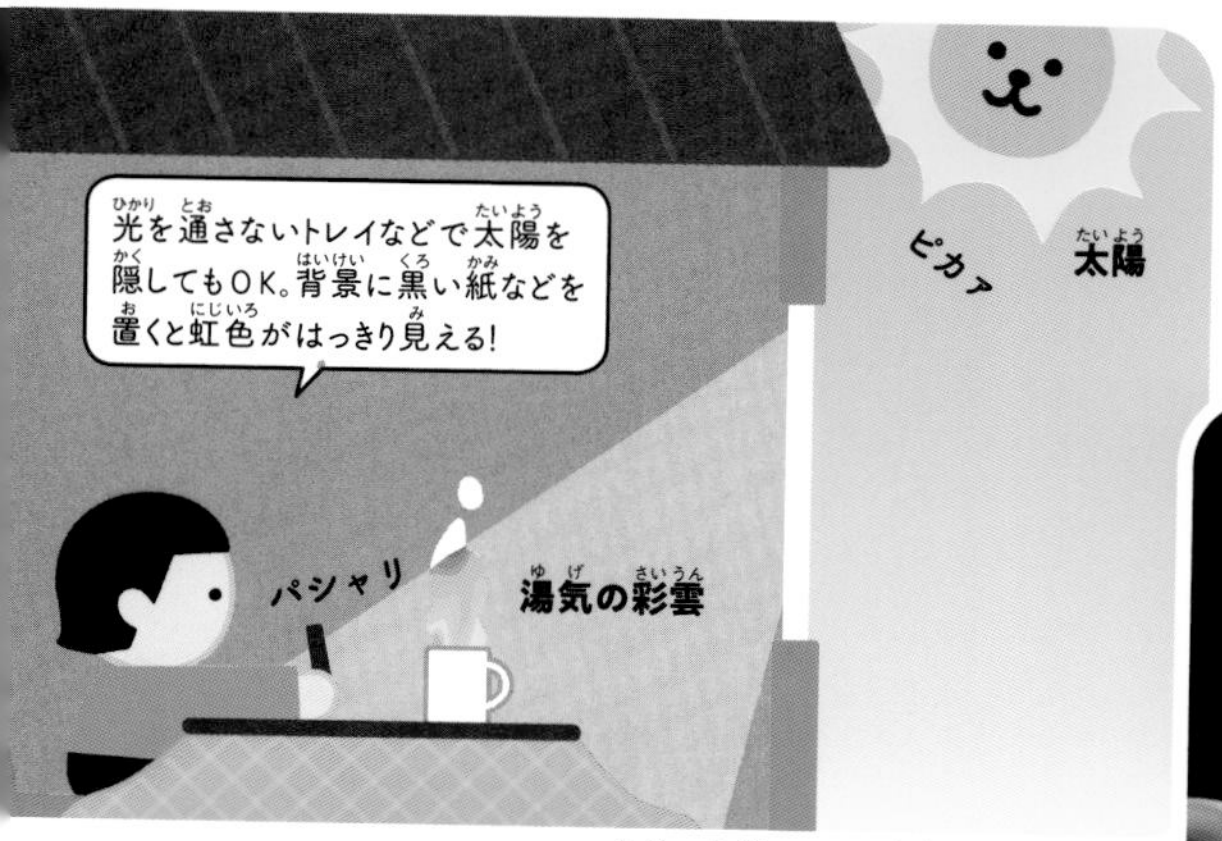


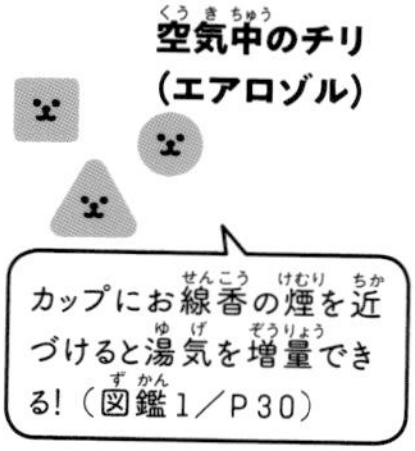


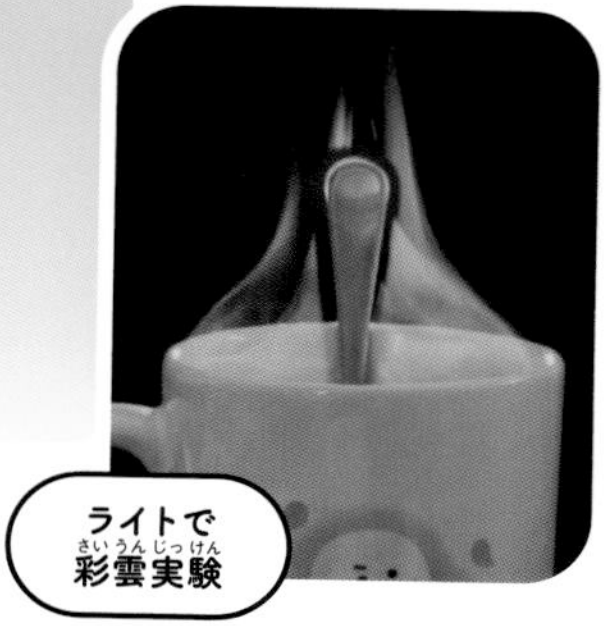


⇒ライト、カップの湯気《ゆげ》、自分《じぶん》がほぼ一直線《いっちょくせん》になる位置《いち》で観察《かんさつ》するのがポイント。ライトの光《ひかり》も強《つよ》いので直接見《ちょくせつみ》ないよう注意《ちゅうい》。

**豆知識《まめちしき》**

スマートフォンのカメラに強《つよ》い光《ひかり》が入《はい》ると、本来《ほんらい》そこにない光《ひかり》が写《うつ》り込《こ》みます。これはカメラのレンズで反射《はんしゃ》した光《ひかり》（ゴースト）で、日中《にっちゅう》の太陽《たいよう》や夜間《やかん》の街灯《がいとう》などの光源《こうげん》が写真《しゃしん》のなかに写《うつ》っているとよく現《あらわ》れます。

# 04

# 飛《ひ》行《こう》機《き》雲《ぐも》は空《そら》を昇《のぼ》り降《お》りしているように見《み》えることがある

飛《ひ》行機《こうき》から生《う》まれる**飛行機雲**《ひこうきぐも》が、空《そら》を昇《のぼ》っていたり、逆《ぎゃく》に降《お》りていたりするように見《み》えることがあります。

その原因《げんいん》は、飛行機《ひこうき》の航路《こうろ》。同《おな》じ高《たか》さにある雲《くも》でも、すぐ近《ちか》くの雲《くも》は空《そら》の上《うえ》のほうに見《み》え、遠《とお》くの雲《くも》は空《そら》の下《した》のほうに見《み》えます。これは、学校《がっこう》の廊下《ろうか》で遠《とお》くの天井《てんじょう》が水《すい》平線《へいせん》に近《ちか》い高《たか》さに見《み》えるのと同《おな》じです。十《じゅう》分《ぶん》に離《はな》れた飛行機雲《ひこうきぐも》では、観察《かんさつ》している方《ほう》向《こう》と全《まった》く同《おな》じ向《む》きでこちらに近《ちか》づいてきている飛行機《ひこうき》の場合《ばあい》、実際《じっさい》の飛行機雲《ひこうきぐも》の高《たか》さは同《おな》じでも空《そら》を下《した》から上《うえ》に昇《のぼ》っているように見《み》えるのです（❶）。逆《ぎゃく》に遠《とお》ざかっている飛行機《ひこうき》では、飛行機雲《ひこうきぐも》が空《そら》を上《うえ》から下《した》に降《お》りているように見《み》えます（❷）。

空《そら》が湿《しめ》っていると、飛行機雲《ひこうきぐも》は成長《せいちょう》し、太《ふと》くなります。すると、近《ちか》くのものは大《おお》きく、遠《とお》くのものは小《ちい》さく見《み》える**遠近法**《えんきんほう》の関《かん》係《けい》で、遠《とお》ざかる飛行機《ひこうき》の飛行機雲《ひこうきぐも》が竜巻《たつまき》のように見《み》えることも。これらの雲《くも》はふしぎに思《おも》われがちですが、その姿《すがた》の理由《りゆう》を知《し》っていれば、お得《とく》な気分《きぶん》になれます。

←飛行機雲《ひこうきぐも》はエンジンの数《かず》だけできる（図鑑《ずかん》1／P48）。

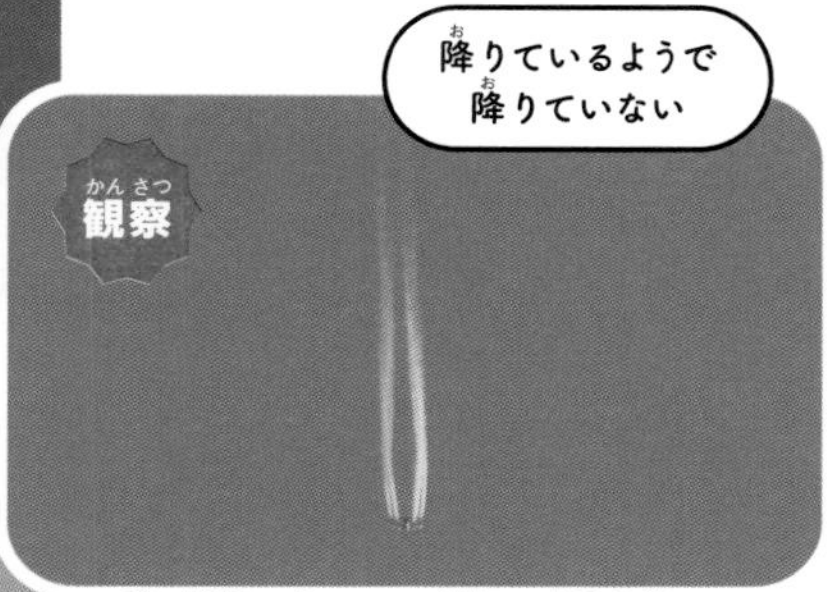


↑朝《あさ》や夕方《ゆうがた》で焼《や》けている短《みじか》めの飛行機雲《ひこうきぐも》は、彗星《すいせい》や火球《かきゅう》、飛行機《ひこうき》が炎上《えんじょう》していると見《み》間違《まちが》われることがあるそう。

←竜巻《たつまき》みたいなかたちだが、湿《しめ》った空《そら》で成《せい》長《ちょう》したふつうの飛行機雲《ひこうきぐも》。

## ▼飛行機雲《ひこうきぐも》の見《み》え方《かた》のしくみ

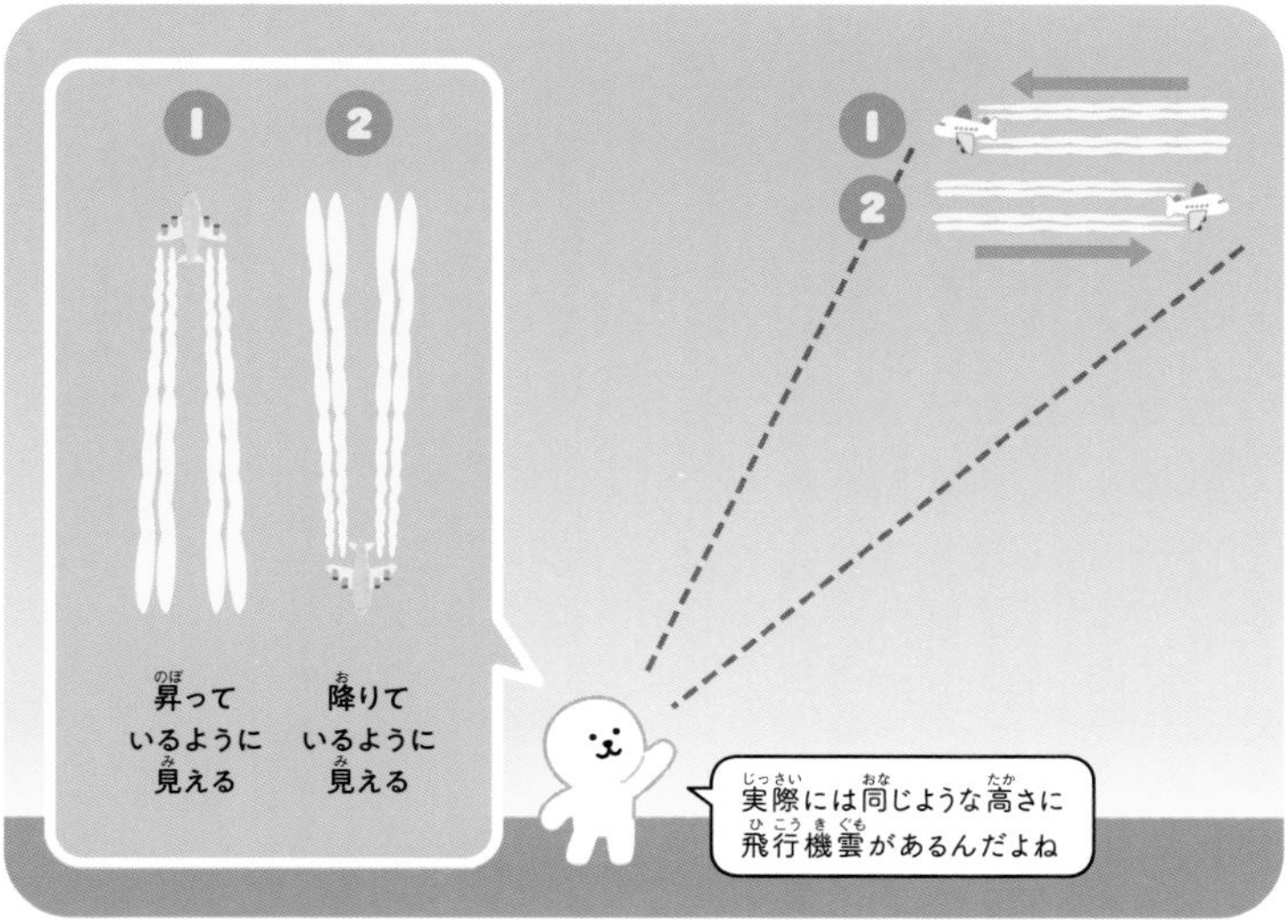


**豆知識《まめちしき》**

人間活動《にんげんかつどう》が原因《げんいん》で発生《はっせい》する人為起源雲《じんいきげんぐも》には、飛行機雲《ひこうきぐも》のほかに海上《かいじょう》の船《ふね》の排出《はいしゅつ》ガスで発生《はっせい》する航跡雲《こうせきうん》があります。ふつうの雲《くも》に比《くら》べて多《おお》くの雲《くも》のつぶがある濃《こ》い雲《くも》で、光《ひかり》を反射《はんしゃ》して地表《ちひょう》を冷《ひ》やす効果《こうか》があるといわれています。

# 05

# 雲《くも》のモクモクを感《かん》じよう！ 積雲《せきうん》を生《う》む「熱対流《ねつたいりゅう》」

青《あお》空《ぞら》でモクモクする**積雲**《せきうん》。この積雲《せきうん》のしくみを、実験《じっけん》で見《み》てみましょう。

実際《じっさい》の空《そら》では、まず太陽《たいよう》の光《ひかり》が地面《じめん》を温《あたた》め、地面付近《じめんふきん》の空気《くうき》が温《あたた》められます。すると、温《あたた》められて軽《かる》くなった空気《くうき》が上昇《じょうしょう》する**熱対流**《ねつたいりゅう》が起《お》こり、その**上昇気流**《じょうしょうきりゅう》（上向《うわむ》きの空気《くうき》の流《なが》れ）で持《も》ち上《あ》げられた空気《くうき》が飽和《ほうわ》して積雲《せきうん》が発生《はっせい》。このとき、雲《くも》のないところには**下降気流**《かこうきりゅう》（下向《したむ》きの空気《くうき》の流《なが》れ）があり、上昇気流《じょうしょうきりゅう》と下降気流《かこうきりゅう》が細胞《さいぼう》のように規則的《きそくてき》に並《なら》ぶため、熱対流《ねつたいりゅう》は**セル状対流**《じょうたいりゅう》（セルは英語《えいご》で細胞《さいぼう》）ともいいます。

この熱対流《ねつたいりゅう》は、鉢皿《はちざら》などにお湯《ゆ》を入《い》れて、透明《とうめい》な下敷《したじ》きなどを上《うえ》に置《お》くだけで簡単《かんたん》に観察《かんさつ》できます。湯気《ゆげ》が上昇気流《じょうしょうきりゅう》に乗《の》って下《した》敷《じ》きにくっついて白《しろ》くなるので、上昇気《じょうしょうき》流《りゅう》・下降気流《かこうきりゅう》のある場所《ばしょ》がわかるのです。

お湯《ゆ》の温度《おんど》や、お湯《ゆ》の水面《すいめん》と下敷《したじ》きまでの距離《きょり》、鉢皿《はちざら》の大《おお》きさによって、熱対流《ねつたいりゅう》の横方向《よこほうこう》の大《おお》きさやできるまでの時間《じかん》が変《か》わります。条件《じょうけん》を変《か》えて実験《じっけん》して、どんな熱《ねつ》対流《たいりゅう》ができるのか試《ため》してみてください。

## ▼お湯《ゆ》の温度《おんど》と水面《すいめん》から下敷《したじ》きまでの距離《きょり》を変《か》えた熱対流実験《ねつたいりゅうじっけん》

実験《じっけん》

お湯《ゆ》50℃
距離《きょり》1cm

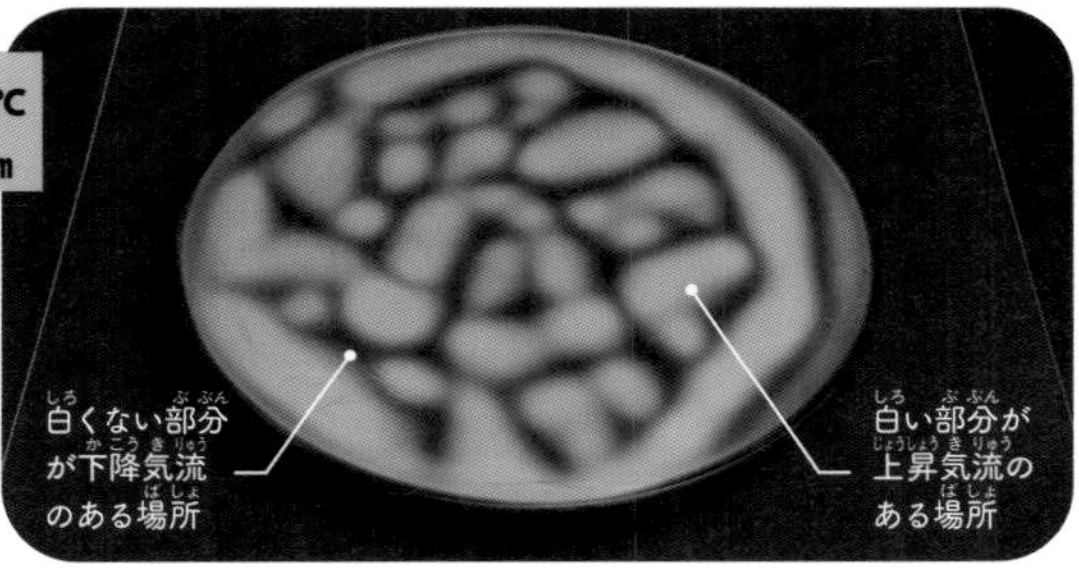


お湯《ゆ》60℃
距離《きょり》2cm

お湯《ゆ》40℃
距離《きょり》3cm

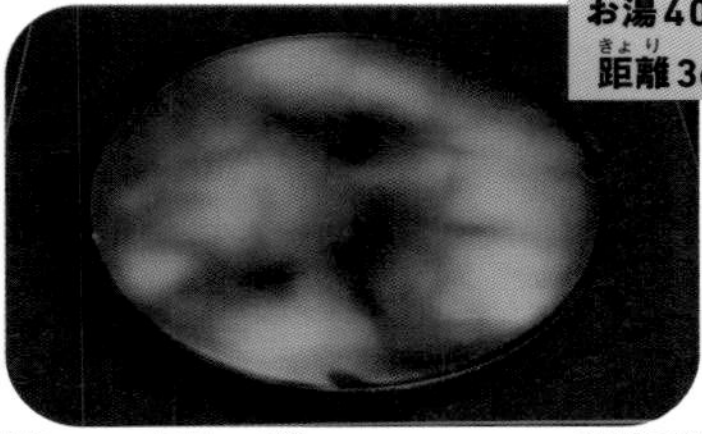

↑熱《あつ》いお湯《ゆ》を使《つか》うときには火傷《やけど》をしないよう注意《ちゅうい》。この実験《じっけん》は「Dr.《ドクター》ナダレンジャーの対流実験《たいりゅうじっけん》教室《きょうしつ》」をもとにしている。

## ▼熱対流《ねつたいりゅう》と積雲《せきうん》のしくみ

**豆知識《まめちしき》**

トンビは上昇気流《じょうしょうきりゅう》を利用《りよう》して空《そら》に昇《のぼ》ります。トンビの目《め》には樹状突起《じゅじょうとっき》というヘアブラシのような模様《もよう》があり、目《め》に入《はい》る紫外線《しがいせん》の量《りょう》を調節《ちょうせつ》するサングラスのような働《はたら》きがあります。そのため高《たか》い空《そら》からでもエサを見《み》つけられるのです。

# 06

# 雲《くも》のかたちはどうやって決《き》まる？

**空《そら》**に浮《う》かぶ雲《くも》は、じつにさまざまな姿《すがた》かたちをしています。そのかたちはどのように決《き》まるのでしょうか。

雲《くも》のかたちを決《き》めるのは、空気《くうき》の流《なが》れである**風《かぜ》**です。雲《くも》は上昇気流《じょうしょうきりゅう》が強《つよ》いとモクモクし、弱《よわ》いとモクモクせず横《よこ》に広《ひろ》がります。

低《ひく》い空《そら》のわた雲《ぐも》（**積雲《せきうん》**）は熱対流《ねつたいりゅう》による上昇気流《じょうしょうきりゅう》で発生《はっせい》し、雲《くも》の底《そこ》はだいたい平《たい》らになっています。これは、低《ひく》い空《そら》の空気《くうき》が持《も》ち上《あ》げられ、ある高《たか》さで飽和《ほうわ》して雲《くも》ができはじめるからです（持《も》ち上《あ》げ凝結高度《ぎょうけつこうど》）。

---

上空《じょうくう》に寒気《かんき》が流《なが》れ込《こ》んで空《そら》の上下《じょうげ》で気温差《きおんさ》が大《おお》きいなど**大気《たいき》の状態《じょうたい》が不安定《ふあんてい》**（図鑑《ずかん》1／P166）なら、さらに持《も》ち上《あ》げられた空気《くうき》はある高《たか》さを超《こ》えると自《みずか》ら空《そら》を昇《のぼ》れるようになり（自由対流高度《じゆうたいりゅうこうど》）、雄大積雲《ゆうだいせきうん》、**積乱雲《せきらんうん》**へと発達《はったつ》します。雲《くも》の発達《はったつ》できる限界《げんかい》の高《たか》さ（平衡高度《へいこうこうど》）に達《たっ》すると、今度《こんど》は横《よこ》に広《ひろ》がります。これが**かなとこ雲《ぐも》**です。

代表的《だいひょうてき》な雲《くも》の写真《しゃしん》をまとめておきました（P24～25）。雲《くも》から空《そら》の状況《じょうきょう》を読《よ》み取《と》ってみると、空《そら》がますます楽《たの》しくなります。

積雲《せきうん》

⬅積雲《せきうん》の底《そこ》がある程度《ていど》平《たい》らで、どの雲《くも》も同《おな》じような高《たか》さにある。これは持《も》ち上《あ》げ凝結高度《ぎょうけつこうど》がほぼ同《おな》じだから。

積乱雲《せきらんうん》

➡前線《ぜんせん》や山《やま》の斜面《しゃめん》などで空気《くうき》が無理《むり》やり持《も》ち上《あ》げられ、自由対流高度《じゆうたいりゅうこうど》を超《こ》えて発達《はったつ》。かなとこ雲《ぐも》が美《うつく》しい。

## ▼空気《くうき》の持《も》ち上《あ》げと積雲《せきうん》・積乱雲《せきらんうん》の発達《はったつ》

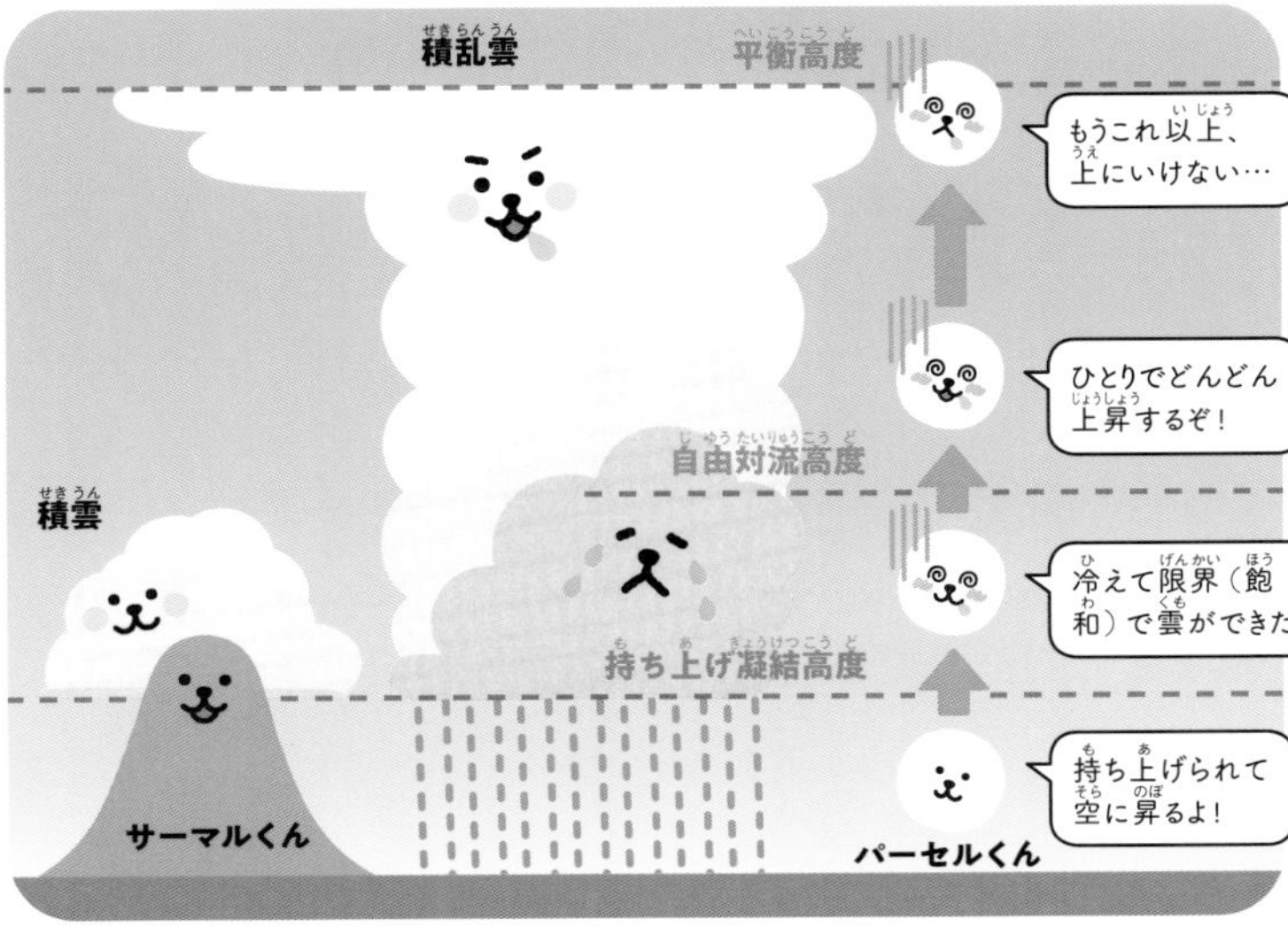


**豆知識《まめちしき》**

熱対流《ねつたいりゅう》はフランスの物理学者《ぶつりがくしゃ》アンリ・ベナールが1900年《ねん》に発見《はっけん》し、ベナール・セルとも呼《よ》ばれています。お椀《わん》に入《い》れたおみそ汁《しる》がモワモワと上下《じょうげ》に動《うご》くのも同《おな》じ原理《げんり》で説明《せつめい》することができます。身近《みぢか》に楽《たの》しい物理《ぶつり》があるものです。

## 十《じっ》種《しゅ》雲《うん》形《けい》の雲《くも》

雲《くも》は高《たか》さや見《み》た目《め》から10種類《しゅるい》にわけられ、積雲《せきうん》と積乱雲《せきらんうん》にこのページの雲《くも》を合《あ》わせて十種雲形《じっしゅうんけい》といいます（雲図鑑《くもずかん》／P12）。

とくに巻積雲《けんせきうん》・高積雲《こうせきうん》・層積雲《そうせきうん》は風《かぜ》の影響《えいきょう》で見《み》た目《め》が大《おお》きく変《か》わります。

### 巻雲《けんうん》

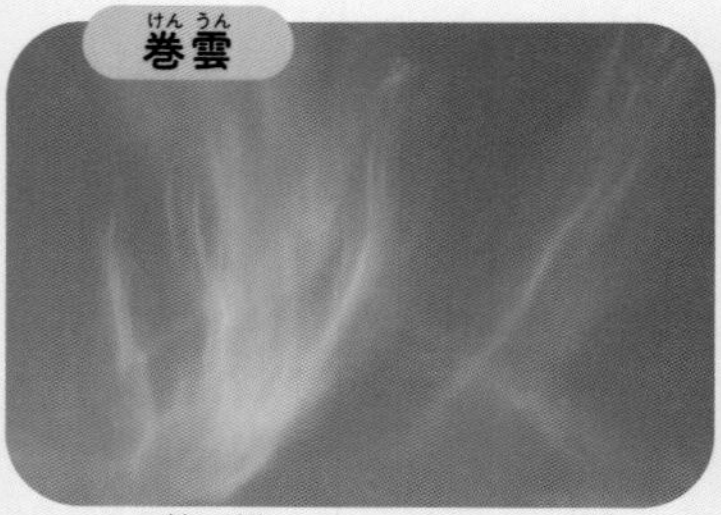

↑すじ雲《ぐも》。氷《こおり》のつぶでできていて、風《かぜ》に沿《そ》って流《なが》され、なめらかな見《み》た目《め》。

### 巻積雲《けんせきうん》

↑いわし雲《ぐも》・うろこ雲《ぐも》。高《たか》い空《そら》の上昇気流《じょうしょうきりゅう》に伴《ともな》って発生《はっせい》。小《ちい》さなつぶつぶに見《み》える。

### 巻層雲《けんそううん》

↑うす雲《ぐも》。前線《ぜんせん》や低気圧《ていきあつ》がくる前《まえ》に高《たか》い空《そら》に広《ひろ》がる。上昇気流《じょうしょうきりゅう》は弱《よわ》い。

### 高積雲《こうせきうん》

↑ひつじ雲《ぐも》。上空《じょうくう》の上昇気流《じょうしょうきりゅう》に乗《の》って発生《はっせい》。空気《くうき》が乱《みだ》れてモクモクしている。

### 高層雲《こうそううん》

↑おぼろ雲《ぐも》。空一面《そらいちめん》に広《ひろ》がる。雨《あめ》が降《ふ》る直前《ちょくぜん》は下降気流《かこうきりゅう》で雲《くも》の底《そこ》が乱《みだ》れる。

### 乱層雲《らんそううん》

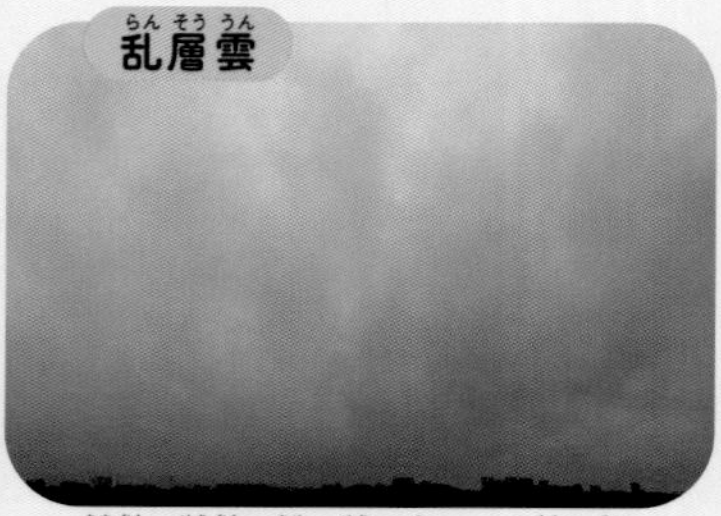

↑雨雲《あまぐも》・雪雲《ゆきぐも》。雨《あめ》や雪《ゆき》を降《ふ》らせ、雲《くも》の底《そこ》は下降気流《かこうきりゅう》で乱《みだ》れていることが多《おお》い。

### 層雲《そううん》

↑霧雲《きりぐも》。地面《じめん》に近《ちか》い空《そら》に現《あらわ》れる。霧《きり》っぽい見《み》た目《め》。気流《きりゅう》の乱《みだ》れで姿《すがた》がすぐ変《か》わる。

### 層積雲《そうせきうん》

↑くもり雲《ぐも》。空《そら》を曇《くも》らせる代表格《だいひょうかく》。波《なみ》っぽいところには大気《たいき》の波《なみ》がある。

## レンズ雲《ぐも》

⬆上空《じょうくう》の強風《きょうふう》に乗《の》ってツルッとしやすく、レンズのような見《み》た目《め》。輪郭《りんかく》がはっきりしていることが多《おお》く、細長《ほそなが》くなることもある。天気《てんき》がくずれる前《まえ》ぶれにも。風雲《かざぐも》、さや雲《ぐも》とも（雲図鑑《くもずかん》／P74）。

## 大規模《だいきぼ》なレンズ雲《ぐも》

## 波状雲《はじょううん》

⬅空気《くうき》の波《なみ》の山《やま》の上昇《じょうしょう》気流《きりゅう》で雲《くも》ができ、谷《たに》の下降気流《かこうきりゅう》で雲《くも》が消《き》える。

CHAPTER 1
雲《くも》と生活《せいかつ》

# 07

# 曇《くも》り空《ぞら》が続《つづ》くと気分《きぶん》が落《お》ち込《こ》むのは気《き》のせいじゃない

曇り空《くも ぞら》が続《つづ》くと、太陽《たいよう》の光《ひかり》が地上《ちじょう》を照《て》らす**日照**《にっしょう》が不足《ふそく》する上《うえ》に、光《ひかり》の弱《よわ》い屋内《おくない》にこもりがち。すると、セロトニンの分泌量《ぶんぴつりょう》が減《へ》り、気分《きぶん》が落《お》ち込みやすくなるのです。実際《じっさい》に、曇《くも》りや雪《ゆき》の多《おお》い冬《ふゆ》の日本海側《にほんかいがわ》では気分《きぶん》が落《お》ち込《こ》む人《ひと》が多《おお》いことがわかっています（**ウィンター・ブルー**）。

曇《くも》りや雨《あめ》、雪《ゆき》の日《ひ》でも、太陽《たいよう》のある方向《ほうこう》の空《そら》を見《み》れば、目《め》に入《はい》る光《ひかり》の量《りょう》が増《ふ》えます。気分《きぶん》が落《お》ち込《こ》みそうな天気《てんき》でも、屋外《おくがい》で散《さん》歩《ぽ》をして空《そら》を見上《みあ》げるのがおすすめです。

---

**空**《そら》が曇《くも》っていると気分《きぶん》が沈《しず》みがち……。そんな経験《けいけん》はないでしょうか。じつはこれには理由《りゆう》があります。

それは、気分《きぶん》や意欲《いよく》をコントロールしている脳内物質《のうないぶっしつ》である**セロトニン**の分泌量《ぶんぴつりょう》が減《へ》るためです。セロトニンには気分《きぶん》が落《お》ち込《こ》みすぎたり、興奮《こうふん》しすぎたりするのを抑《おさ》える働《はたら》きがあります。目《め》から強《つよ》い光《ひかり》が入《はい》ると目《め》の奥《おく》の細胞《さいぼう》が刺激《しげき》され、セロトニンの分泌量《ぶんぴつりょう》が増《ふ》えることで、気分《きぶん》が落《お》ち込《こ》みにくくなります。

一面《いちめん》の曇《くも》り空《ぞら》

## ▼曇《くも》り空《ぞら》で気分《きぶん》が落《お》ち込《こ》んだら……

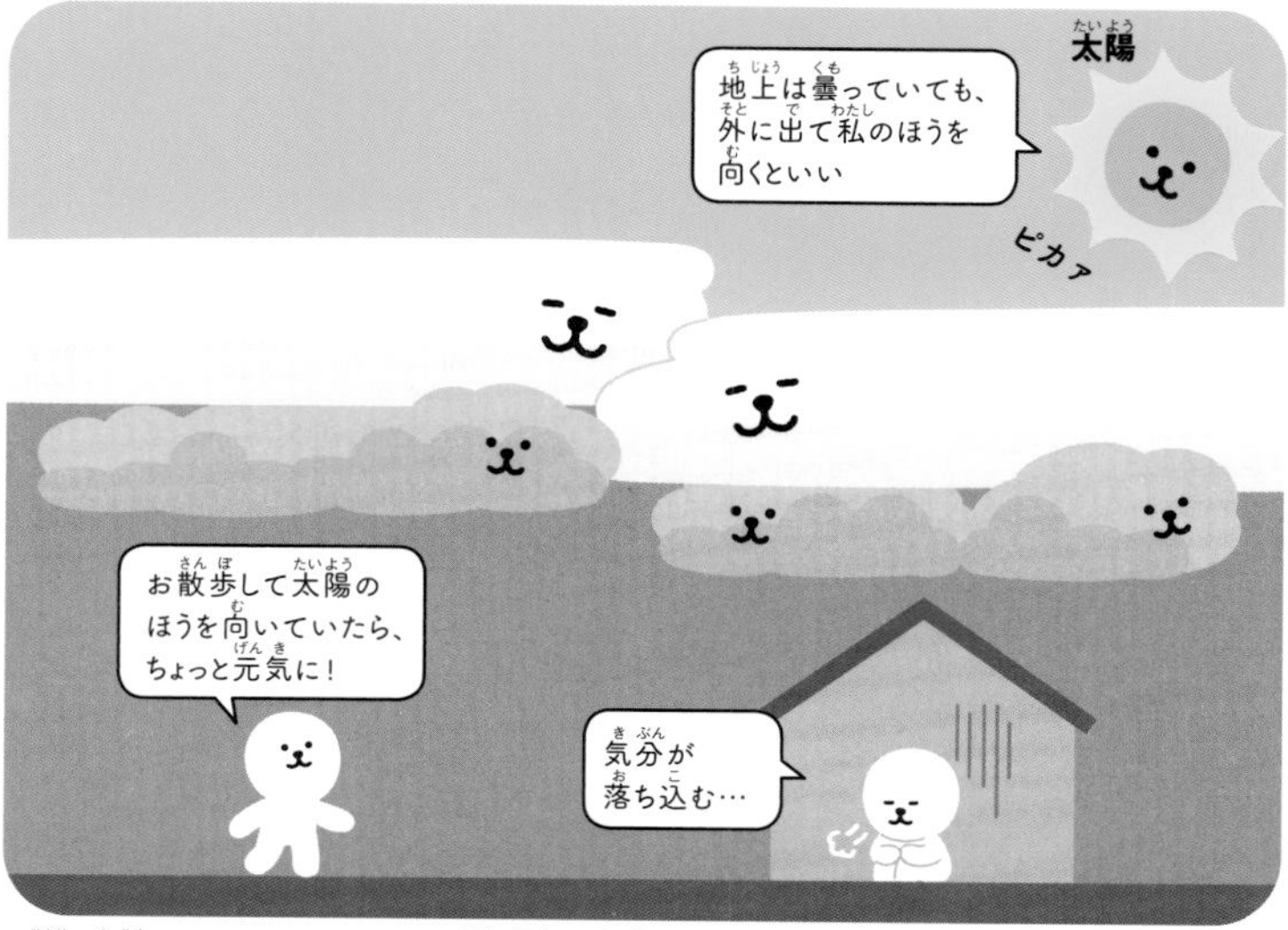


↑光《ひかり》が不足《ふそく》すると**メラトニン**という脳内物質《のうないぶっしつ》の分泌量《ぶんぴつりょう》も減《へ》り、眠《ねむ》りにくくなる。朝《あさ》に光《ひかり》を浴《あ》びれば分泌量《ぶんぴつりょう》が増《ふ》えて寝《ね》つきが良《よ》くなるので、雨《あめ》や雪《ゆき》の日《ひ》でも朝《あさ》にはカーテンを開《あ》けて光《ひかり》を浴《あ》びよう。

**豆知識《まめちしき》**

セロトニンの働《はたら》きを高《たか》めるには約《やく》5000ルクス（光《ひかり》の量《りょう》の単位《たんい》）の光《ひかり》を30分《ぷん》～1時間《じかん》、目《め》に入《い》れると良《よ》いそうです。曇《くも》りの日《ひ》の屋外《おくがい》がこのくらいで、屋内《おくない》では蛍光灯《けいこうとう》の下《した》でも300～800ルクス。やはり屋外《おくがい》に行《い》くのが効果的《こうかてき》です。

# 08

# 大雨《おおあめ》の原因《げんいん》になるのはどんな雲《くも》？

**土《ど》**砂災害《しゃさいがい》や洪水《こうずい》など、災害《さいがい》の発生《はっせい》するおそれのある雨《あめ》を**大雨《おおあめ》**といいます。どんな雲《くも》が大雨《おおあめ》をもたらすのでしょうか。

その代表格《だいひょうかく》が、**積乱雲《せきらんうん》**。大気《たいき》の状態《じょうたい》が不《ふ》安定《あんてい》なときに発達《はったつ》し、横方向《よこほうこう》の広《ひろ》がりは数《すう》km～十数《じゅうすう》km、背《せ》の高《たか》さは15km以上《いじょう》になることも。寿命《じゅみょう》が30分《ぷん》～1時間《じかん》と短《みじか》く、局地《きょくち》的《てき》に大雨《おおあめ》をもたらします。積乱雲《せきらんうん》が連《つら》なると集中豪雨《しゅうちゅうごうう》をもたらす**線状降水帯《せんじょうこうすいたい》**になることも（図鑑《ずかん》1／P112）。

雨雲《あまぐも》・雪雲《ゆきぐも》ともいう**乱層雲《らんそううん》**も大雨《おおあめ》の原因《げんいん》に。乱層雲《らんそううん》は前線《ぜんせん》や低気圧《ていきあつ》に伴《ともな》って発生《はっせい》し、広《ひろ》く雨《あめ》や雪《ゆき》を降《ふ》らせます。乱層雲《らんそううん》で注意《ちゅうい》が必要《ひつよう》なのは、乱層雲《らんそううん》の下《した》に山《やま》があるとき。山《やま》の斜面《しゃめん》に湿《しめ》った空気《くうき》がぶつかって雲《くも》ができ、乱層雲《らんそううん》からその雲《くも》に雨《あめ》が降《ふ》ると、雲《くも》のつぶを取《と》り込《こ》んで雨《あめ》が強《つよ》まるのです。乱層《らんそう》雲《うん》がまるで種《たね》をまいているようなので、この雨《あめ》や雪《ゆき》の強《つよ》まりを種《たね》まき効果《こうか》（**シーダー・フィーダーメカニズム**）といいます。

日《ひ》ごろから雲《くも》を楽《たの》しみつつ、大雨《おおあめ》への備《そな》えも確認《かくにん》するようにしましょう。

発達《はったつ》した積乱雲《せきらんうん》

⬅急速《きゅうそく》に発達《はったつ》して局地的《きょくちてき》に雨《あめ》を降《ふ》らせる。このような雨《あめ》は「ゲリラ豪雨《ごうう》」と呼《よ》ばれることもあるが、レーダーで近《ちか》づいてくるのがわかる場合《ばあい》が多《おお》い。

空《そら》に広《ひろ》がる乱層雲《らんそううん》

➡空一面《そらいちめん》に広《ひろ》がる乱層雲《らんそううん》。梅雨《つゆ》の時期《じき》などにはよく見《み》かける雲《くも》（雲図鑑《くもずかん》／P64）。

## ▼大雨《おおあめ》をもたらす雲《くも》

**豆知識《まめちしき》**

積乱雲《せきらんうん》は強《つよ》い上昇気流《じょうしょうきりゅう》を伴《ともな》う元気《げんき》な雲《くも》ですが、弱《よわ》まってしまうのが早《はや》いのですぐに消《き》えてしまいます。一方《いっぽう》で乱層雲《らんそううん》は上昇気流《じょうしょうきりゅう》が弱《よわ》くおとなしい性格《せいかく》で、そのぶん寿命《じゅみょう》も長《なが》いです。同《おな》じ雲《くも》でも性格《せいかく》によって雨《あめ》の降《ふ》り方《かた》が違《ちが》うのです。

# 09

# 積《せき》乱《らん》雲《うん》の真《ま》下《した》で何《なに》が起《お》こる？ すごすぎる突《とつ》風《ぷう》実《じっ》験《けん》

積《せき》乱《らん》雲《うん》は瞬《しゅん》時《じ》に吹《ふ》く強《きょう》風《ふう》である**突《とっ》風《ぷう》**をもたらします。そのしくみとは!?

積《せき》乱《らん》雲《うん》内《ない》では、雨《あめ》や氷《こおり》のつぶである霰《あられ》、雹《ひょう》が落《らっ》下《か》して周《しゅう》囲《い》の空《くう》気《き》を引《ひ》きずり降《お》ろし、冷《つめ》たい**下《か》降《こう》気《き》流《りゅう》**が強《つよ》まります。積《せき》乱《らん》雲《うん》の真《ま》下《した》では、この強《つよ》い下《か》降《こう》気《き》流《りゅう》が地《ち》上《じょう》にぶつかる**ダウンバースト**が発《はっ》生《せい》し、冷《れい》気《き》が横《よこ》に広《ひろ》がるときに冷《れい》気《き》の先《せん》端《たん》である**ガストフロント**で風《かぜ》が強《つよ》まります（雲《くも》図《ず》鑑《かん》／P92）。

これを再《さい》現《げん》してみましょう。まず、❶ぬるま湯《ゆ》か水《みず》を入《い》れたコップに**ドライアイス**を入《い》れます。すると冷《つめ》たい空《くう》気《き》を伴《ともな》う雲《くも》が発《はっ》生《せい》します。❷手《て》のひらなどをシャボン玉《だま》液《えき》に浸《ひた》して、指《ゆび》を閉《と》じてそろえた手《て》のひらでコップの口《くち》をなぞり、膜《まく》を張《は》ります。❸コップからシャボン玉《だま》が上《うわ》向《む》きにふくらみ、❹シャボン玉《だま》が割《わ》れると冷《つめ》たい空《くう》気《き》が落《らっ》下《か》して周《しゅう》囲《い》に広《ひろ》がります。雲《くも》があることで、この流《なが》れが目《め》に見《み》えてよくわかります。

ドライアイスはアイス屋《や》さんやスーパー、専《せん》門《もん》の氷《こおり》屋《や》さんなどで入《にゅう》手《しゅ》できます。楽《たの》しく積《せき》乱《らん》雲《うん》を学《まな》べるのでおすすめです。

## ▼ドライアイスを使《つか》った突風《とっぷう》実験《じっけん》

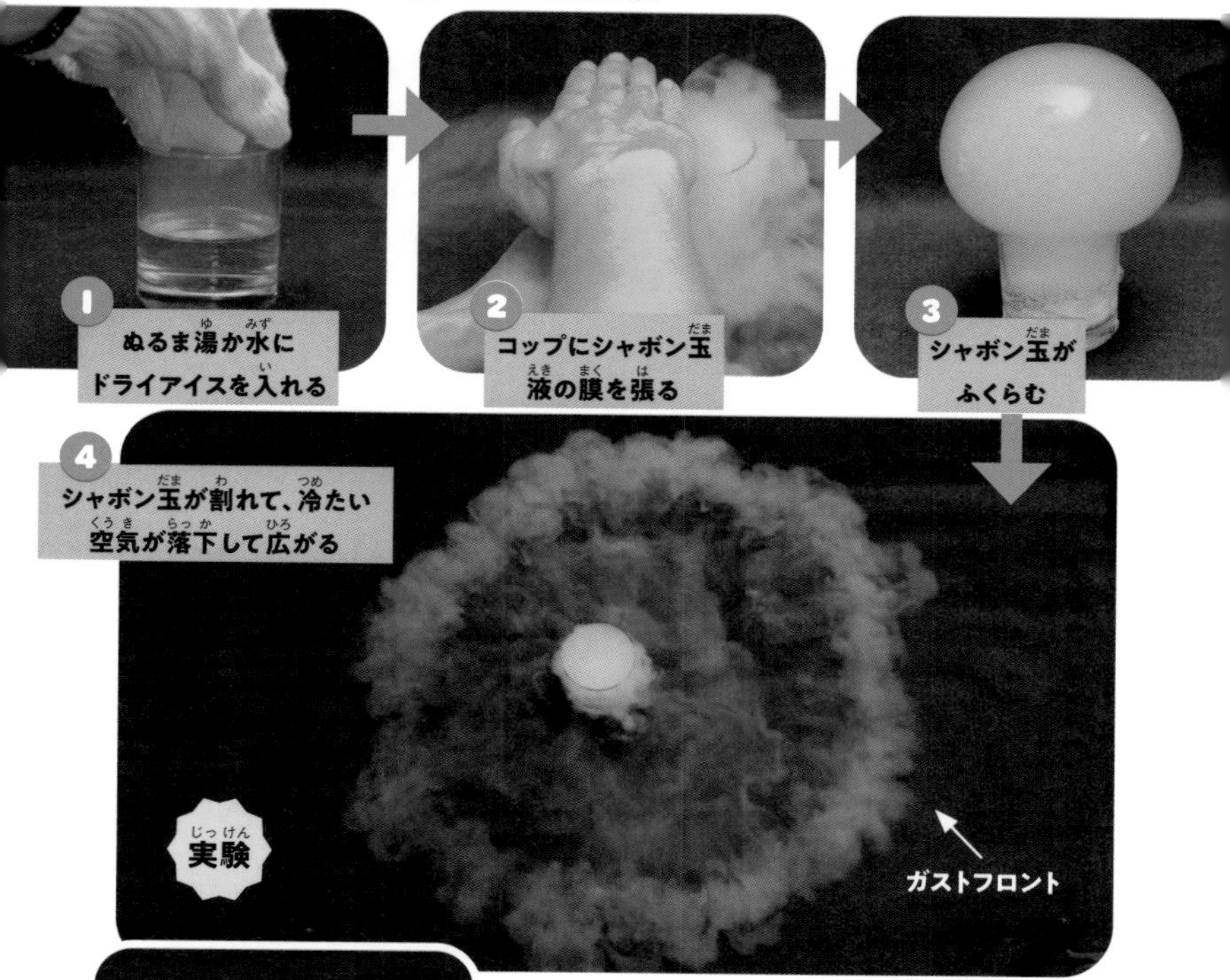


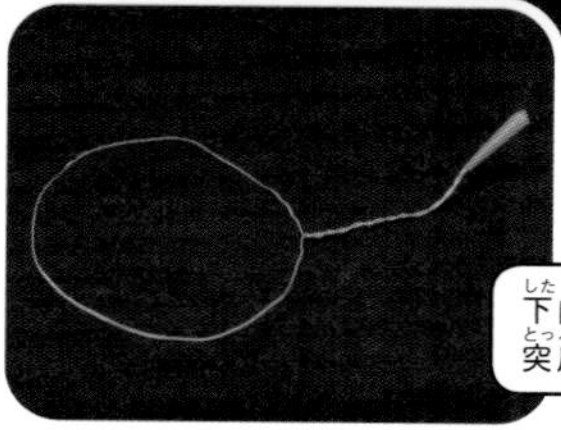

↑❷は、針金《はりがね》などでつくった輪《わ》っかでもできる。下《した》に暗《くら》い色《いろ》の生地《きじ》などを敷《し》くと雲《くも》が見《み》えやすい。ドライアイスを扱《あつか》うときは部屋《へや》を換気《かんき》し、軍手《ぐんて》などを使《つか》って直《ちょく》接触《せつさわ》らないよう注意《ちゅうい》。

## ▼積乱雲《せきらんうん》の真下《ました》で起《お》こる突風《とっぷう》

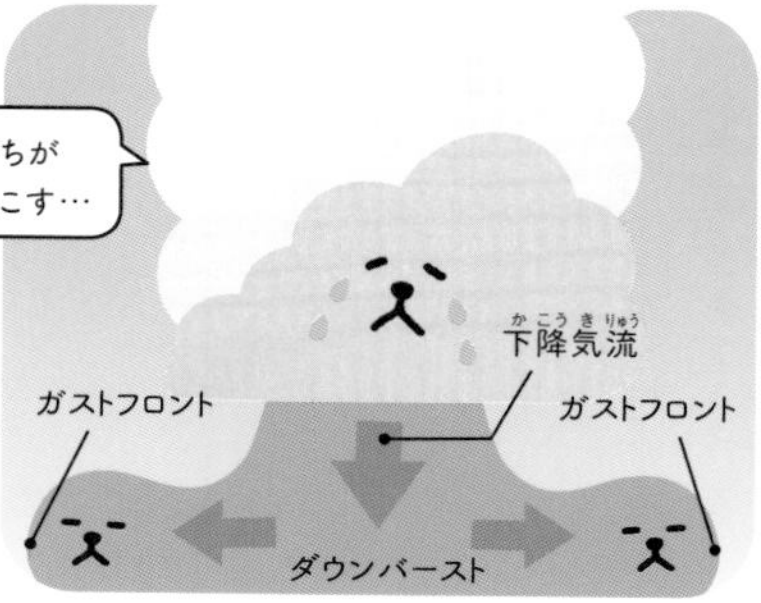
下向《したむ》きの気持《きも》ちが
突風《とっぷう》を引《ひ》き起《お》こす…


**豆知識《まめちしき》**

ドライアイスは固体《こたい》の二酸化炭素《にさんかたんそ》で、昇華点《しょうかてん》（固体《こたい》から気体《きたい》になる温度《おんど》）が-78.5℃です。水《みず》をかけると気体《きたい》の二酸化炭素《にさんかたんそ》が一気《いっき》に外《そと》に出《で》て、冷《ひ》やされた空気《くうき》が飽和《ほうわ》して生《う》まれた水滴《すいてき》とともにあふれてきます。白《しろ》い煙《けむり》は雲《くも》なのです。

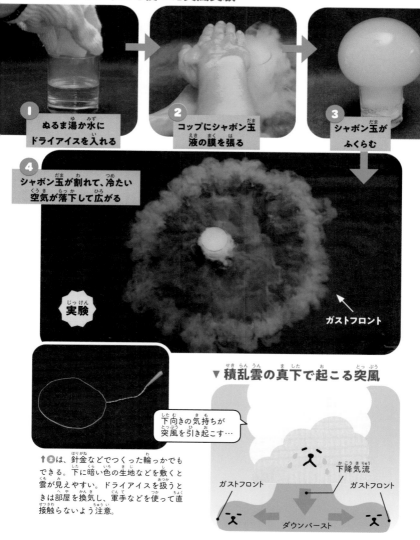

# 10

# お風《ふ》呂《ろ》で再《さい》現《げん》！発《はっ》達《たつ》した積《せき》乱《らん》雲《うん》の頭《あたま》

積《せき》乱《らん》雲《うん》は災《さい》害《がい》をもたらす雲《くも》だからこそ、よく知《し》って、上《じょう》手《ず》な距《きょ》離《り》感《かん》で付《つ》き合《あ》いたいものです。そこで、お風《ふ》呂《ろ》で**積《せき》乱《らん》雲《うん》**のしくみを感《かん》じましょう。

限《げん》界《かい》まで発《はっ》達《たつ》した積《せき》乱《らん》雲《うん》の頭《あたま》（上《じょう》部《ぶ》）は横《よこ》に広《ひろ》がり、**かなとこ雲《ぐも》**をつくります。非《ひ》常《じょう》に発《はっ》達《たつ》した積《せき》乱《らん》雲《うん》では、かなとこ雲《ぐも》の上《じょう》部《ぶ》にモクモクした構《こう》造《ぞう》が現《あらわ》れることがあり、この現《げん》象《しょう》は**オーバーシュート**と呼《よ》ばれています（図《ず》鑑《かん》1／P36）。モクモクしている部《ぶ》分《ぶん》はオーバーシューティングトップといい、強《つよ》い上《じょう》昇《しょう》気《き》流《りゅう》が限《げん》界《かい》を少《すこ》しだけ突《とっ》破《ぱ》して、下《した》向《む》きに押《お》し戻《もど》されているところです。

これをお風《ふ》呂《ろ》で再《さい》現《げん》してみます。浴《よく》槽《そう》に張《は》ったお湯《ゆ》のなかに、お湯《ゆ》を出《だ》しているシャワーを入《い》れて上《うわ》向《む》きにします。すると、シャワーの勢《いきお》いで水《すい》面《めん》から少《すこ》しだけ盛《も》り上《あ》がったお湯《ゆ》が重《じゅう》力《りょく》に引《ひ》っ張《ぱ》られて、下《した》向《む》きに戻《もど》っていく様《よう》子《す》を観《かん》察《さつ》できます。これがまさにオーバーシュートです。

お風《ふ》呂《ろ》は積《せき》乱《らん》雲《うん》に加《くわ》え、湯《ゆ》気《げ》や結《けつ》露《ろ》で雲《くも》や雨《あめ》のしくみもわかる、素《す》敵《てき》な空《くう》間《かん》ですね。

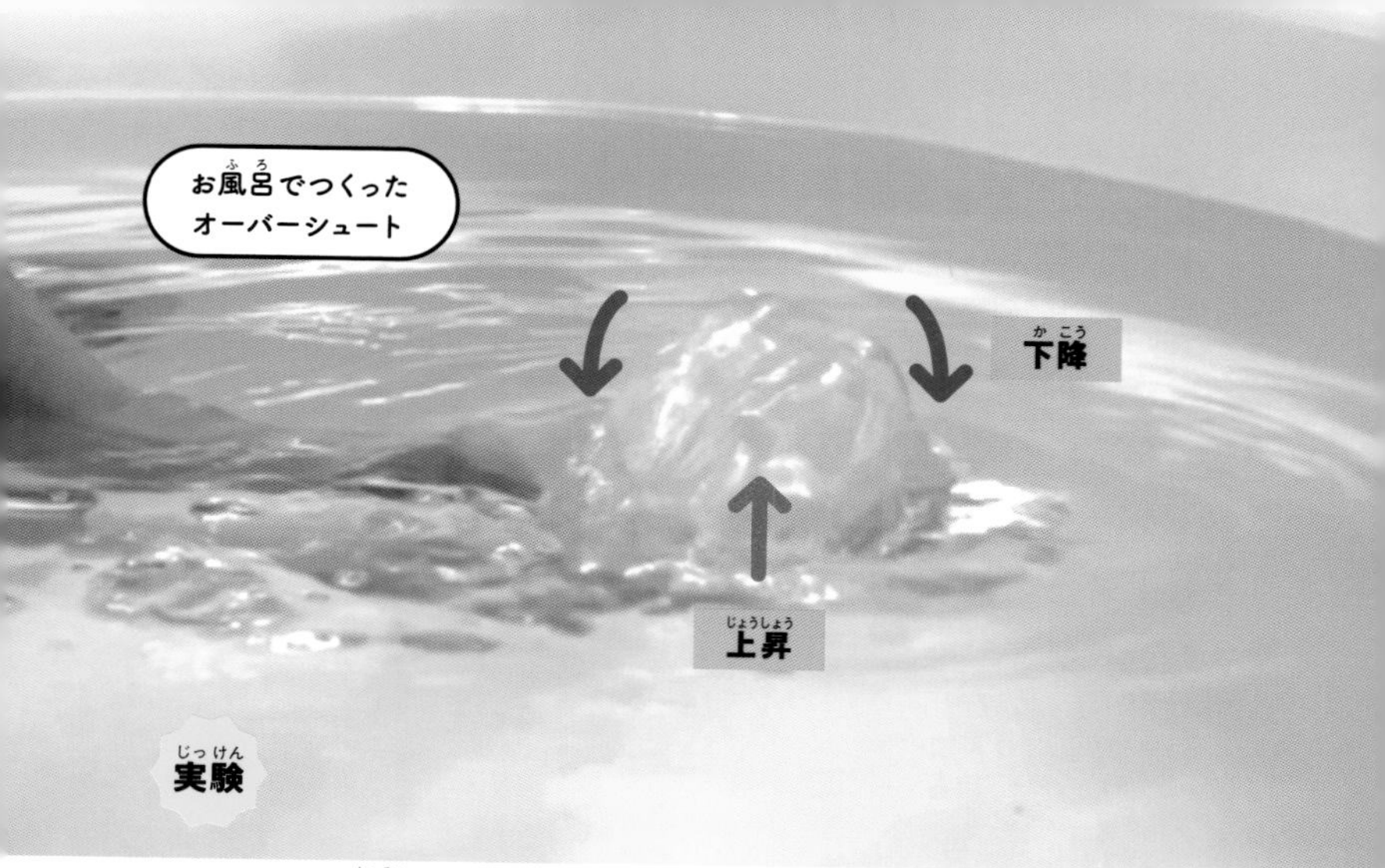


⬆シャワーヘッドの種類《しゅるい》によっては、お湯《ゆ》につけると故障《こしょう》の原因《げんいん》になるものもあるので、事前《じぜん》に確認《かくにん》しよう。

**豆知識《まめちしき》**

お風呂《ふろ》で積乱雲《せきらんうん》のオーバーシュートの実験《じっけん》をすると、シャワーを中心《ちゅうしん》に水面《すいめん》が波打《なみう》ちます。この波《なみ》は重力《じゅうりょく》で生《う》まれたもので、重力波《じゅうりょくは》といいます。ナミナミした波状雲《はじょううん》ができるのも、大気中《たいきちゅう》の波《なみ》である大気重力波《たいきじゅうりょくは》が原因《げんいん》です。

CHAPTER 1
雲《くも》と生活《せいかつ》

11

# 多《た》彩《さい》な空《そら》の虹《にじ》色《いろ》「ハロ・アーク」の世《せ》界《かい》

うす雲《ぐも》（巻層雲《けんそううん》）の広《ひろ》がる空《そら》に、虹色《にじいろ》の光《ひかり》が現《あらわ》れることがあります。これは、**ハロ**や**アーク**という現象《げんしょう》です。

虹《にじ》は雨《あめ》のつぶで太陽《たいよう》や月《つき》の光《ひかり》が曲《ま》がって（**屈折《くっせつ》**して）できますが、ハロやアークは氷《こおり》の結晶《けっしょう》（**氷晶《ひょうしょう》**）で光《ひかり》が屈折《くっせつ》するなどして生《う》まれます。色《いろ》によって屈折《くっせつ》の度合《どあ》いが変《か》わるために虹色《にじいろ》になります。氷晶《ひょうしょう》のかたちや光《ひかり》の屈折《くっせつ》・反射《はんしゃ》のしかたで名前《なまえ》が違《ちが》い、空《そら》に浮《う》かぶ氷晶《ひょうしょう》の向《む》きがバラバラだとハロ、そろっているとアークと呼《よ》ばれます。

それぞれ太陽《たいよう》に対《たい》して決《き》まった場所《ばしょ》に現《あらわ》れ、太陽《たいよう》に向《む》かって手《て》をまっすぐのばしたときに手《て》のひらひとつぶんの位置《いち》には、太陽《たいよう》を中心《ちゅうしん》とした虹色《にじいろ》の光《ひかり》の輪《わ》である**22度《ど》ハロ**ができます（図鑑《ずかん》2／P42）。

ハロやアークはとにかく種類《しゅるい》が多《おお》いので、その発生位置《はっせいいち》やしくみをまとめておきました。どこに現《あらわ》れるかを知《し》っておけば、巻層《けんそう》雲《うん》の広《ひろ》がる空《そら》でハロやアークを見逃《みのが》すことなく見《み》つけやすいです。ぜひ空《そら》の虹色《にじいろ》を探《さが》してみてください。

⬆たくさんのハロ・アーク、何《なに》があるかな？（答《こた》えはP171）

観察《かんさつ》

## ▼空《そら》の真上《まうえ》（天頂《てんちょう》）を中心《ちゅうしん》としたハロとアークの発生位置《はっせいいち》

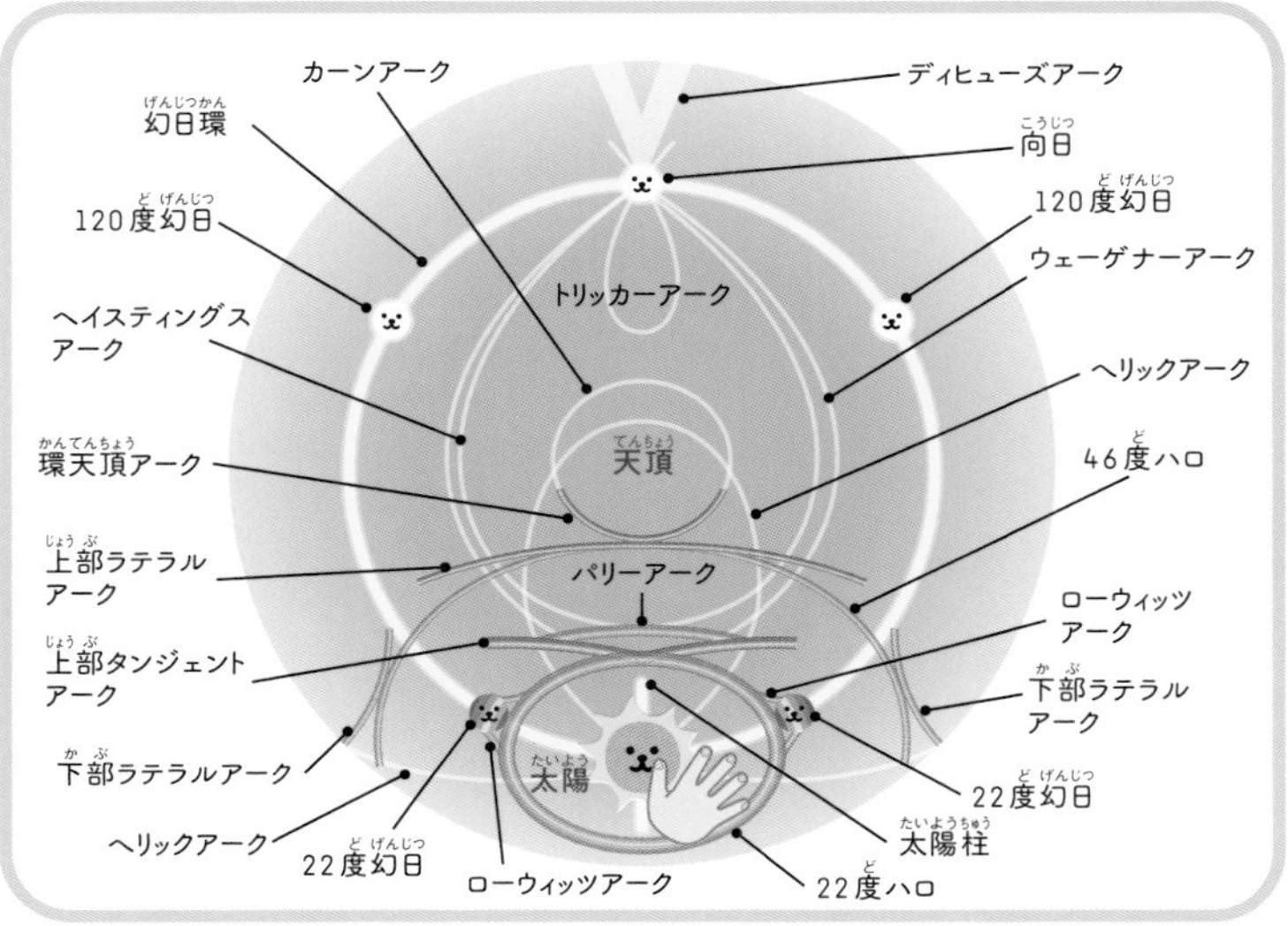


**豆知識《まめちしき》**

ハロやアークの古《ふる》い記録《きろく》に、1535年《ねん》にストックホルムで見《み》られたハロや幻日《げんじつ》の絵画《かいが》があります。日本《にほん》では江戸時代《えどじだい》の1848年《ねん》に尾張藩士《おわりはんし》の安井重遠《やすいしげとお》が『鶏《けい》肋集《ろくしゅう》』で多《おお》くのハロ・アークの同時発生《どうじはっせい》を記載《きさい》。いまも昔《むかし》も感動的《かんどうてき》な空《そら》です。

↑ハロ・アークが多《おお》く同時発生《どうじはっせい》するマルチディスプレイ・ハロ。

**環天頂《かんてんちょう》アーク**

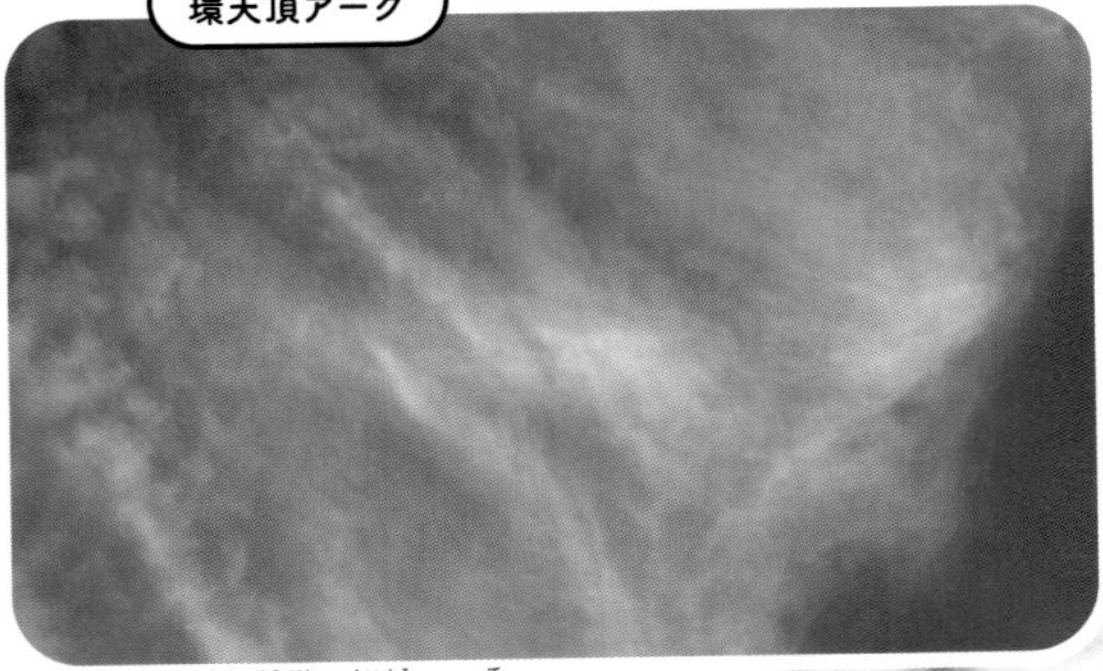

↑朝《あさ》や夕方《ゆうがた》に太陽《たいよう》から手《て》のひらふたつぶんほど上《うえ》に現《あらわ》れる逆《さか》さ虹《にじ》。

↓春《はる》から秋《あき》のお昼前後《ひるぜんご》に、太陽《たいよう》から手《て》のひらふたつぶん下《した》に現《あらわ》れる水平虹《すいへいにじ》。

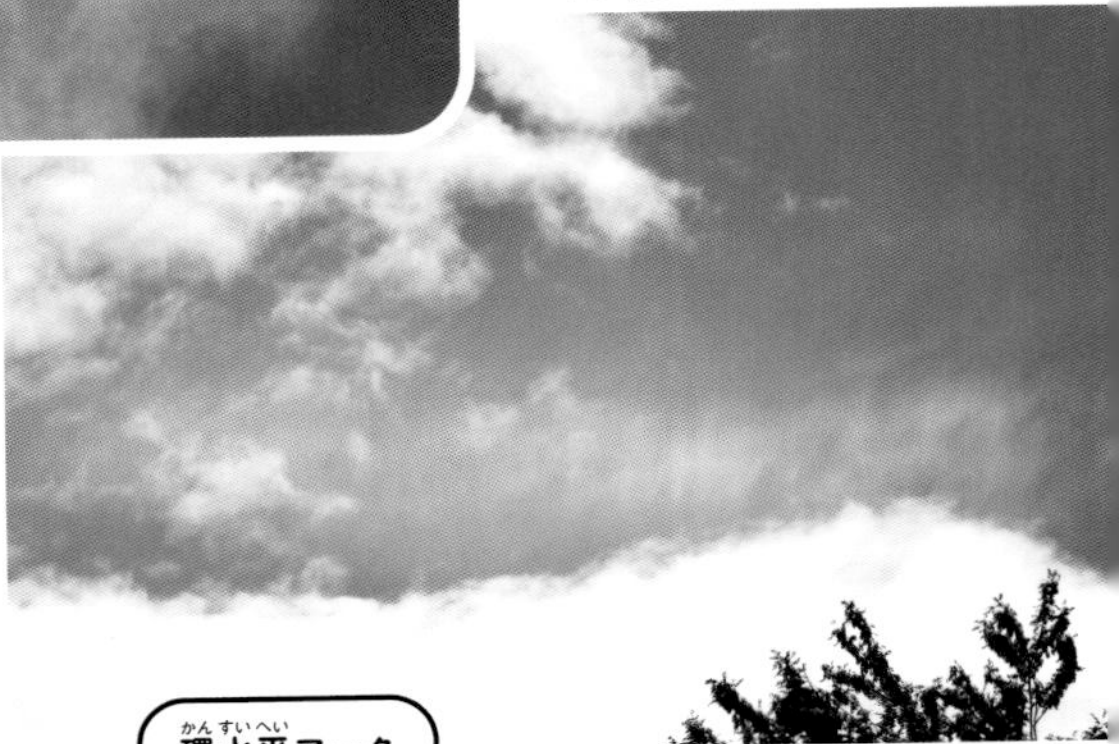

**環水平《かんすいへい》アーク**

空《そら》の見《み》かけ上《じょう》の大《おお》きさを**視《し》角度《かくど》**という。ハロや幻日《げんじつ》の名前《なまえ》にも太陽《たいよう》に対《たい》する位置《いち》（視角度《しかくど》）がついている。手《て》をまっすぐのばしたときの手《て》のひらひとつぶんが20度《ど》ちょっと（雲図鑑《くもずかん》／P49）。

# ハロ・アークが生《う》まれるしくみ

## 向《む》きがバラバラな角柱状《かくちゅうじょう》・角板状氷晶《かくばんじょうひょうしょう》

22度《ど》ハロ（内暈《うちかさ》）

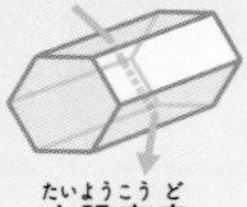

太陽高度《たいようこうど》によらず発生《はっせい》

46度《ど》ハロ（外暈《そとかさ》）

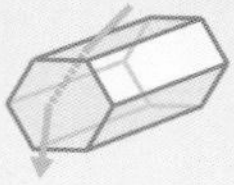

ほぼ現《あらわ》れない

## 長軸《ちょうじく》が水平《すいへい》な角柱状氷晶《かくちゅうじょうひょうしょう》

上部《じょうぶ》・下部《かぶ》タンジェントアーク／外接《がいせつ》ハロ

太陽高度《たいようこうど》が30～40度《ど》以上《いじょう》では上下《じょうげ》のアークがつながって外接《がいせつ》ハロになる

上部《じょうぶ》ラテラルアーク

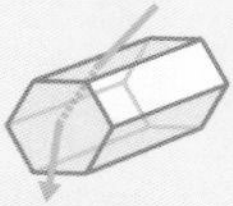

太陽高度《たいようこうど》32度《ど》以下《いか》で発生《はっせい》

下部《かぶ》ラテラルアーク

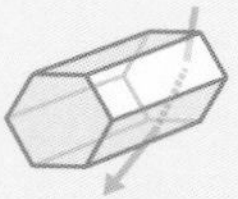

太陽高度《たいようこうど》によらず発生《はっせい》

太陽柱《たいようちゅう》

幻日環《げんじつかん》

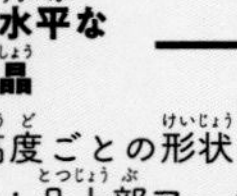

※ほかにも光《ひかり》の経路《けいろ》が多《おお》くある

## 長軸《ちょうじく》と側面《そくめん》が水平《すいへい》な角柱状氷晶《かくちゅうじょうひょうしょう》

パリーアーク

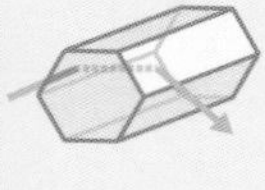

太陽高度《たいようこうど》ごとの形状《けいじょう》

～15度《ど》：凸上部《とつじょうぶ》アーク

5度《ど》～：凹上部《おうじょうぶ》アーク

～50度《ど》：凸下部《とつかぶ》アーク

40度《ど》～：凹下部《おうかぶ》アーク

## 底《そこ》の面《めん》がほぼ水平《すいへい》な角板状氷晶《かくばんじょうひょうしょう》

22度《ど》幻日《げんじつ》

太陽高度《たいようこうど》が61度《ど》より低《ひく》いときに発生《はっせい》

※ほかにも光《ひかり》の経路《けいろ》がある

120度《ど》幻日《げんじつ》

太陽高度《たいようこうど》が高《たか》いとき

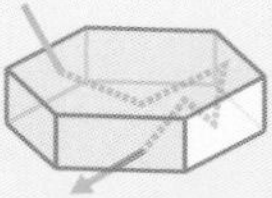

太陽高度《たいようこうど》が低《ひく》いとき

※ほかにも光《ひかり》の経路《けいろ》が多《おお》くある

環天頂《かんてんちょう》アーク

太陽高度《たいようこうど》32度《ど》以下《いか》で発生《はっせい》

環水平《かんすいへい》アーク

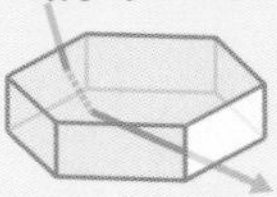

太陽高度《たいようこうど》58度《ど》以上《いじょう》で発生《はっせい》

太陽柱《たいようちゅう》

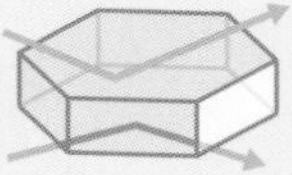

幻日環《げんじつかん》

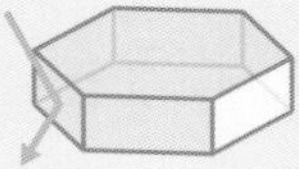

※ほかにも光《ひかり》の経路《けいろ》が多《おお》くある

## 六角《ろっかく》の頂点《ちょうてん》を通《とお》る軸《じく》を水平《すいへい》にして回転《かいてん》する角板状氷晶《かくばんじょうひょうしょう》

ローウィッツアーク

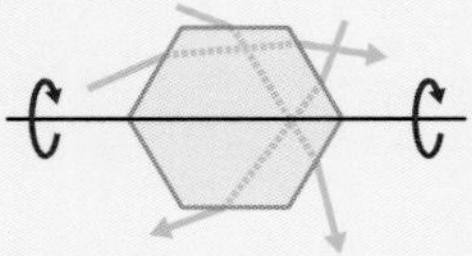

※空《そら》の虹色《にじいろ》の解説《かいせつ》：ハロ・アークの概要《がいよう》（図鑑《ずかん》1／P66）、ハロ・アークの見《み》わけ方《かた》（図鑑《ずかん》2／P42）、環天頂《かんてんちょう》アーク・環水平《かんすいへい》アーク（図鑑《ずかん》1／P68）、22度幻日《どげんじつ》（図鑑《ずかん》1／P70）、太陽柱《たいようちゅう》（図鑑《ずかん》2／P56）

# 12

# 見惚《みと》れるほどの美《うつく》しさ……盛大《せいだい》な夕焼《ゆうや》け空《ぞら》を狙《ねら》って見《み》る方法《ほうほう》

**盛《せい》** 大《だい》に焼《や》ける夕空《ゆうぞら》にたまたま出会《であ》って、心《こころ》が動《うご》かされてしまったという人《ひと》も多《おお》いかもしれません。では、どんなときに空《そら》が真《ま》っ赤《か》に焼《や》けるのでしょうか。

それはずばり、**高《たか》い空《そら》の雲《くも》の底《そこ》に夕陽《ゆうひ》があたるとき**です。夕焼《ゆうや》けが赤《あか》いのは、可視《かし》光《こう》が空気分子《くうきぶんし》や空気中《くうきちゅう》のチリにあたり、波《は》長《ちょう》の短《みじか》い青《あお》い光《ひかり》ほど強《つよ》く散《ち》らばる**レイリー散乱《さんらん》**のため（図鑑《ずかん》1／P80）。レイリー散乱《さんらん》は光《ひかり》が大気《たいき》の層《そう》を通《とお》る距離《きょり》が長《なが》いほど強《つよ》く働《はたら》くので、太陽《たいよう》の高《たか》さが低《ひく》くなるにつれて散乱《さんらん》が強《つよ》まり、波長《はちょう》の長《なが》い赤《あか》い光《ひかり》だけが残《のこ》るようになります。そして最《もっと》も散《さん》乱《らん》が強《つよ》く働《はたら》くのは、太陽《たいよう》が地平線《ちへいせん》に沈《しず》んだすぐ後《あと》に、太陽《たいよう》の光《ひかり》が高《たか》い空《そら》の雲《くも》の底《そこ》にあたり、そこから観察《かんさつ》している場所《ばしょ》に光《ひかり》が届《とど》くときなのです。このとき、雲《くも》が深《ふか》い赤《あか》に染《そ》まり、美《うつく》しい空《そら》の風景《ふうけい》になります。

とくに焼《や》けるのは少《すこ》し厚《あつ》みのある巻雲《けんうん》や高層雲《こうそううん》、高積雲《こうせきうん》などがあり、太陽側《たいようがわ》の低《ひく》い空《そら》に光《ひかり》をさえぎる雲《くも》がないときです。高《たか》い空《そら》だけに雲《くも》があったら爆焼《ばくや》けのチャンス！

深紅《しんく》に焼《や》ける雲《くも》に見惚《みと》れる——

## ▼雲《くも》がすごく焼《や》けるしくみ

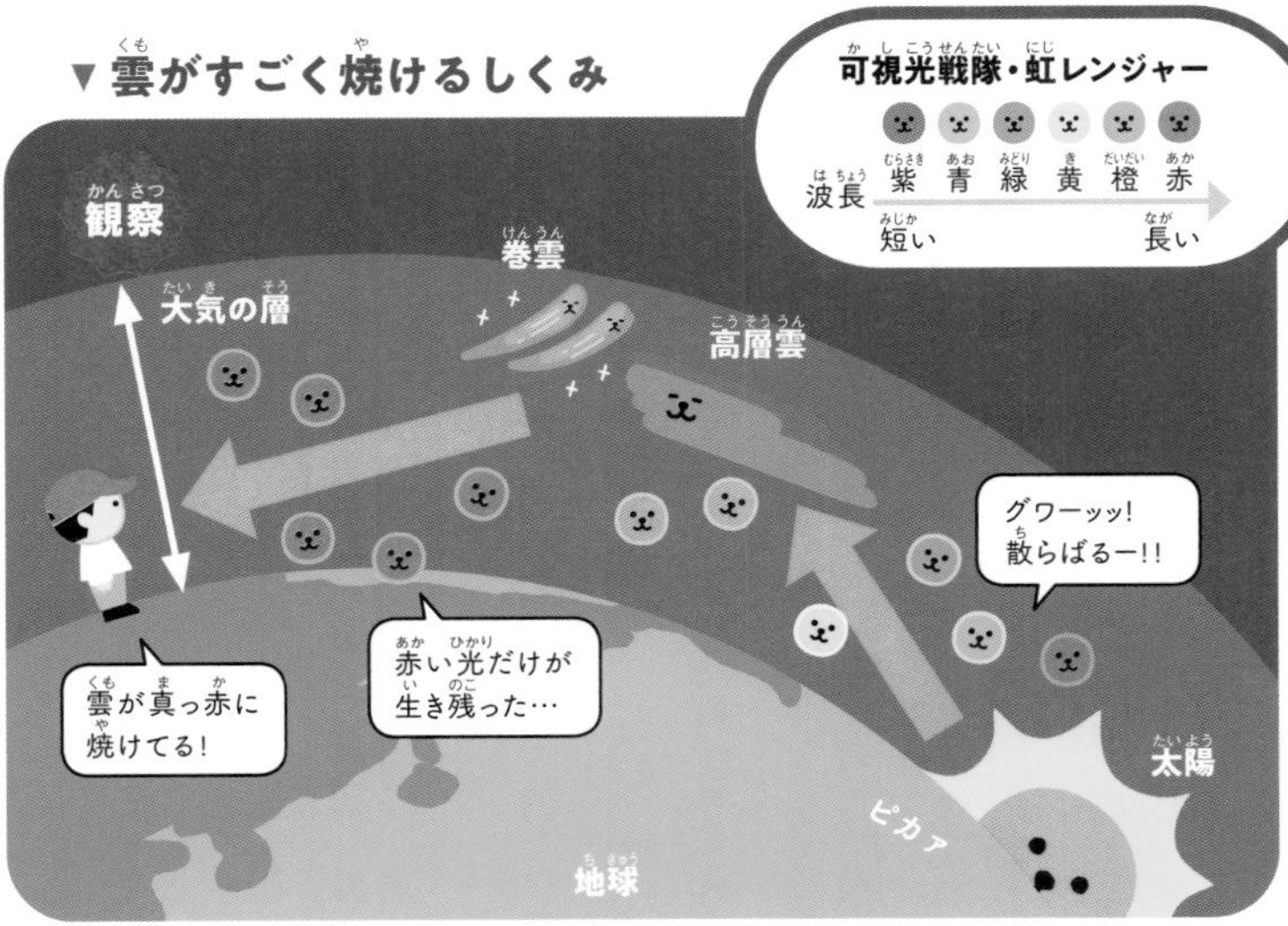


**豆知識《まめちしき》**

レイリー散乱《さんらん》という名前《なまえ》は、イギリスの物理学者《ぶつりがくしゃ》レイリー卿《きょう》ストラットが発見《はっけん》したことに由来《ゆらい》します。レイリー卿《きょう》は気体《きたい》の密度《みつど》の研究《けんきゅう》とアルゴンの発見《はっけん》の成果《せいか》で、1904年《ねん》にノーベル物理学賞《ぶつりがくしょう》を受賞《じゅしょう》しています。すごすぎる!

# 13 牛《ぎゅう》乳《にゅう》でわかる空《そら》の色《いろ》のしくみ

青《あお》い空《そら》に真《ま》っ赤《か》に焼《や》ける空《そら》。そんな空《そら》の色《いろ》のしくみは、**牛乳《ぎゅうにゅう》**でわかります。

牛乳《ぎゅうにゅう》の大部分《だいぶぶん》は、カゼインミセルという、可視光《かしこう》の波長《はちょう》の半分以下《はんぶんいか》の大《おお》きさのつぶで構成《こうせい》されています。可視光《かしこう》がその波長《はちょう》より小《ち》さいつぶにあたると、波長《はちょう》の短《みじか》い青《あお》などの光《ひかり》が強《つよ》く散《ち》らばるという**レイリー散《さん》乱《らん》**、そして可視光《かしこう》の波長《はちょう》と同《おな》じか少《すこ》し大《おお》きいつぶにあたると色《いろ》に関係《かんけい》なく散《ち》らばる**ミー散乱《さんらん》**が起《お》こります。牛乳《ぎゅうにゅう》に光《ひかり》があたると一度《いちど》カゼインミセルでレイリー散乱《さんらん》した光《ひかり》が別《べつ》のつぶでも散《ち》らばる**多重散乱《たじゅうさんらん》**が起《お》こり、牛乳《ぎゅうにゅう》は白《しろ》く見《み》えています。

水《みず》を入《い》れた500㎖のペットボトルに牛乳《ぎゅうにゅう》を1滴《てき》たらし、何本《なんぼん》か並《なら》べてライトの光《ひかり》を側面《そくめん》からあてると、ペットボトルがそれぞれ青《あお》から暖色《だんしょく》に色《いろ》づきます。これは、カゼインミセルによるレイリー散乱《さんらん》のためで、日中《にっちゅう》の空《そら》が青《あお》く、朝《あさ》や夕方《ゆうがた》の空《そら》が焼《や》けるのと同《おな》じしくみです（図鑑《ずかん》1／P78〜81）。

牛乳《ぎゅうにゅう》を飲《の》むとき、ぜひ空《そら》の色《いろ》にも想《おも》いを馳《は》せてみてください。

## ▼牛乳《ぎゅうにゅう》のレイリー散乱実験《さんらんじっけん》

⬆牛乳《ぎゅうにゅう》が白《しろ》いのは脂肪球《しぼうきゅう》によるミー散乱《さんらん》と説明《せつめい》されることがあるが、脂肪球《しぼうきゅう》のない脱脂《だっし》乳《にゅう》も白《しろ》いので大《おお》きな理由《りゆう》はカゼインミセルによる多重散乱《たじゅうさんらん》。雲《くも》の色《いろ》が白《しろ》いのはミー散乱《さんらん》で説明《せつめい》できる(図鑑《ずかん》1/P25)。

## ▼牛乳《ぎゅうにゅう》によるレイリー散乱《さんらん》のしくみ

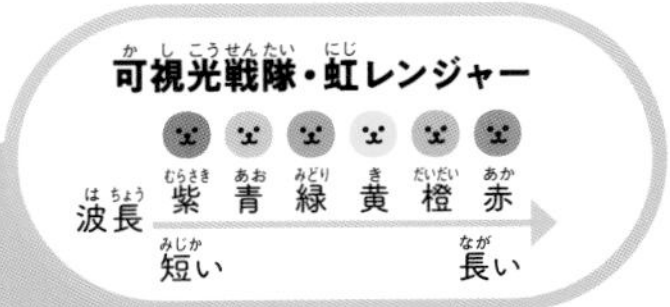


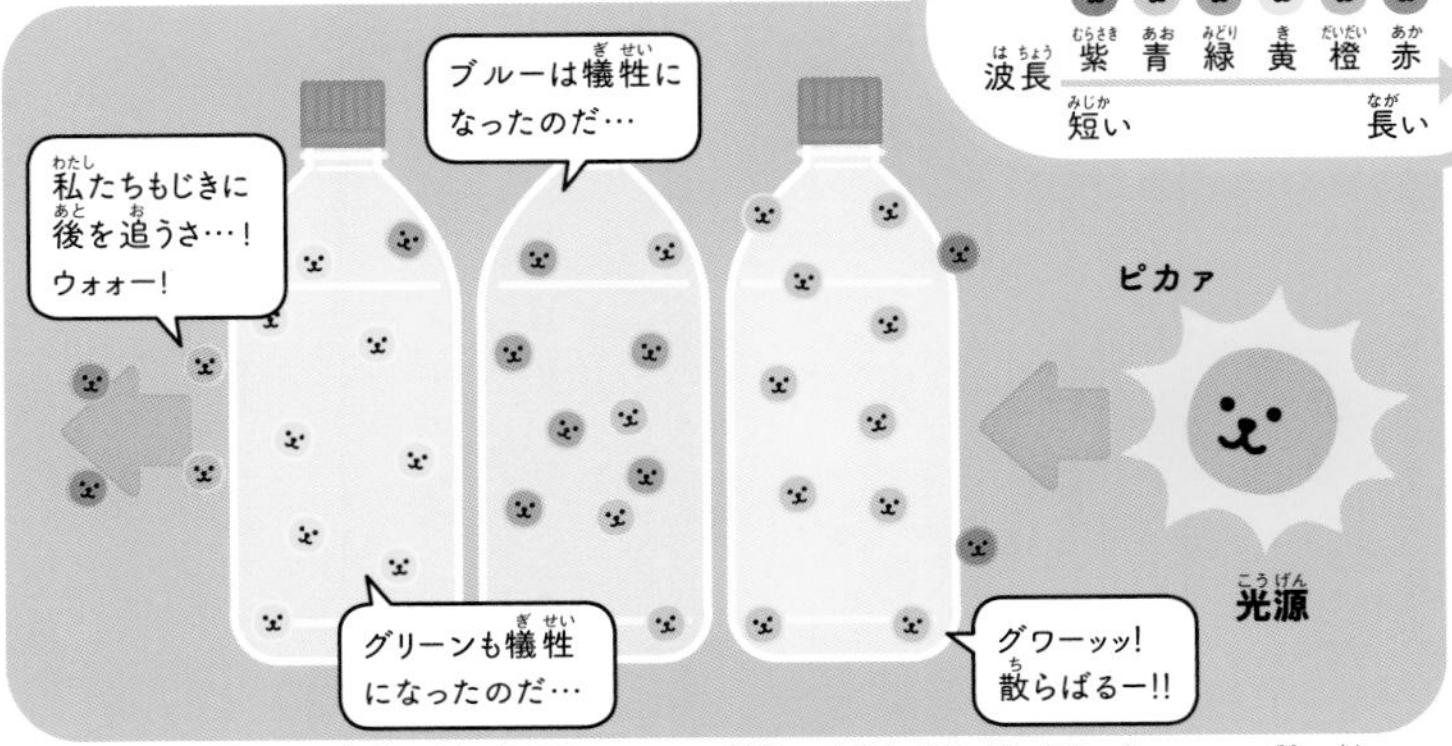


⬆実際《じっさい》の空《そら》では、太陽《たいよう》が高《たか》い日中《にっちゅう》はレイリー散乱《さんらん》で波長《はちょう》の短《みじか》い青《あお》の光《ひかり》が散《ち》らばり、空《そら》は青《あお》く見《み》える(光源《こうげん》の近《ちか》くのペットボトル)。朝《あさ》や夕方《ゆうがた》は太陽光《たいようこう》が通《とお》る大気《たいき》の層《そう》の距離《きょり》が長《なが》く、赤《あか》に近《ちか》い色《いろ》が残《のこ》るために空《そら》が焼《や》ける(光源《こうげん》から離《はな》れたペットボトル)。

**豆知識《まめちしき》**

じつはシロクマは皮膚《ひふ》が黒《くろ》く、毛《け》は透明《とうめい》です。それでも白《しろ》く見《み》えるのは、太《ふと》さが雲《くも》のつぶの約《やく》10倍《ばい》の透明《とうめい》な毛《け》によって光《ひかり》がミー散乱《さんらん》を起《お》こし、さまざまな色《いろ》の光《ひかり》が混《ま》ざっているためです。毛《け》なしのシロクマは黒《くろ》いクマなのです。

CHAPTER 1
雲《くも》と生活《せいかつ》

# 14 カルマン渦《うず》列《れつ》をつくってウズウズしよう！

**冬《ふゆ》**にはしばしば、気象衛星《きしょうえいせい》で渦《うず》のペアが列《れつ》をなす**カルマン渦列《うずれつ》**が観測《かんそく》されることがあります。

日本《にほん》の西《にし》に高気圧《こうきあつ》、東《ひがし》に低気圧《ていきあつ》がある**西《せい》高東低《こうとうてい》**の冬型《ふゆがた》の気圧配置《きあつはいち》のとき、日本《にほん》には冷《つめ》たい北西《ほくせい》の風《かぜ》が吹《ふ》きます。このとき、韓《かん》国《こく》の済州島《チェジュとう》や鹿児島県《かごしまけん》の屋久島《やくしま》では、冷《つめ》たい風《かぜ》が標高《ひょうこう》の高《たか》い島《しま》を越《こ》えられずに、島《しま》を回《まわ》り込《こ》んだ空気《くうき》の流《なが》れが風下側《かざしもがわ》で直径《ちょっけい》20〜40kmほどの左右《さゆう》のペアの渦列《うずれつ》をつくるのです。これがカルマン渦列《うずれつ》で、海上《かいじょう》で発生《はっせい》した雲《くも》によって渦巻《うずま》きが見《み》えています。

それでは、カルマン渦列《うずれつ》をつくってみましょう。トレイに薄《うす》く水《みず》を張《は》って墨汁《ぼくじゅう》などを垂《た》らしておき、そこに割《わ》り箸《ばし》や指《ゆび》などを立《た》て、一定《いってい》の速《はや》さでまっすぐ動《うご》かします。これだけできれいな渦列《うずれつ》を観察《かんさつ》できます。水《みず》の深《ふか》さや割《わ》り箸《ばし》などを動《うご》かす速《はや》さによって渦《うず》のでき方《かた》が変《か》わるので、いろいろ試《ため》すと楽《たの》しいです。

渦《うず》って、なんだか魅力《みりょく》がありますよね。一緒《いっしょ》に渦《うず》を楽《たの》しんでウズウズしましょう。

▼済州島《チェジュとう》と屋久島《やくしま》の風下《かざしも》に発生《はっせい》したダブルのカルマン渦列《うずれつ》

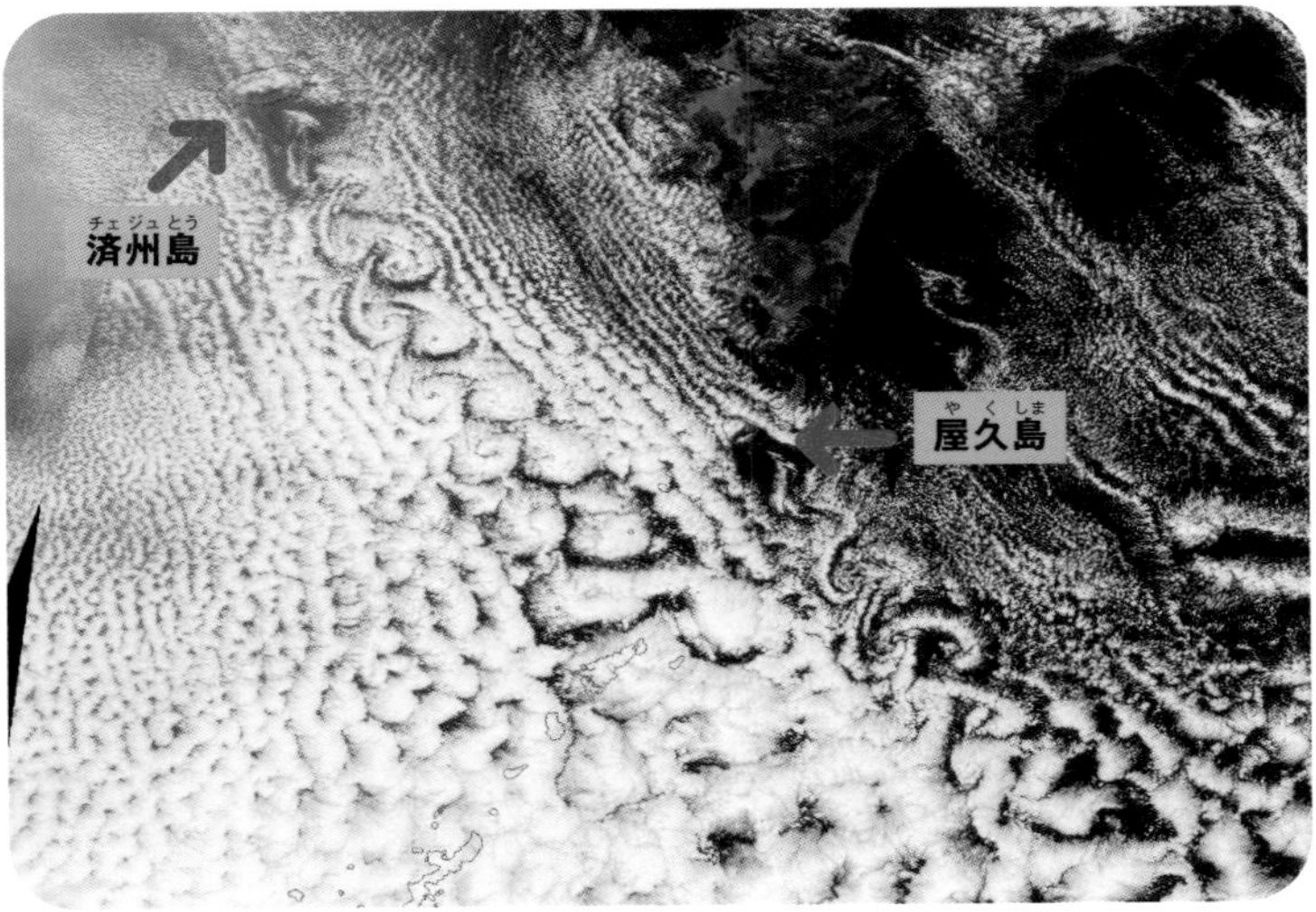


▼墨汁《ぼくじゅう》を使《つか》ったカルマン渦列《うずれつ》実験《じっけん》

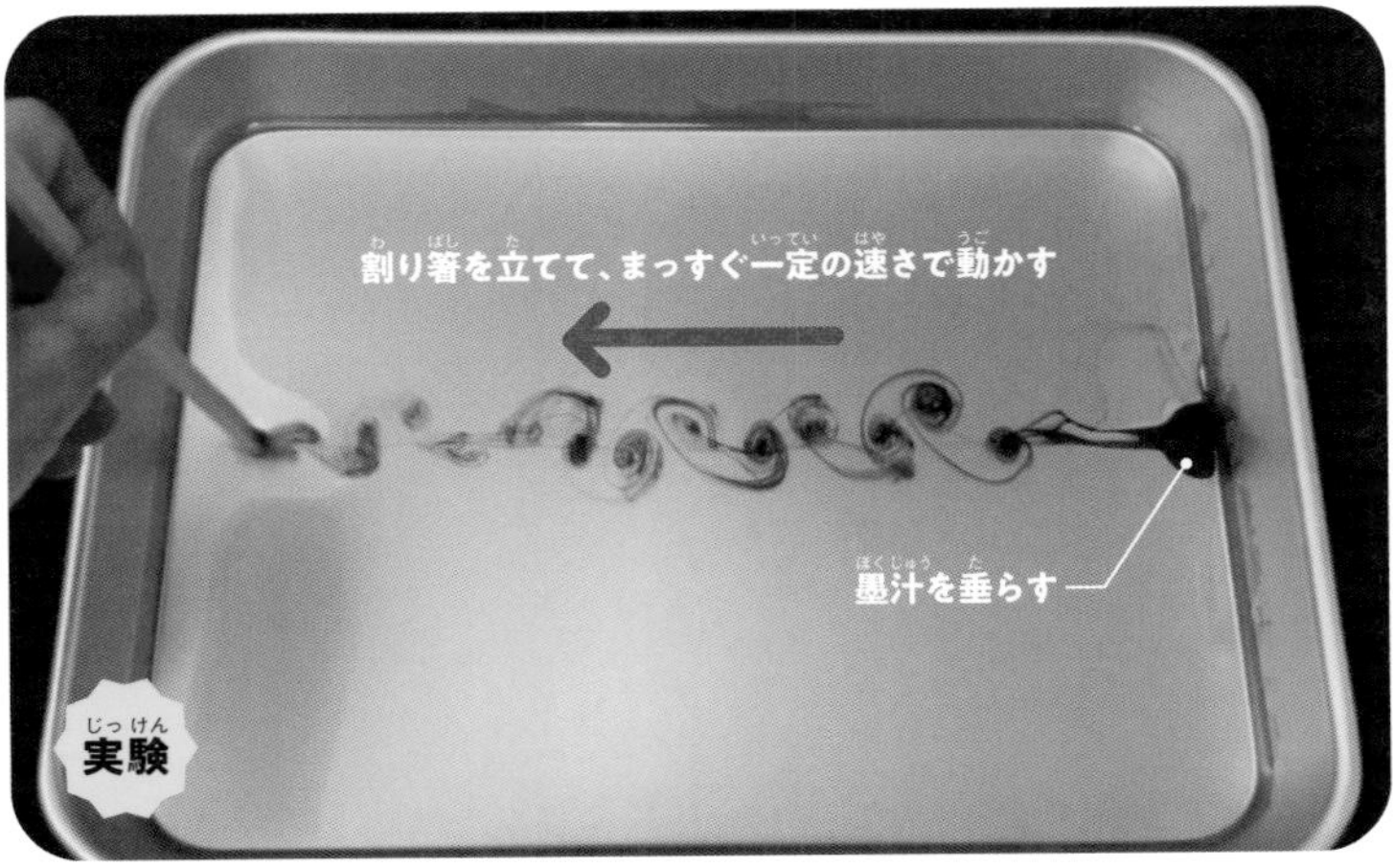


**豆知識《まめちしき》**

強風時《きょうふうじ》に電線《でんせん》から聞《き》こえるヒュウヒュウという音《おと》はエオルス音《おん》といい、電線《でんせん》の風下《かざしも》にカルマン渦列《うずれつ》ができて規則的《きそくてき》に圧力《あつりょく》が変化《へんか》するために発生《はっせい》します。ほかに旗《はた》がはためくのもカルマン渦列《うずれつ》が原因《げんいん》。身近《みぢか》なところにカルマン渦列《うずれつ》!

# 15

# 雲《くも》で生《う》まれる「白《しろ》虹《にじ》」のふしぎ

**虹《にじ》**といえば、カラフルな虹色《にじいろ》を思《おも》い浮《う》かべると思《おも》います。ところが、なんと白《しろ》い色《いろ》の虹《にじ》もあるのです。

その名《な》は**白虹《しろにじ》**。ふつうの虹《にじ》が雨《あま》つぶでできるのに対《たい》し、白虹《しろにじ》は雲《くも》や霧《きり》のつぶでできるため、雲虹《くもにじ》や霧虹《きりにじ》とも呼《よ》ばれます。雨《あめ》の虹《にじ》は、太陽《たいよう》の光《ひかり》が太陽《たいよう》と反対側《はんたいがわ》の空《そら》で雨《あま》つぶに入《はい》るとき、十分《じゅうぶん》に曲《ま》がる（**屈折《くっせつ》**する）ことで、ひとつひとつの色《いろ》に細《ほそ》くわけられるためにはっきりした虹色《にじいろ》になります。

しかし、雲《くも》や霧《きり》のつぶのように小《ちい》さいと、屈折《くっせつ》したときにひとつひとつの色《いろ》にわけられる範囲《はんい》が広《ひろ》がり、さまざまな色《いろ》が混《ま》ざってしまいます。すると、虹《にじ》の帯《おび》の部分《ぶぶん》がやや太《ふと》く、そして白《しろ》くなるのです。

白虹《しろにじ》は早朝《そうちょう》に霧《きり》が出《で》て、朝陽《あさひ》がさしはじめたころなどに太陽《たいよう》と反対側《はんたいがわ》の空《そら》で自分《じぶん》の影《かげ》のできる位置《いち》（**対日点《たいじつてん》**）を中心《ちゅうしん》に円状《えんじょう》に現《あらわ》れます。まだ暗《くら》いうちに濃《こ》い霧《きり》のなかで車《くるま》のライトをハイビームにし、ライトを背《せ》にすることでも白虹《しろにじ》をつくって遊《あそ》べます。大人《おとな》と一緒《いっしょ》に早起《はやお》きしてお試《ため》しください。

早朝《そうちょう》に出会《であ》った白虹《しろにじ》

↑層雲《そううん》が地面《じめん》にくっつくと霧《きり》。

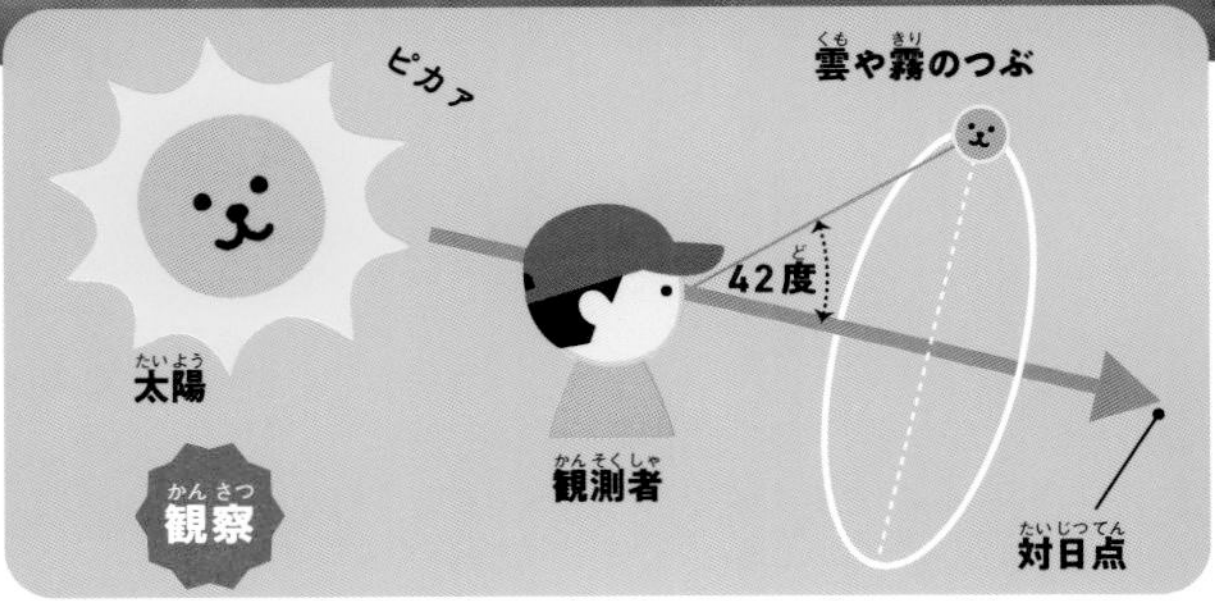


▲白虹《しろにじ》のしくみ

実験《じっけん》

↑車《くるま》のヘッドライトでつくった白虹《しろにじ》。大人《おとな》と一緒《いっしょ》に安全《あんぜん》を確認《かくにん》しながら観察《かんさつ》しよう。

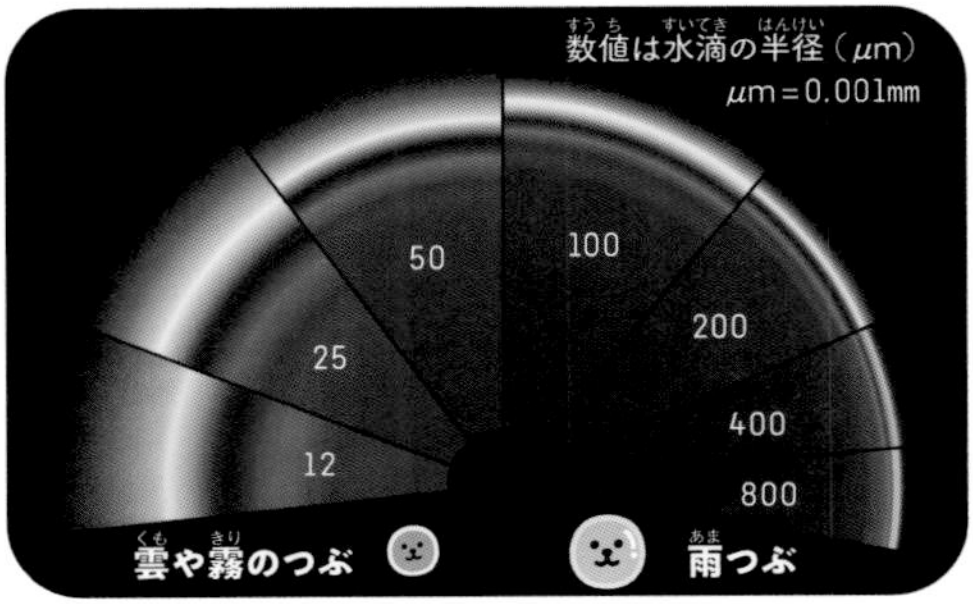


◀つぶの大《おお》きさと虹《にじ》の色《いろ》のわかれ方《かた》

**豆知識《まめちしき》**

白虹《しろにじ》は山《やま》の上《うえ》や飛行機《ひこうき》からでも観察《かんさつ》できます。光《ひかり》が強《つよ》いときには自分《じぶん》や飛行機《ひこうき》の影《かげ》を中心《ちゅうしん》に虹色《にじいろ》の光《ひかり》の環《わ》ができます（ブロッケン現象《げんしょう》、図鑑《ずかん》1／P76）。ブロッケン現象《げんしょう》も白虹《しろにじ》も水《みず》のつぶでできた雲《くも》に現《あらわ》れるので、同時《どうじ》に出会《であ》えるかも!?

# 16

# 手《て》軽《がる》にできる氷《こおり》の魔《ま》法《ほう》「ダイヤモンドダスト」

気《き》温《おん》が十分《じゅうぶん》下《さ》がると、大気中《たいきちゅう》の水蒸気《すいじょうき》が固体《こたい》の氷《こおり》に変化《へんか》（**凝華**《ぎょうか》）して氷《ひょう》晶《しょう》が発生《はっせい》します。これに光《ひかり》があたってキラキラ光《ひか》るのが**ダイヤモンドダスト**です。

ふつうは寒《さむ》い地域《ちいき》で冬《ふゆ》に起《お》こる現象《げんしょう》ですが、自宅《じたく》でもダイヤモンドダストをつくれます。用意《ようい》するのは発泡《はっぽう》スチロールの箱《はこ》（一辺《いっぺん》が20cmくらい）、上《うえ》の口《くち》が開《あ》いている空《あ》き缶《かん》、ドライアイス（1〜2kg）、ペン型《がた》のライトと軍手《ぐんて》です。

箱《はこ》の中央《ちゅうおう》に缶《かん》を置《お》き、砕《くだ》いたドライアイスをまわりに詰《つ》めます。冷《ひ》えた缶《かん》のなかに息《いき》を吹《ふ》き込《こ》むとすぐに白《しろ》いモワモワが発生《はっせい》。これは息《いき》が冷《ひ》やされて水蒸気《すいじょうき》が凝結《ぎょうけつ》した水《みず》のつぶです。缶《かん》のなかにドライアイスを少《すこ》し削《けず》って落《お》とすと、水《みず》のつぶが凍《こお》って氷晶《ひょうしょう》が発生《はっせい》。そこにライトをあてると、キラキラ光《ひか》るダイヤモンドダストのできあがり！

実験《じっけん》でつくったダイヤモンドダストは、天然《てんねん》のものと同《おな》じく少《すこ》しの風《かぜ》でも揺《ゆ》らめいて、魔法《まほう》のような美《うつく》しさ。ぜひ大人《おとな》と一緒《いっしょ》に実《じっ》験《けん》して、氷《こおり》の魔法《まほう》を体感《たいかん》してみてください。

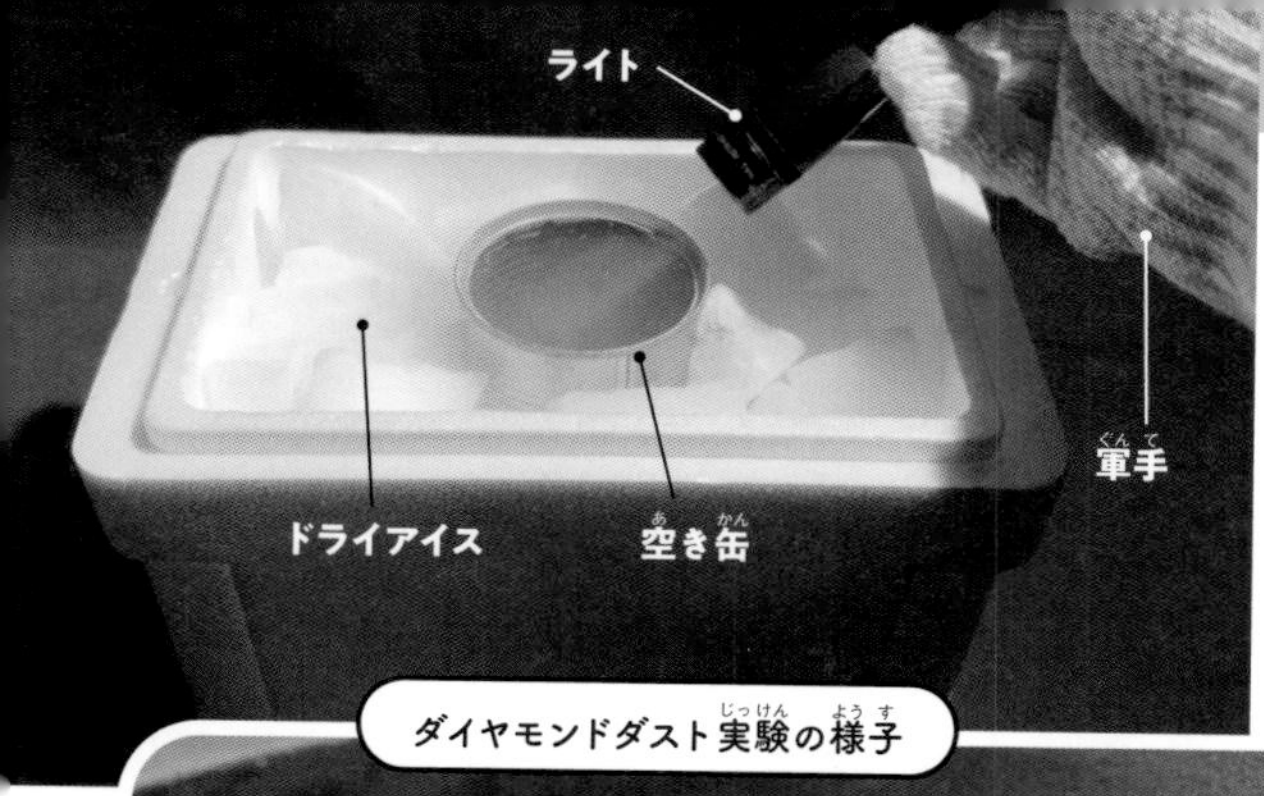


## 実験《じっけん》

⬇缶《かん》の内側《うちがわ》に黒《くろ》い紙《かみ》などを貼《は》っておくと観察《かんさつ》しやすい。缶《かん》もとても冷《つめ》たくなるので手《て》で直《ちょく》接触《せつさわ》らないよう注意《ちゅうい》。

ダイヤモンドダスト実験《じっけん》の様子《ようす》

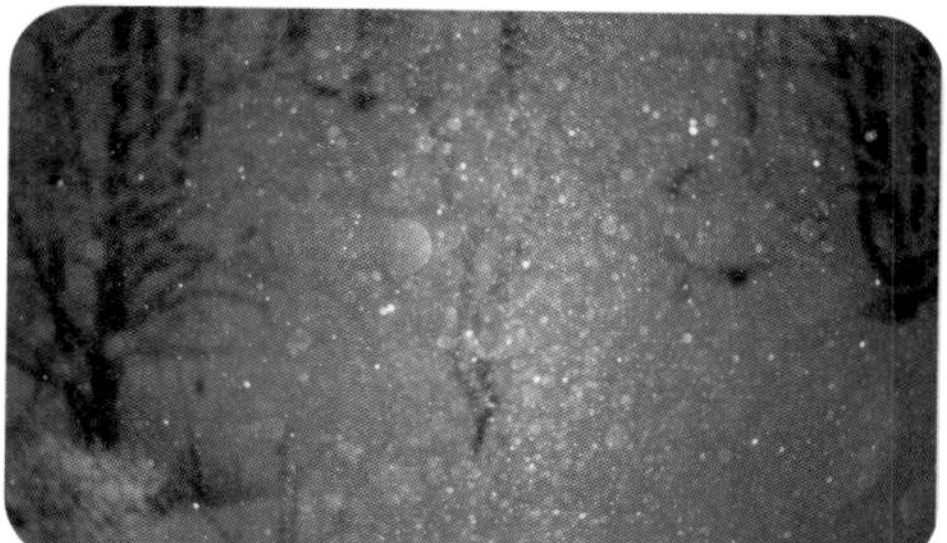

⬅天然《てんねん》のダイヤモンドダストも、とても美《うつく》しい。氷晶《ひょうしょう》によって太《たい》陽《よう》の上下《じょうげ》に光《ひかり》の柱《はしら》がのびる太陽《たいよう》柱《ちゅう》や、太陽《たいよう》の左右《さゆう》に現《あらわ》れる虹色《にじいろ》の光《ひかり》のスポットである幻日《げんじつ》ができることも（図鑑《ずかん》1／P71）。

**豆《まめ》知《ち》識《しき》**

実験後《じっけんご》に使《つか》わなくなったドライアイスは、水《みず》に入《い》れたり屋外《おくがい》に放置《ほうち》したりして処理《しょり》しましょう。ただ、ドライアイスから出《で》る二酸化炭素《にさんかたんそ》には、血《ち》を吸《す》っていない蚊《か》が集《あつ》まってくる性質《せいしつ》があります。夏《なつ》に屋外《おくがい》に放置《ほうち》するときは注意《ちゅうい》。

# 17

# 「天《てん》から送《おく》られた手紙《てがみ》」雪《ゆき》を育《そだ》てて観察《かんさつ》しよう

「**雪**《ゆき》」は天《てん》から送《おく》られた手紙《てがみ》である」（中《なか》谷宇吉郎博士《やうきちろうはくし》）というように、**雪**《ゆき》**の結晶**《けっしょう》は科学的《かがくてき》にも興味深《きょうみぶか》いです。そんな雪《ゆき》を自分《じぶん》で育《そだ》てて観察《かんさつ》してみましょう。

雪《ゆき》を育《そだ》てるのに準備《じゅんび》するのは、発泡《はっぽう》スチロールの箱《はこ》（一辺《いっぺん》が約《やく》20cm）、ドライアイス（1～2kg）、ペットボトル（炭酸飲料《たんさんいんりょう》など側面《そくめん》の凹凸《おうとつ》の少《すく》ないもの）、釣《つ》り糸《いと》（03号《ごう》など細《ほそ》いもの約《やく》50cm）、重《おも》り（消《け》しゴムなど）、ゴム栓《せん》、軍手《ぐんて》です。箱《はこ》のフタの中央《ちゅうおう》に、ペットボトル本体《ほんたい》の太《ふと》さより少《すこ》し大《おお》きめの穴《あな》を開《あ》けておきます。

水《みず》を入《い》れてよく振《ふ》ったペットボトルから水《みず》を捨《す》て、おもりをつけた釣《つ》り糸《いと》を垂《た》らしてピンと張《は》って栓《せん》をします。これを箱《はこ》の中《ちゅう》央《おう》に置《お》き、砕《くだ》いたドライアイスをまわりに入《い》れてフタをしましょう。5分《ふん》ほどするとフタより少《すこ》し下《した》の釣《つ》り糸《いと》に氷晶《ひょうしょう》が発生《はっせい》し、だんだん成長《せいちょう》します。20分《ぷん》もすれば立派《りっぱ》に枝《えだ》わかれした**樹枝状結晶**《じゅしじょうけっしょう》を観察《かんさつ》できます。

この実験《じっけん》は季節《きせつ》を問《と》わずにできるので、雪《ゆき》が恋《こい》しいときにおすすめです。

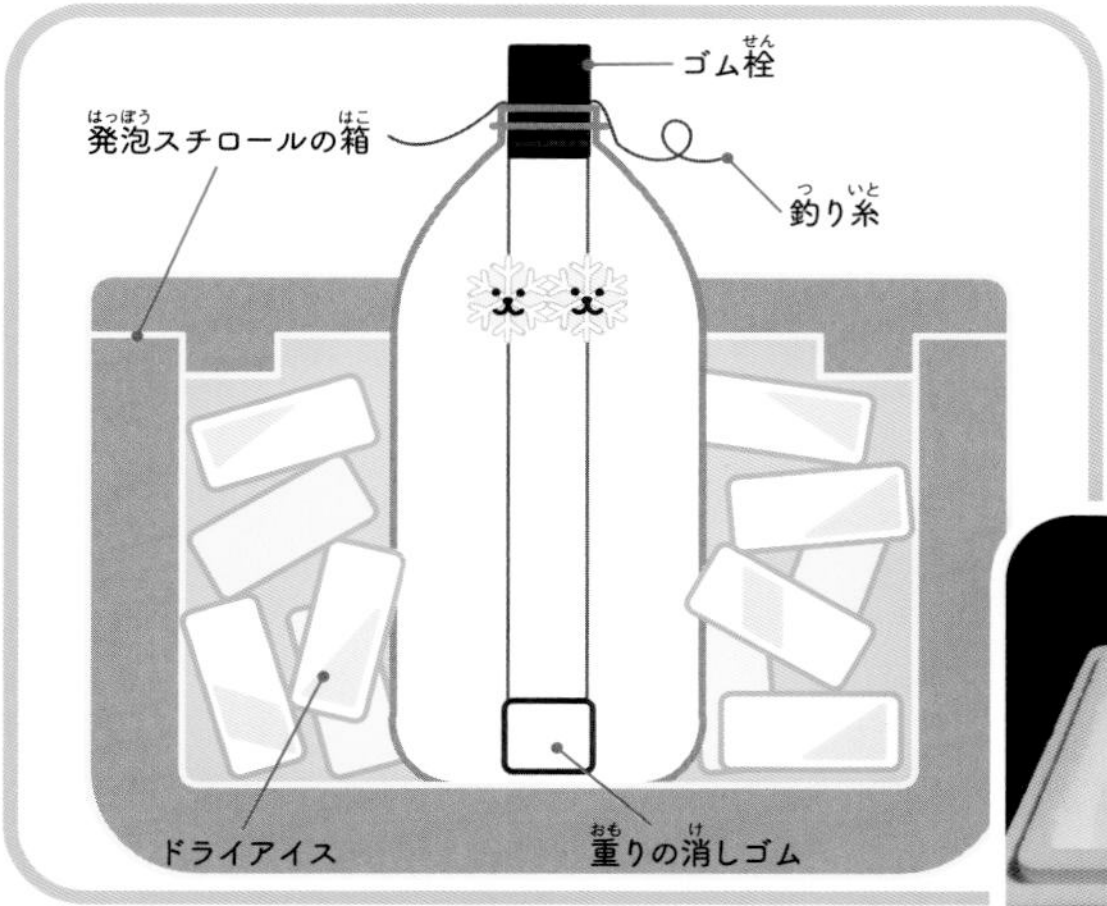



## ◀ 実験装置《じっけんそうち》の様子《ようす》

**実験《じっけん》**

⬇この実験装置《じっけんそうち》は「平松式《ひらまつしき》ペットボトル人工雪発生装置《じんこうゆきはっせいそうち》」といい、雪氷教育者《せっぴょうきょういくしゃ》の平松和彦氏《ひらまつかずひこし》が考案《こうあん》した。

## ▼ 雪《ゆき》の結晶《けっしょう》の成長《せいちょう》

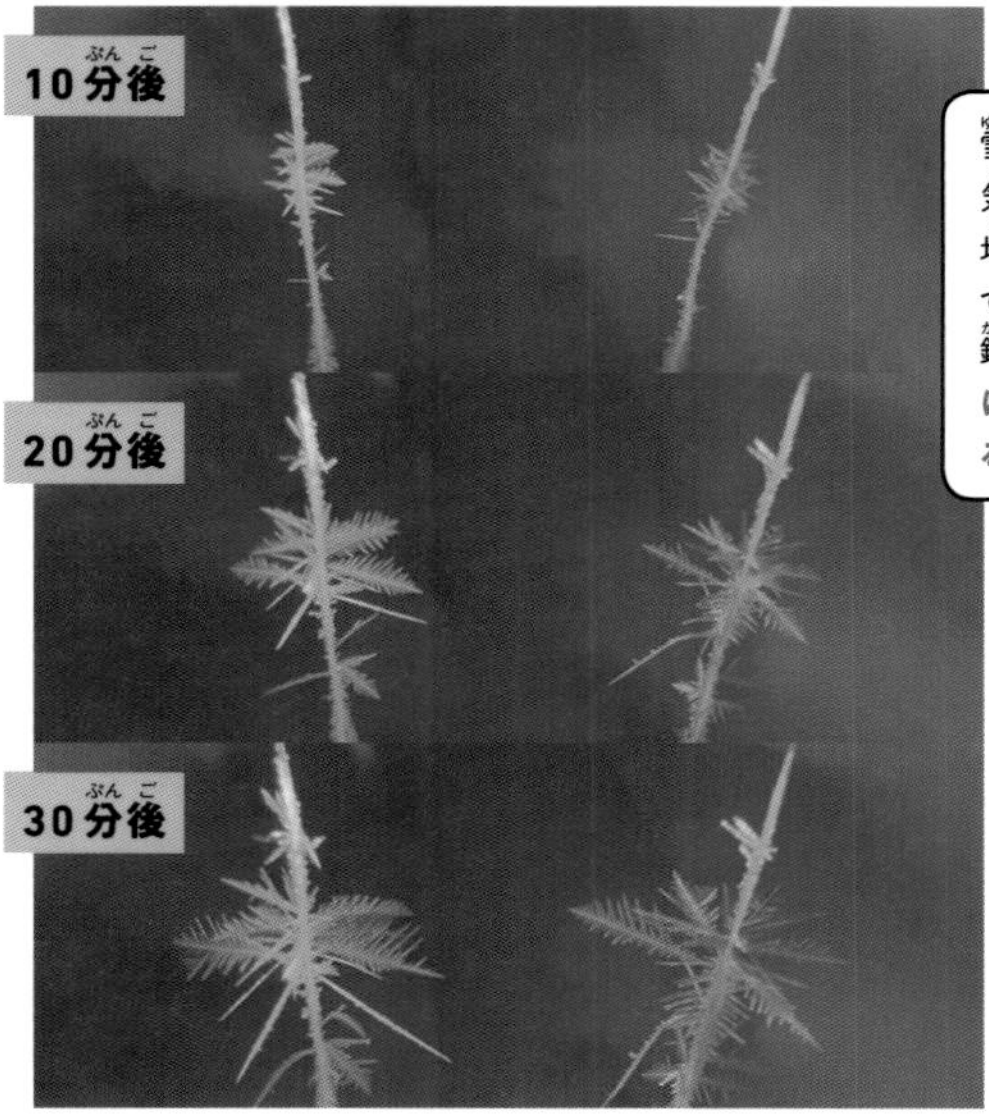



雪《ゆき》の結晶《けっしょう》は雪雲《ゆきぐも》の気温《きおん》と水蒸《すいじょう》気《き》の量《りょう》でかたちが変《か》わるから、地上《ちじょう》に降《ふ》ってきた結晶《けっしょう》のかたちで空《そら》の様子《ようす》がわかるんだ（図《ず》鑑《かん》1／P102～105)。まさに「雪《ゆき》は天《てん》から送《おく》られた手紙《てがみ》である」（中谷宇吉郎博士《なかやうきちろうはくし》）だね!

⬅少《すこ》しの揺《ゆ》れで結晶《けっしょう》が折《お》れて落《お》ちてしまうので、装置《そうち》を揺《ゆ》らさないようにして観察《かんさつ》しよう。

**豆知識《まめちしき》**

屋内《おくない》でこの実験《じっけん》をすると、実験装置《じっけんそうち》のフタの下《した》あたりが-20～-10℃になります。この気温《きおん》で水蒸気量《すいじょうきりょう》が多《おお》いと、まさに樹枝状結晶《じゅしじょうけっしょう》が成長《せいちょう》する状況《じょうきょう》です（図《ず》鑑《かん》1／P103)。しばらく経《た》つと水蒸気《すいじょうき》が減《へ》り、樹枝《じゅし》の先《さき》に角板《かくばん》ができることも。

COLUMN 1

← ペットボトルで雲《くも》をつくる実験《じっけん》（P12）は、子《こ》どもの力《ちから》だけでひねりにくかったら、大人《おとな》と一緒《いっしょ》にやってみよう。

→ 虹《にじ》のできる場所《ばしょ》を狙《ねら》って霧吹《きりふ》きシュッシュッ!

# 実験《じっけん》は最強《さいきょう》の遊《あそ》びであり学《まな》び

みなさんは遊《あそ》びを楽《たの》しんでいますか？　勉強《べんきょう》といわれるとなんだかちょっとやる気《き》が出《で》ないな、というみなさんには、ぜひこの本《ほん》に載《の》っている実験《じっけん》を実際《じっさい》にやってみることをおすすめします。

「百聞《ひゃくぶん》は一見《いっけん》に如《し》かず」という言葉《ことば》があるように、本《ほん》を読《よ》んで知識《ちしき》を深《ふか》めるのももちろん大事《だいじ》なのですが、実験《じっけん》や観察《かんさつ》でそれを体験《たいけん》すると、楽《たの》しく学《まな》べて理解《りかい》も深《ふか》まります。虹《にじ》ができる場所《ばしょ》を狙《ねら》って霧吹《きりふ》きで水《みず》をまけばちゃんと虹《にじ》が現《あらわ》れますし、雲《くも》をつくる実験《じっけん》も友達《ともだち》や大人《おとな》と一緒《いっしょ》にやるとテンションが上《あ》がります。そうして**楽《たの》しみながら学《まな》ぶという体験《たいけん》は、このあとの人生《じんせい》をきっと豊《ゆた》かにしてくれます。**

実験《じっけん》は最強《さいきょう》の遊《あそ》びであり、学《まな》びなのです。雲《くも》も空《そら》も人生《じんせい》も、思《おも》いっきり楽《たの》しみましょう!

CHAPTER 2

# すごすぎる空《そら》と文《ぶん》化《か》のはなし

空《そら》は私《わたし》たちに美《うつく》しい風《ふう》景《けい》を見《み》せてくれます。

これは現《げん》在《ざい》も過《か》去《こ》も同《おな》じで、古《ふる》くから国《くに》や地《ち》域《いき》ごとに親《した》しまれてきた空《そら》の現《げん》象《しょう》が多《おお》くあります。

そのために空《そら》にはいろいろな名《な》前《まえ》がついているもの、文《ぶん》化《か》や歴《れき》史《し》に関《かん》係《けい》するものなどさまざま。

ここでは、そんな空《そら》と文《ぶん》化《か》の関《かん》係《けい》について深《ふか》掘《ぼ》りしていきます。

# 18

# 「文《ぶん》化《か》の日《ひ》」が晴《は》れやすいって本《ほん》当《とう》？

11月《がつ》3日《か》の**文化《ぶんか》の日《ひ》**は、晴《は》れやすい「晴《は》れの**特異日《とくいび》**」といううわさがあります。本当《ほんとう》か調《しら》べてみました。

特異日《とくいび》は、その前後《ぜんご》の日《ひ》に比《くら》べて統計的《とうけいてき》に特定《とくてい》の天気《てんき》の現《あらわ》れる割合《わりあい》が多《おお》い日《ひ》のこと。そこで過去《かこ》30年間《ねんかん》の東京《とうきょう》での天気《てんき》の出現《しゅつげん》率《りつ》から、特異日《とくいび》らしさを調《しら》べました。

その結果《けっか》、東京《とうきょう》で最《もっと》も晴《は》れの特異日《とくいび》らしいのは9月《がつ》5日《か》で、文化《ぶんか》の日《ひ》は365日《にち》中《ちゅう》270位《い》と、全然特異日《ぜんぜんとくいび》らしくありませんでした。晴《は》れの出現率《しゅつげんりつ》では文化《ぶんか》の日《ひ》は121位《い》で、1位《い》はクリスマス前日《ぜんじつ》。上位《じょうい》がほぼ12～2月《がつ》なのは、西高東低《せいこうとうてい》の冬型《ふゆがた》の気圧配置《きあつはいち》になると太平洋側《たいへいようがわ》は空気《くうき》が乾燥《かんそう》し、東京《とうきょう》が晴《は》れやすいことの表《あらわ》れです。

特異日《とくいび》に科学的根拠《かがくてきこんきょ》はありませんが、もともと11月《がつ》3日《か》は明治天皇《めいじてんのう》の誕生日《たんじょうび》で、明《めい》治時代《じじだい》はそれを祝《いわ》う「**天長節《てんちょうせつ》**」の日《ひ》でした。その後《ご》に小説家《しょうせつか》の夏目漱石《なつめそうせき》や森鷗外《もりおうがい》も作《さく》品中《ひんちゅう》で「晴《は》れの天長節《てんちょうせつ》」にふれており、明《めい》治《じ》の末《すえ》には文化《ぶんか》の日《ひ》の晴天《せいてん》はことわざになっていたのだとか。

## ▼東京《とうきょう》の晴《は》れの特異日《とくいび》らしさランキング

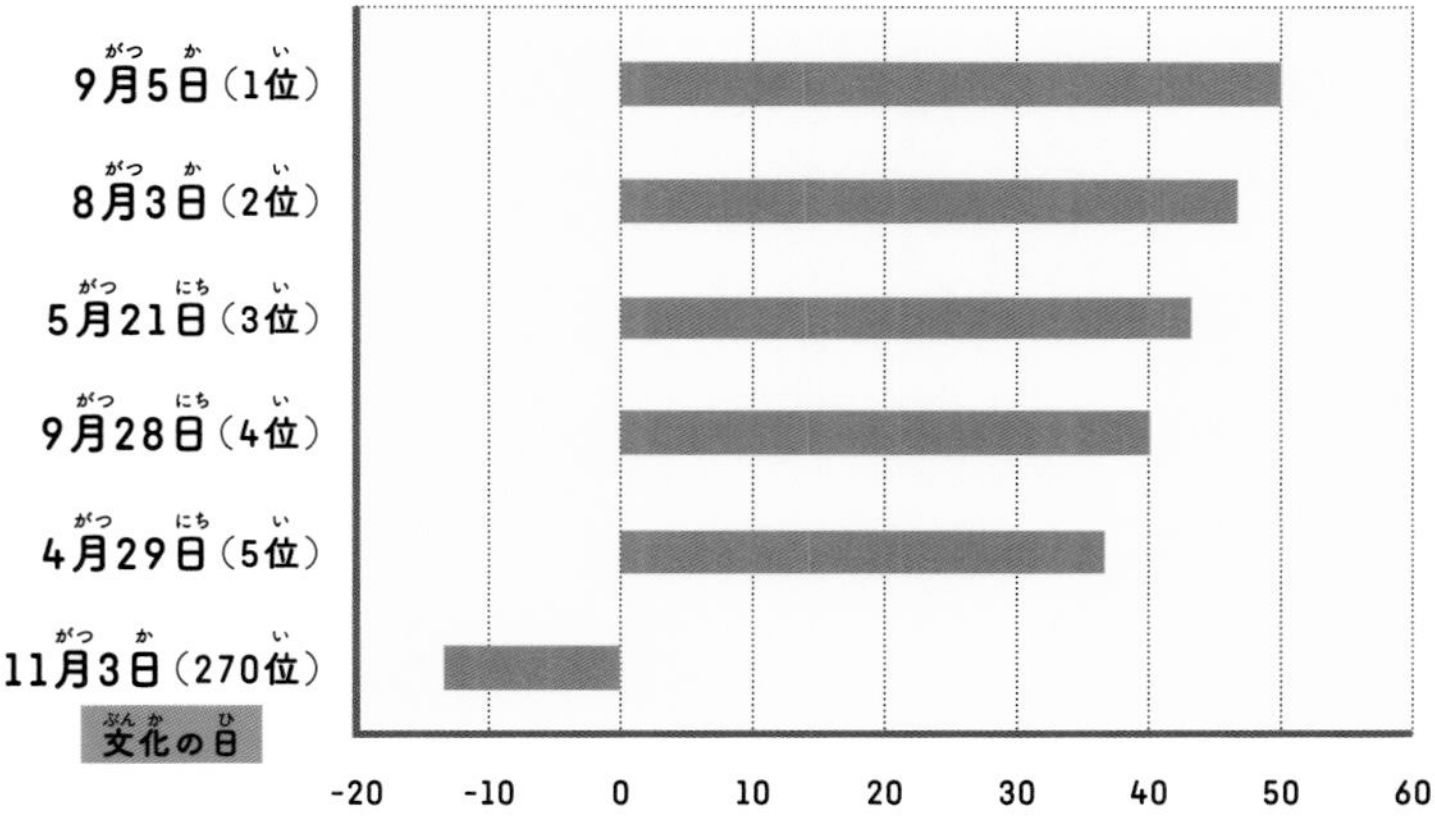


⬆特異日《とくいび》らしさ＝(当日《とうじつ》の晴《は》れ出現率《しゅつげんりつ》-前日《ぜんじつ》の晴《は》れ出現率《しゅつげんりつ》)＋(当日《とうじつ》の晴《は》れ出現率《しゅつげんりつ》-翌日《よくじつ》の晴《は》れ出現率《しゅつげんりつ》)として算出《さんしゅつ》。東京《とうきょう》における1991~2020年《ねん》の30年間《ねんかん》の観測《かんそく》データを使用《しよう》。

## ▼東京《とうきょう》の晴《は》れの出現率《しゅつげんりつ》ランキング

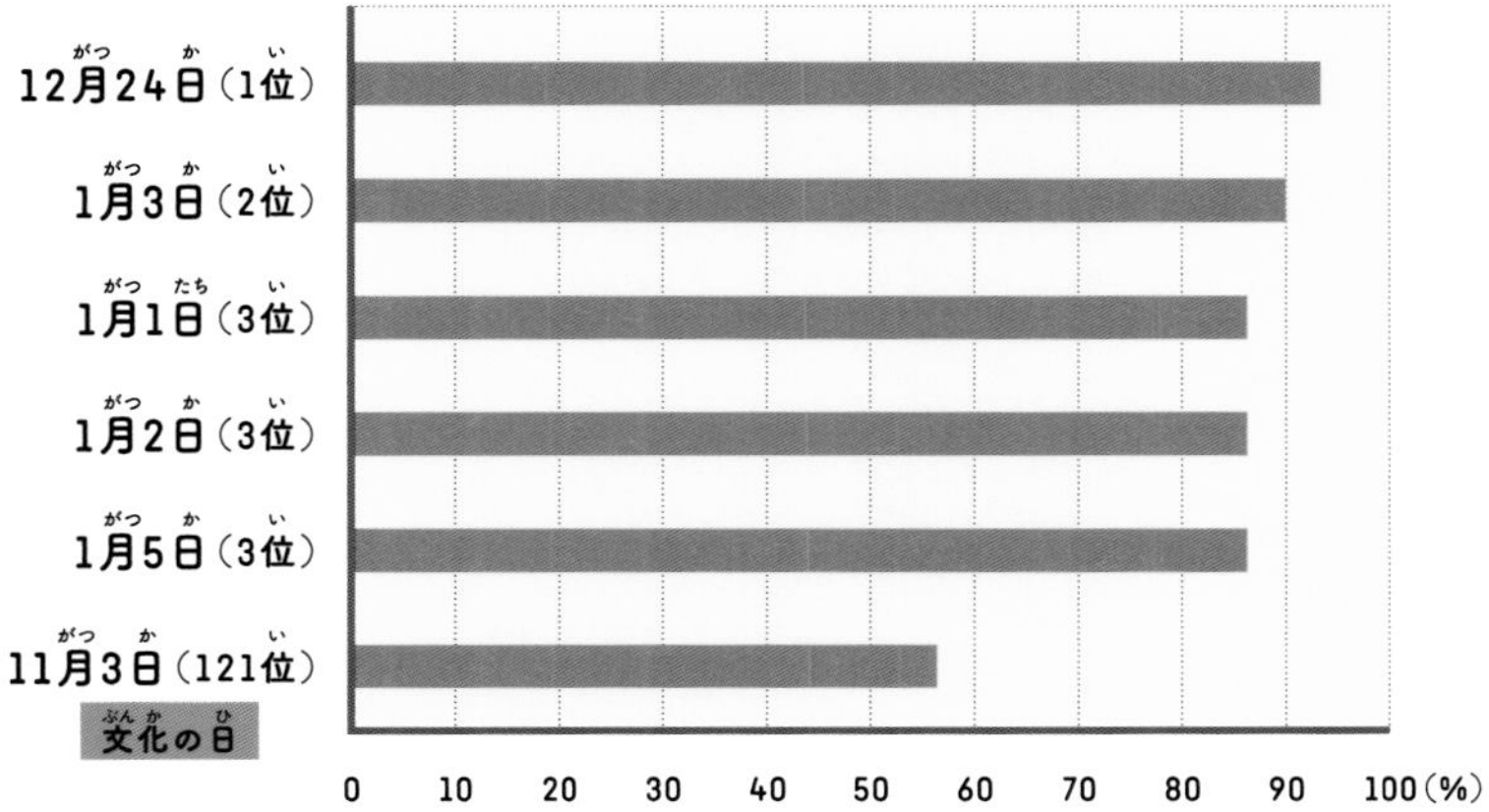


⬆1月《がつ》10・31日《にち》、12月《がつ》28・29・31日《にち》も同列《どうれつ》3位《い》。過去《かこ》に「体育《たいいく》の日《ひ》」だった10月《がつ》10日《か》も晴《は》れやすいといわれることがあるが、東京《とうきょう》での晴《は》れの特異日《とくいび》らしさは22位《い》、晴《は》れの出現率《しゅつげんりつ》は103位《い》(60.0%)だった。なお、地域《ちいき》によって出現率《しゅつげんりつ》や特異日《とくいび》らしさは異《こと》なる。

**豆知識《まめちしき》**

9月《がつ》26日《にち》は「台風《たいふう》がやってくる特異日《とくいび》」といわれることがあります。これにも科学的根拠《かがくてきこんきょ》はありませんが、過去《かこ》に大《おお》きな災害《さいがい》をもたらした洞爺丸台風《とうやまるたいふう》、狩野川台風《かのがわたいふう》、伊勢湾台風《いせわんたいふう》がこの日《ひ》にやってきたことに由来《ゆらい》しているようです。

CHAPTER 2

空《そら》と文化《ぶんか》

# 19 魔《ま》法《ほう》のような空《そら》に出《で》会《あ》える「薄《はく》明《めい》」の時《じ》間《かん》

美《うつく》しい空《そら》を見《み》たい人《ひと》には、**マジックアワー**ともいう**薄明**《はくめい》の空《そら》がおすすめです。

薄明《はくめい》は、日《ひ》の出前《でまえ》と日《ひ》の入後《いりご》の空《そら》が薄明《うすあか》るい時間《じかん》のことです。薄明《はくめい》は太陽《たいよう》の高度角《こうどかく》（地平線《ちへいせん》と太陽《たいよう》の角度《かくど》）によって分類《ぶんるい》があり、0〜マイナス6度《ど》では市民《しみん》が明《あ》かりなしに屋外活動《おくがいかつどう》ができる明《あか》るさの**市民薄明**《しみんはくめい》、マイナス6〜マイナス12度《ど》では海面《かいめん》と空《そら》の境界《きょうかい》が見《み》わけられる明《あか》るさの**航海薄明**《こうかいはくめい》、マイナス12〜マイナス18度《ど》では空《そら》が星明《ほしあ》かりよりも明《あか》るい**天文薄明**《てんもんはくめい》とわけられます。それぞれ空《そら》のグラデーションが非常《ひじょう》に美《うつく》しいです。さらに、太陽高度《たいようこうど》6〜マイナス4度《ど》では空《そら》が黄金色《こがねいろ》に染《そ》まる**ゴールデンアワー**、マイナス4〜マイナス6度《ど》では群青色《ぐんじょういろ》の空《そら》である**ブルーモーメント**に出会《であ》える**ブルーアワー**といいます。市民薄明《しみんはくめい》のときの太陽《たいよう》と反対側《はんたいがわ》の空《そら》には、地球《ちきゅう》の影《かげ》である**地球影**《ちきゅうえい》とピンク色《いろ》の**ビーナスベルト**も。

薄明《はくめい》の空《そら》には、晴《は》れていれば1日《にち》に2回《かい》も出会《であ》えます。日《ひ》の出《で》・日《ひ》の入《いり》の時間《じかん》を調《しら》べて空《そら》を見上《みあ》げてみてください。

日《ひ》の入直前《いりちょくぜん》、夕陽《ゆうひ》とともに空《そら》が黄金色《こがねいろ》に輝《かがや》いている。

観察《かんさつ》

## 薄明《はくめい》の空《そら》の分類《ぶんるい》

**豆知識《まめちしき》**

動物《どうぶつ》の行動《こうどう》パターンに薄明薄暮性《はくめいはくぼせい》（薄明《はくめい》が日《ひ》の出前《でまえ》、薄暮《はくぼ》が日《ひ》の入後《いりご》の意味《いみ》）があります。猫《ねこ》は夜行性《やこうせい》ではなく薄明薄暮性《はくめいはくぼせい》で、薄明《うすあか》るい時間《じかん》に獲物《えもの》であるネズミなどの活動《かつどう》が活発《かっぱつ》だからだとか。犬《いぬ》やウサギなども同《おな》じだそう。

## 市民薄明《しみんはくめい》

➡ゴールデンアワーでもある時間《じかん》の空《そら》を眺《なが》めていると、豊《ゆた》かな気持《きも》ちになる。

## 地球影《ちきゅうえい》とビーナスベルト

⬅市民薄明《しみんはくめい》のときに太陽《たいよう》と反対側《はんたいがわ》の空《そら》を撮影《さつえい》したもの。地平線近《ちへいせんちか》くの暗《くら》い空《そら》が地球影《ちきゅうえい》、その上《うえ》のピンク色《いろ》の帯《おび》がビーナスベルト。

## ブルーモーメント

➡空《そら》も街《まち》も、あたりすべてが優《やさ》しい群青色《ぐんじょういろ》に包《つつ》まれる。一瞬《いっしゅん》といわれがちだが、10分間《ぷんかん》ほど続《つづ》く。

## マジックアワー

⬆市民薄明《しみんはくめい》のなかごろ、魔法《まほう》のような空《そら》の風景《ふうけい》に出会《であ》った。

## 航海薄明《こうかいはくめい》

⬆焼《や》けた色《いろ》は残《のこ》っているものの、だんだんと夜《よる》の色《いろ》に染《そ》まりつつある。

## 天文薄明《てんもんはくめい》

➡地平線《ちへいせん》の近《ちか》くの空《そら》に名残惜《なごりお》しそうな暖色《だんしょく》があり、さらに夜《よる》の色《いろ》が深《ふか》まってきている。

# 20

# 天使《てんし》の梯子《はしご》ができるのは「チンダル現象《げんしょう》」のおかげ

雲《くも》の隙間《すきま》からさす光《ひかり》の筋《すじ》で、曇天《どんてん》が神々《こうごう》しい光景《こうけい》に——。これは**天使《てんし》の梯子《はしご》**の名《な》で親《した》しまれる**薄明光線《はくめいこうせん》**によるものです。薄明光線《はくめいこうせん》はなぜ発生《はっせい》するのでしょうか。

その理由《りゆう》は、**チンダル現象《げんしょう》**です。これは、大気中《たいきちゅう》の小《ちい》さなチリ（エアロゾル）などで光《ひかり》が散乱《さんらん》するときに光《ひかり》の筋《すじ》が見《み》えるようになる現象《げんしょう》です。可視光《かしこう》がその波長《はちょう》と同《おな》じくらいの大《おお》きさのエアロゾル、もしくはそれより大《おお》きなエアロゾルや水《みず》のつぶにあたると、どの色《いろ》もあちこちに散《ち》らばる**ミー散《さん》乱《らん》**が起《お》こります。これによって見《み》える光《ひかり》の筋《すじ》が薄明光線《はくめいこうせん》です。薄明光線《はくめいこうせん》の色《いろ》は、日中《にっちゅう》は白《しろ》っぽいですが、朝《あさ》や夕方《ゆうがた》ではレイリー散乱《さんらん》の影響《えいきょう》で暖色《だんしょく》になっており、場面《ばめん》に応《おう》じた美《うつく》しさがあるのが特徴《とくちょう》です。

生活《せいかつ》のなかでも薄明光線《はくめいこうせん》に出会《であ》える場面《ばめん》は多《おお》くあります。朝《あさ》の公園《こうえん》で木漏《こも》れ日《び》が見《み》えることもあれば、煙《けむり》っぽいところに光《ひかり》がさして筋《すじ》が見《み》えることも。光《ひかり》の強《つよ》いライトを暗《くら》い場所《ばしょ》で使《つか》うだけでも簡単《かんたん》に光《ひかり》の筋《すじ》を楽《たの》しめます。お試《ため》しください。

神々《こうごう》しい天使《てんし》の梯子《はしご》

▼ 天使《てんし》の梯子《はしご》のしくみ

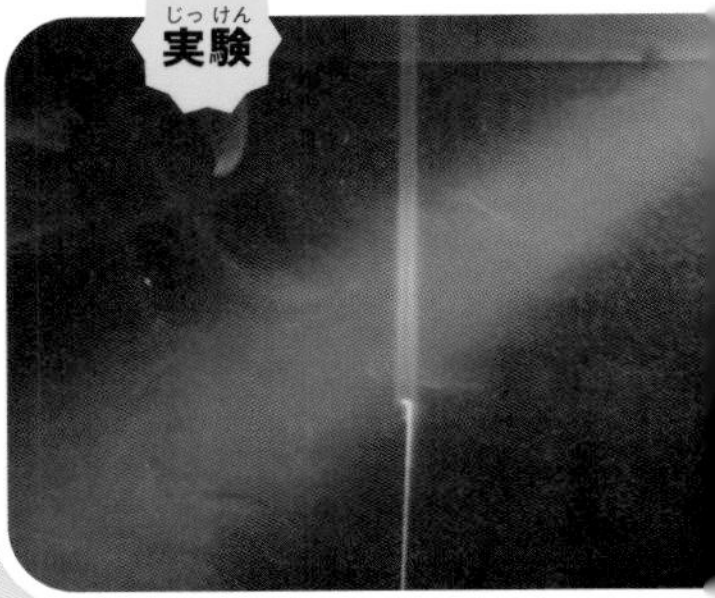


↑火《ひ》のついたお線香《せんこう》を箱《はこ》に入《い》れて煙《けむり》で満《み》たし、ライトをあててつくった薄明光線《はくめいこうせん》。お線《せん》香《こう》から昇《のぼ》る煙《けむり》が青《あお》い。実験《じっけん》するときは必《かなら》ず大人《おとな》と一緒《いっしょ》に行《おこな》い、火《ひ》の取《と》り扱《あつか》いに注意《ちゅうい》しよう。

**豆知識《まめちしき》**

ものを燃《も》やしたときの煙《けむり》のつぶは小《ち》さく、レイリー散乱《さんらん》が働《はたら》くため、波長《はちょう》の短《みじか》い青《あお》い光《ひかり》が強《つよ》く散乱《さんらん》し、ちょっとだけ青《あお》っぽく見《み》えます。お線香《せんこう》やたき火《び》の煙《けむり》がまさにそうで、森林火災《しんりんかさい》の煙《けむり》を気象衛星《きしょうえいせい》で見《み》ても青《あお》みがかっています。

# 21

# 幻《げん》想《そう》的《てき》な「天《てん》割《わ》れ」の空《そら》のヒミツ

まるで空《そら》が割《わ》れたかのような**天《てん》割《わ》れ**の風《ふう》景《けい》、これは雲《くも》と光《ひかり》と影《かげ》の産《さん》物《ぶつ》です。**薄《はく》明《めい》光《こう》線《せん》**は、雲《くも》の隙《すき》間《ま》から光《ひかり》の筋《すじ》が上《うわ》向《む》きにのびることもあれば、影《かげ》の筋《すじ》だけがのびる場《ば》合《あい》もあります。夏《なつ》の夕《ゆう》方《がた》などに雄《ゆう》大《だい》積《せき》雲《うん》や積《せき》乱《らん》雲《うん》が西《にし》の空《そら》で発《はっ》達《たつ》し、その後《うし》ろに太《たい》陽《よう》が位《い》置《ち》していると、雲《くも》の影《かげ》が上《じょう》空《くう》に広《ひろ》がります。影《かげ》以《い》外《がい》の空《そら》で光《ひかり》が散《さん》乱《らん》するので、影《かげ》の筋《すじ》が見《み》えるのです。

上《うわ》向《む》きにのびた光《ひかり》や影《かげ》が向《む》かうのは、太《たい》陽《よう》とちょうど反《はん》対《たい》側《がわ》の影《かげ》がのびる位《い》置《ち》である対《たい》日《じつ》点《てん》。このため、夕《ゆう》方《がた》に西《にし》の空《そら》に上《うわ》向《む》きの薄《はく》明《めい》光《こう》線《せん》がある場《ば》合《あい》、東《ひがし》の空《そら》では薄《はく》明《めい》光《こう》線《せん》や雲《くも》の影《かげ》が対《たい》日《じつ》点《てん》に向《む》かって集《あつ》まっていく**反《はん》薄《はく》明《めい》光《こう》線《せん》**に出《で》会《あ》いやすいです。反《はん》薄《はく》明《めい》光《こう》線《せん》のはっきり見《み》える空《そら》はまさに天《てん》割《わ》れの光《こう》景《けい》で、ときどき話《わ》題《だい》になっています。

上《うわ》向《む》きの薄《はく》明《めい》光《こう》線《せん》がのびる空《そら》は美《うつく》しく焼《や》けて、反《はん》薄《はく》明《めい》光《こう》線《せん》がのびる空《そら》には薄《はく》明《めい》の時《じ》間《かん》であれば地《ち》球《きゅう》影《えい》やビーナスベルトが共《きょう》演《えん》することも。光《ひかり》と雲《くも》が生《う》み出《だ》す素《す》敵《てき》な空《そら》を、見《み》逃《のが》さないようにしましょう。

夕焼《ゆうや》け空《ぞら》の積乱雲《せきらんうん》から
広《ひろ》がる影《かげ》——

積乱雲《せきらんうん》から反薄明光線《はんはくめいこうせん》が
生《う》まれる瞬間《しゅんかん》

地球影《ちきゅうえい》とビーナスベルト、
反薄明光線《はんはくめいこうせん》の共演《きょうえん》

観察《かんさつ》

## ▼空《そら》が割《わ》れるしくみ（夕方《ゆうがた》の場合《ばあい》）

**豆知識《まめちしき》**

薄明光線《はくめいこうせん》は太陽《たいよう》を中心《ちゅうしん》に放射状《ほうしゃじょう》に広《ひろ》がっているように見《み》えます。太陽《たいよう》はとても遠《とお》いので光《ひかり》の筋《すじ》はほぼ平行《へいこう》のはずですが、遠近法《えんきんほう》の関係《かんけい》で広《ひろ》がっているように見《み》えるのです。筋《すじ》をのばしていって交《まじ》わるところに太陽《たいよう》があります。

# 22

# 晴《は》れや曇《くも》りだけではない天《てん》気《き》と空《そら》の名《な》前《まえ》

テレビの天《てん》気《き》予《よ》報《ほう》では、「大《おお》荒《あ》れ」「小《こ》春《はる》日《び》和《より》」など、天《てん》気《き》をいろいろな名《な》前《まえ》で表《ひょう》現《げん》しています。天《てん》気《き》と空《そら》にはどんな名《な》前《まえ》があるのでしょうか。

まず、気《き》象《しょう》観《かん》測《そく》での天《てん》気《き》は、晴《は》れ、曇《くも》り、雨《あめ》、雪《ゆき》をはじめ、なんと100もの種《しゅ》類《るい》に分《ぶん》類《るい》されます（図《ず》鑑《かん》2／P148）。このほか天《てん》気《き》予《よ》報《ほう》に使《つか》われる天《てん》気《き》の名《な》前《まえ》として、**荒《あ》れた天《てん》気《き》**と**大《おお》荒《あ》れ**は、それぞれ注《ちゅう》意《い》報《ほう》基《き》準《じゅん》・警《けい》報《ほう》基《き》準《じゅん》を超《こ》える風《かぜ》が吹《ふ》いて、雨《あめ》や雪《ゆき》などを伴《ともな》っている状《じょう》態《たい》を意《い》味《み》しています。

文《ぶん》化《か》的《てき》に親《した》しまれている名《な》前《まえ》も多《おお》くあります。**狐《きつね》日《び》和《より》**は雨《あめ》が降《ふ》ったり日《ひ》が照《て》ったりと天《てん》気《き》が定《さだ》まらない状《じょう》態《たい》のこと。これ以《い》上《じょう》くずれようのない晴《せい》天《てん》という意《い》味《み》で**1円《えん》玉《だま》天《てん》気《き》**ということがあり、この青《あお》空《ぞら》は碧《へき》天《てん》、蒼《そう》天《てん》、青《あお》天《てん》井《じょう》と呼《よ》ばれることも。サクラが咲《さ》くころの曇《くも》り空《ぞら》は**養《よう》花《か》天《てん》**といわれ、俳《はい》句《く》などで季《き》語《ご》として使《つか》われています。

何《なに》気《げ》なく見《み》上《あ》げた空《そら》や天《てん》気《き》にも、名《な》前《まえ》がついているかもしれません。名《な》前《まえ》を知《し》って仲《なか》良《よ》くなりましょう。

狐日和《きつねびより》で出会《であ》った虹《にじ》

秋晴《あきば》れ

⬅秋《あき》の巻積雲《けんせきうん》が彩雲《さいうん》になっていたので写真《しゃしん》を撮《と》ろうとしたら、お客《きゃく》さんがやってきたところ。

養花天《ようかてん》

➡花曇《はなぐも》りの空《そら》。3～4月《がつ》には曇《くも》りや雨《あめ》が続《つづ》くことがあり、菜《な》の花《はな》の咲《さ》く時期《じき》なので菜種梅雨《なたねづゆ》と呼《よ》ばれる。

**豆知識《まめちしき》**

気象庁《きしょうちょう》のウェブサイトには「天気予報等《てんきよほうとう》で用《もち》いる用語《ようご》」がまとめられており、そのなかに天気《てんき》とその変化《へんか》に関《かん》する用語《ようご》があります。「さわやかな天気《てんき》」は夏《なつ》と冬《ふゆ》には用《もち》いず秋《あき》の移動性高気圧《いどうせいこうきあつ》の晴天《せいてん》で用《もち》いるなど、細《こま》かくて楽《たの》しい!

## 天気《てんき》と空《そら》の名前《なまえ》一覧《いちらん》

| 名前《なまえ》 | 意味《いみ》 |
|---|---|
| 青天井《あおてんじょう》 | 青空《あおぞら》。野天《のてん》。 |
| 茜空《あかねぞら》 | 朝日《あさひ》や夕日《ゆうひ》で茜色《あかねいろ》に染《そ》まる空《そら》のこと。茜《あかね》はやや沈《しず》んだ赤色《あかいろ》。 |
| 秋晴《あきば》れ | 秋《あき》の空《そら》が青《あお》く澄《す》み、高々《たかだか》と晴《は》れわたっていること。 |
| 悪天《あくてん》 | 天気《てんき》がくずれていること。 |
| 朝曇《あさぐも》り | 明《あ》け方《がた》から朝《あさ》にかけての曇《くも》り。 |
| 油照《あぶらで》り | 夏《なつ》に、空《そら》が薄雲《うすぐも》りで、風《かぜ》のない、じりじりと蒸《む》し暑《あつ》い天気《てんき》。 |
| 雨催《あめもよ》い | いまにも雨《あめ》が降《ふ》りだしそうな空《そら》。 |
| 荒《あ》れた天気《てんき》 | 注意報基準《ちゅういほうきじゅん》を超《こ》える風《かぜ》が吹《ふ》き、雨《あめ》または雪《ゆき》などを伴《ともな》った状態《じょうたい》。 |
| 1円玉天気《えんだまてんき》 | くずれようのない晴天《せいてん》。 |
| 一石日和《いちこくびより》 | 降《ふ》るか降《ふ》らないかわからない天気《てんき》。 |
| 燻《いぶ》し空《ぞら》 | 物《もの》を燃《も》やした煙《けむり》でいぶしたような暗《くら》い曇《くも》り空《ぞら》。 |
| 薄曇《うすぐも》り | 空《そら》がうっすら曇《くも》っている状態《じょうたい》。気象学的《きしょうがくてき》には、雲《くも》の多《おお》くが上層雲《じょうそううん》からなる空《そら》。 |
| 蔚藍天《うつらんのてん》 | 青空《あおぞら》。 |
| 雨天《うてん》 | 雨《あめ》の降《ふ》る天候《てんこう》。 |
| 卯《う》の花腐《はなくた》し | 旧暦《きゅうれき》4月《がつ》のころに降《ふ》り続《つづ》く長雨《ながあめ》。 |
| 炎天《えんてん》 | 夏《なつ》の焼《や》けつくような暑《あつ》い空《そら》。 |
| 大荒《おおあ》れ | 暴風警報級《ぼうふうけいほうきゅう》の強《つよ》い風《かぜ》が吹《ふ》き、一般《いっぱん》には雨《あめ》または雪《ゆき》などを伴《ともな》った状態《じょうたい》。 |
| 送《おく》り梅雨《づゆ》 | 梅雨《つゆ》の末期《まっき》に降《ふ》る雷《かみなり》を伴《ともな》う大雨《おおあめ》。 |
| 返《かえ》り梅雨《づゆ》 | 梅雨《つゆ》がいったん明《あ》けてから、また降《ふ》り続《つづ》く雨《あめ》のこと。戻《もど》り梅雨《づゆ》、残《のこ》り梅雨《づゆ》。 |
| 空梅雨《からつゆ》 | 梅雨《つゆ》にほとんど雨《あめ》の降《ふ》らないこと。涸梅雨《かれつゆ》、旱梅雨《ひでりづゆ》、照《て》り梅雨《つゆ》。 |
| 変《か》わりやすい天気《てんき》 | 予報期間《よほうきかん》のなかで、晴《は》れが続《つづ》かず、曇《くも》ったり雨《あめ》（雪《ゆき》）が降《ふ》ったりする天気《てんき》。 |
| 寒天《かんてん》 | 寒《さむ》い日《ひ》の空《そら》。 |
| 干天《かんてん》 | 日照《ひで》りの空《そら》。夏《なつ》の照《て》りつける空《そら》。 |
| 漢天《かんてん》 | 天《あま》の川《がわ》の見《み》える空《そら》。 |
| 寒晴《かんば》れ | 寒《さむ》さが厳《きび》しい日《ひ》の晴天《せいてん》。 |
| 狐日和《きつねびより》 | 降《ふ》ったり照《て》ったりして定《さだ》まらない日和《ひより》。 |
| 気《き》まぐれ天気《てんき》 | 晴《は》れか雨《あめ》かが定《さだ》まらず、変《か》わりやすい空模様《そらもよう》。 |
| 霧《きり》の香《か》 | お香《こう》をたいているように霧《きり》に包《つつ》まれる空《そら》。 |
| 金天《きんてん》 | 秋《あき》の空《そら》。 |
| ぐずついた天気《てんき》 | 曇《くも》りや雨《あめ》（雪《ゆき》）が2～3日以上続《にちいじょうつづ》く天気《てんき》。 |
| 好天《こうてん》 | よく晴《は》れた天気《てんき》。 |
| 荒天《こうてん》 | 風雨《ふうう》の激《はげ》しい天候《てんこう》。悪天候《あくてんこう》。 |
| 高天《こうてん》 | 高《たか》い空《そら》。よく澄《す》んだ空《そら》。 |

積乱雲《せきらんうん》

| 名前《なまえ》 | 意味《いみ》 |
|---|---|
| 虚空《こくう》 | 何《なに》もない空間《くうかん》、大空《おおぞら》。 |
| 小春日和《こはるびより》 | 晩秋《ばんしゅう》から初冬《しょとう》のころの暖《あたた》かい日和《ひより》。 |
| 五風十雨《ごふうじゅうう》 | 5日《か》に一度《いちど》風《かぜ》が吹《ふ》き、10日《か》に一度《いちど》雨《あめ》が降《ふ》る。天気《てんき》が順調《じゅんちょう》なことのたとえ。 |
| 五月晴《さつきば》れ | 旧暦《きゅうれき》5月《がつ》の晴《は》れ。梅雨《つゆ》の晴《は》れ間《ま》。最近《さいきん》では新暦《しんれき》5月《がつ》の晴《は》れの日《ひ》という意味《いみ》も。 |
| 五月闇《さつきやみ》 | 梅雨《つゆ》に雨雲《あまぐも》が低《ひく》く垂《た》れこめる空《そら》。五月雨《さみだれ》が降《ふ》って、暗《くら》い様子《ようす》。梅雨闇《つゆやみ》とも。 |
| 五月雨《さみだれ》 | 旧暦《きゅうれき》5月《がつ》のころに降《ふ》る長雨《ながあめ》。梅雨《つゆ》の長雨《ながあめ》。 |
| 霜曇《しもぐも》り | 霜《しも》が降《お》りそうに寒《さむ》く、曇《くも》った空模様《そらもよう》。 |
| 秋陰《しゅういん》 | 秋《あき》の曇《くも》り空《ぞら》。秋陰《あきかげ》り。秋曇《あきぐも》り。 |
| 秋霖《しゅうりん》 | 秋《あき》に雨《あめ》が降《ふ》り続《つづ》くこと。 |
| 春陰《しゅんいん》 | 春《はる》の曇《くも》り空《ぞら》。 |
| 上天気《じょうてんき》 | よく晴《は》れた良《よ》い天気《てんき》。 |
| 暑天《しょてん》 | 夏《なつ》の空《そら》。炎天《えんてん》。 |
| 青天《せいてん》 | 晴《は》れた青空《あおぞら》。 |
| 雪天《せってん》 | いまにも雪《ゆき》の降《ふ》りそうな空模様《そらもよう》。 |
| 蒼天《そうてん》 | 青空《あおぞら》。春《はる》の空《そら》。 |
| 霜天《そうてん》 | 霜《しも》の降《お》りた冬《ふゆ》の日《ひ》の空《そら》。 |
| 高曇《たかぐも》り | 空《そら》の高《たか》いところを高積雲《こうせきうん》や高層雲《こうそううん》がおおうこと。上層雲《じょうそううん》の場合《ばあい》は薄曇《うすぐも》り。 |
| 梅雨《つゆ》 | 地域《ちいき》により多少《たしょう》のずれはあるが、6月《がつ》から7月中旬《がつちゅうじゅん》ごろまで続《つづ》く雨《あめ》の降《ふ》る期間《きかん》。 |
| 梅雨晴《つゆば》れ | 梅雨《つゆ》に、それを打《う》ち払《はら》うかのように気持《きも》ちの良《よ》い晴《は》れ間《ま》が見《み》られること。 |
| 天気雨《てんきあめ》 | 日《ひ》が照《て》っているのに降《ふ》る雨《あめ》。狐《きつね》の嫁入《よめい》り。 |
| 曇天《どんてん》 | 曇《くも》り空《ぞら》。 |
| 中日和《なかびより》 | 雨《あめ》が降《ふ》り続《つづ》く途中《とちゅう》で少《すこ》しの間《あいだ》だけ晴《は》れること。 |
| 菜種梅雨《なたねづゆ》 | 3月《がつ》から4月《がつ》ごろ、菜《な》の花《はな》が咲《さ》くころに降《ふ》り続《つづ》く雨《あめ》。 |
| 俄日和《にわかびより》 | 降《ふ》り続《つづ》いた雨《あめ》が止《や》んでにわかに晴天《せいてん》となること。 |
| 花曇《はなぐも》り | サクラが咲《さ》くころの曇天《どんてん》。 |
| 冬旱《ふゆひでり》 | 冬《ふゆ》に晴天《せいてん》が続《つづ》いて雨《あめ》のないこと。 |
| 碧天《へきてん》 | 青空《あおぞら》。 |
| 行《ゆ》き合《あ》いの空《そら》 | 夏《なつ》を代表《だいひょう》する入道雲《にゅうどうぐも》や秋《あき》を代表《だいひょう》するうろこ雲《ぐも》が同居《どうきょ》する空《そら》。 |
| 雪時雨《ゆきしぐれ》 | 時雨《しぐれ》が雪《ゆき》に変《か》わる、あるいは雪《ゆき》が混《ま》ざるようになった状態《じょうたい》。 |
| 雪晴《ゆきば》れ | 雪《ゆき》の止《や》んだ後《あと》の晴天《せいてん》。 |
| 養花天《ようかてん》 | 花曇《はなぐも》りの空《そら》。 |
| 漏天《ろうてん》 | 長雨《ながあめ》のときの空《そら》。 |
| 露天《ろてん》 | 露《つゆ》の降《お》りる空《そら》。 |

ピカァな晴天《せいてん》にも
名前《なまえ》がたくさん！
太陽《たいよう》

菜種梅雨《なたねづゆ》でも
よく出会《であ》えるよ
乱層雲《らんそううん》

# 23 雨《あめ》と雪《ゆき》にもたくさんの名前《なまえ》がある

天《てん》気《き》や空《そら》だけでなく、雨《あめ》と雪《ゆき》にも、とってもたくさんの名前《なまえ》があります。

まず「**ゲリラ豪雨《ごうう》**」は狭《せま》い範囲《はんい》で急《きゅう》に強《つよ》く降《ふ》る雨《あめ》のことで、気象庁《きしょうちょう》は局地的大雨《きょくちてきおおあめ》と呼《よ》んでいるほか、これまで**驟雨《しゅうう》**や通《とお》り雨《あめ》、**村雨《むらさめ》**という名前《なまえ》でも親《した》しまれてきました。

これらは積乱雲《せきらんうん》がもたらす雨《あめ》のことで、夕《ゆう》方《がた》に突然激《とつぜんはげ》しく降《ふ》る雨《あめ》である**夕立《ゆうだち》**に対《たい》して、朝《あさ》のものは**朝立《あさだち》**と呼《よ》ばれることも。また、気象学《きしょうがく》では暖《あたた》かい雨《あめ》は氷晶《ひょうしょう》のない雲《くも》から降《ふ》る雨《あめ》、冷《つめ》たい雨《あめ》は一度氷《いちどこおり》になってから融《と》けて降《ふ》る雨《あめ》を意味《いみ》し、気温《きおん》を表《あらわ》すものではないのもおもしろいです。

雪《ゆき》も名前《なまえ》が多彩《たさい》です。雪《ゆき》の結晶《けっしょう》がいくつもくっついて降《ふ》る**雪片《せっぺん》**は、**牡丹雪《ぼたんゆき》**ともいいます。雪《ゆき》の結晶《けっしょう》は六角形《ろっかっけい》（図鑑《ずかん》2／P78）のため**六花《ろっか》**という素敵《すてき》な名前《なまえ》もあり、深《ふか》く積《つ》もった雪《ゆき》は深雪《みゆき》、銀色《ぎんいろ》に輝《かがや》く雪《ゆき》は銀雪《ぎんせつ》、晴《は》れた空《そら》にちらつく雪《ゆき》は**風花《かざはな》**とも。

雨《あめ》も雪《ゆき》もたくさん降《ふ》ると困《こま》ってしまいますが、名前《なまえ》を知《し》ると親《した》しみがわいて、うまく付《つ》き合《あ》えそうですね。

牡丹雪《ぼたんゆき》ともいう雪片《せっぺん》

雨柱《あめばしら》

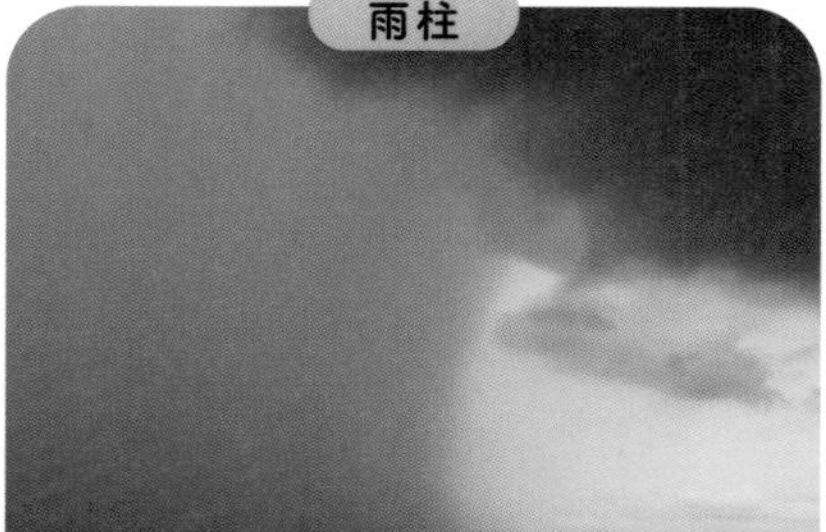

雪紐《ゆきひも》

**豆知識《まめちしき》**

夏《なつ》の季語《きご》「蝉時雨《せみしぐれ》」は、多《おお》くのセミが一斉《いっせい》に鳴《な》いている声《こえ》を時雨《しぐれ》の降《ふ》る音《おと》にたとえたものです。時雨《しぐれ》は降《ふ》ったり止《や》んだりする雨《あめ》のことで、セミが一斉《いっせい》に鳴《な》きだしたり鳴《な》き止《や》んだりする声《こえ》が上《うえ》から降《ふ》ってくる……たしかに似《に》ています。

# 雨《あめ》の名前《なまえ》一覧《いちらん》

| 名前《なまえ》 | 意味《いみ》 |
| --- | --- |
| ゲリラ豪雨《ごうう》 | 局地的大雨《きょくちてきおおあめ》などの俗称《ぞくしょう》。 |
| 豪雨《ごうう》 | 著《いちじる》しい災害《さいがい》が発生《はっせい》した大雨《おおあめ》。 |
| 黒雨《こくう》 | 土砂降《どしゃぶ》りの雨《あめ》や豪雨《ごうう》。 |
| 小雨《こさめ》 | 小降《こぶ》りの雨《あめ》。細《こま》かい雨《あめ》。 |
| 小糠雨《こぬかあめ》 | 細《こま》かい糠《ぬか》のような霧雨《きりさめ》。 |
| 地雨《じあめ》 | 一定《いってい》の強《つよ》さで長《なが》く降《ふ》り続《つづ》く雨《あめ》。 |
| 時雨《しぐれ》 | 晩秋《ばんしゅう》から初冬《しょとう》に降《ふ》る通《とお》り雨《あめ》。 |
| 驟雨《しゅうう》 | 急《きゅう》にざっと降《ふ》りだす雨《あめ》。 |
| 集中豪雨《しゅうちゅうごうう》 | 比較的《ひかくてき》狭《せま》い範囲《はんい》での顕著《けんちょ》な大雨《おおあめ》。 |
| 少雨《しょうう》 | ある地域《ちいき》の雨量《うりょう》が少《すく》ないこと。 |
| 上雨《じょうう》 | 良《よ》い潤《うるお》いをもたらす雨《あめ》。 |
| 深雨《しんう》 | 激《はげ》しく降《ふ》る雨《あめ》。 |
| 早雨《そうう》 | 急《きゅう》に降《ふ》りだす雨《あめ》。 |
| 滝落《たきお》とし | 滝《たき》のように大量《たいりょう》に降《ふ》る雨《あめ》。 |
| 立雨《たちさめ》 | 急《きゅう》に降《ふ》ってくる雨《あめ》。 |
| 冷《つめ》たい雨《あめ》 | 雪《ゆき》や霰《あられ》が融《と》けて降《ふ》る雨《あめ》。 |
| 天泣《てんきゅう》 | 空《そら》に雲《くも》がないのに降《ふ》る雨《あめ》。 |
| 通《とお》り雨《あめ》 | 一時的《いちじてき》に激《はげ》しく降《ふ》る雨《あめ》。 |
| 土砂降《どしゃぶ》り | どしゃどしゃと激《はげ》しく降《ふ》る雨《あめ》。 |
| 長雨《ながあめ》 | 長《なが》く降《ふ》り続《つづ》く雨《あめ》。 |
| なぐれ | 風《かぜ》に流《なが》されながら降《ふ》る雨《あめ》。 |
| 白雨《はくう》 | 明《あか》るい空《そら》から降《ふ》る雨《あめ》。にわか雨《あめ》。 |
| はやて | 激《はげ》しい雨風《あめかぜ》のこと。 |
| 晩雨《ばんう》 | 日暮《ひぐ》れに降《ふ》る雨《あめ》。 |
| 風雨《ふうう》 | 強《つよ》い風《かぜ》を伴《ともな》って降《ふ》る雨《あめ》。嵐《あらし》。 |
| 暴風雨《ぼうふうう》 | 暴風《ぼうふう》に雨《あめ》を伴《ともな》うもの。 |
| 盆雨《ぼんう》 | 短《みじか》い時間《じかん》に大量《たいりょう》に降《ふ》る雨《あめ》。 |
| 村雨《むらさめ》 | 一時的《いちじてき》に激《はげ》しく降《ふ》る雨《あめ》。村時雨《むらしぐれ》。 |
| 盲雨《もうう》 | 何《なに》も見《み》えないほど激《はげ》しく降《ふ》る雨《あめ》。 |
| 八重雨《やえあめ》 | 雨《あめ》が活発《かっぱつ》に降《ふ》ること。 |
| 夕立《ゆうだち》 | 夏《なつ》の夕方《ゆうがた》、突然《とつぜん》激《はげ》しく降《ふ》る雨《あめ》。 |
| 雷雨《らいう》 | 雷《かみなり》を伴《ともな》って降《ふ》る雨《あめ》。 |
| 涼雨《りょうう》 | 夏《なつ》に涼《すず》しさをもたらす雨《あめ》。 |

| 名前《なまえ》 | 意味《いみ》 |
| --- | --- |
| 秋雨《あきさめ》 | 秋《あき》に降《ふ》る雨《あめ》。秋《あき》の季語《きご》。 |
| 朝立《あさだち》 | 朝《あさ》に降《ふ》るにわか雨《あめ》。 |
| 暖《あたた》かい雨《あめ》 | 液体《えきたい》の水《みず》のまま成長《せいちょう》して降《ふ》る雨《あめ》。 |
| 雨遊《あまあそ》び | 長《なが》い日照《ひで》りの後《あと》に降《ふ》る雨《あめ》。 |
| 天津水《あまつみず》 | 昔《むかし》の言葉《ことば》で、雨《あめ》の別名《べつめい》。 |
| 雨一番《あめいちばん》 | 立春《りっしゅん》以降《いこう》、初《はじ》めて雨《あめ》が降《ふ》る日《ひ》。 |
| 雨癖《あめぐせ》 | 癖《くせ》づくように雨《あめ》がよく降《ふ》ること。 |
| あめしぶく | 風《かぜ》にあおられて雨《あめ》が降《ふ》る様子《ようす》。 |
| 雨礫《あめつぶて》 | 小石《こいし》が飛《と》ぶような大《おお》つぶの雨《あめ》。 |
| 雨柱《あめばしら》 | 暗《くら》い柱《はしら》のように見《み》える激《はげ》しい雨《あめ》。 |
| 主従雨《あらぶりのあめ》 | 激《はげ》しく降《ふ》る雨《あめ》。 |
| 暗雨《あんう》 | 闇夜《やみよ》など暗《くら》がりに降《ふ》る雨《あめ》。 |
| 硫黄《いおう》の雨《あめ》 | 花粉《かふん》が混《ま》ざって降《ふ》る黄色《きいろ》の雨《あめ》。 |
| 糸雨《いとさめ》 | 糸《いと》のように細《ほそ》い雨《あめ》。小雨《こさめ》。 |
| 陰雨《いんう》 | 長《なが》く陰々《いんいん》と降《ふ》り続《つづ》く雨《あめ》。 |
| 雨注《うちゅう》 | 雨《あめ》が絶《た》え間《ま》なく降《ふ》ること。 |
| 煙雨《えんう》 | 煙《けむり》のように霞《かす》んで降《ふ》る雨《あめ》。 |
| 大雨《おおあめ》 | 災害《さいがい》が発生《はっせい》するおそれのある雨《あめ》。 |
| 鬼洗《おにあら》い | 大《おお》みそかに降《ふ》る雨《あめ》。 |
| 怪雨《かいう》 | 異常《いじょう》な物体《ぶったい》が空《そら》から降《ふ》ること。 |
| 佳雨《かう》 | 程《ほど》よいときに降《ふ》る雨《あめ》。 |
| 夏雨《かう》 | 夏《なつ》の雨《あめ》。雨柱《あめばしら》が太《ふと》く豪快《ごうかい》な雨《あめ》。 |
| 岳雨《がくう》 | 山《やま》に降《ふ》る雨《あめ》。 |
| 寒雨《かんう》 | 冬《ふゆ》に降《ふ》る冷《つめ》たい雨《あめ》。 |
| 神立《かんだち》 | 夕立《ゆうだち》。にわか雨《あめ》。雷雨《らいう》。 |
| 干天《かんてん》の慈雨《じう》 | 日照《ひで》り続《つづ》きに降《ふ》る恵《めぐ》みの雨《あめ》。 |
| 喜雨《きう》 | 長《なが》い日照《ひで》りの後《あと》に降《ふ》る雨《あめ》。 |
| 鬼雨《きう》 | ものすごい勢《いきお》いで降《ふ》る雨《あめ》。 |
| 狐《きつね》の嫁入《よめい》り | 日《ひ》がさしているのに降《ふ》る雨《あめ》。 |
| 局地的大雨《きょくちてきおおあめ》 | 狭《せま》い範囲《はんい》で急《きゅう》に強《つよ》く降《ふ》る雨《あめ》。 |
| 霧雨《きりさめ》 | 細《こま》かく霧《きり》のような雨《あめ》。細雨《さいう》。 |
| 空中鬼《くうちゅうき》 | 中国語《ちゅうごくご》で酸性雨《さんせいう》のこと。 |
| 挂竜《けいりょう》の雨《あめ》 | 激《はげ》しい風《かぜ》を伴《ともな》った雨《あめ》。 |

# 雪《ゆき》と氷《こおり》の名前《なまえ》一覧《いちらん》

| 名前《なまえ》 | 意味《いみ》 |
|---|---|
| 早《そう》雪《せつ》 | 時季《じき》よりも早《はや》めに降《ふ》る雪《ゆき》。 |
| 霜《そう》雪《せつ》 | 霜《しも》と雪《ゆき》。 |
| 素《そ》雪《せつ》 | 白《しろ》い雪《ゆき》のこと。 |
| 太《た》平《びら》雪《ゆき》 | 薄《うす》くて大《おお》ぶりの雪《ゆき》。春《はる》の淡雪《あわゆき》。 |
| つぶ雪《ゆき》 | つぶ状《じょう》の雪《ゆき》が積《つ》もったもの。 |
| どか雪《ゆき》 | 短時間《たんじかん》に多量《たりょう》に降《ふ》り積《つ》もる雪《ゆき》。 |
| 友《とも》待《ま》つ雪《ゆき》 | 次《つぎ》の雪《ゆき》が降《ふ》るまで残《のこ》っている雪《ゆき》。 |
| にわか雪《ゆき》 | 急《きゅう》に降《ふ》りだして、すぐに止《や》む雪《ゆき》。 |
| ぬれ雪《ゆき》 | 水分《すいぶん》が多《おお》く、すぐに融《と》ける雪《ゆき》。 |
| 根《ね》雪《ゆき》 | 春《はる》まで解《と》けずに残《のこ》る雪《ゆき》。 |
| 白《はく》魔《ま》 | 大雪《おおゆき》を魔物《まもの》にたとえた言葉《ことば》。 |
| はだれ雪《ゆき》 | はらはらと降《ふ》る雪《ゆき》。 |
| 初《はつ》雪《ゆき》 | 8月《がつ》1日《たち》以降《いこう》、初《はじ》めて降《ふ》る雪《ゆき》。 |
| 花《はな》弁《びら》雪《ゆき》 | 花《はな》びらのように大《おお》ぶりの雪《ゆき》。 |
| 飛《ひ》雪《せつ》 | 風《かぜ》に吹《ふ》き飛《と》ばされた雪《ゆき》。 |
| 微《び》雪《せつ》 | 雪《ゆき》が少《すこ》し降《ふ》ること。わずかな雪《ゆき》。 |
| 雹《ひょう》 | 直径《ちょっけい》5mm以上《いじょう》の氷《こおり》のつぶ。 |
| 衾雪《ふすまゆき》 | 一面《いちめん》に降《ふ》り積《つ》もった雪《ゆき》。 |
| べた雪《ゆき》 | 水気《みずけ》が多《おお》く重《おも》い雪《ゆき》。 |
| 牡《ぼ》丹《たん》雪《ゆき》 | 複数《ふくすう》の結晶《けっしょう》が付着《ふちゃく》して降《ふ》る雪《ゆき》。 |
| 斑雪《まだらゆき》 | まだらに降《ふ》り積《つ》もった雪《ゆき》。 |
| 万《まん》年《ねん》雪《ゆき》 | 高山《こうざん》で一年中《いちねんじゅう》解《と》けずに残《のこ》る雪《ゆき》。 |
| みず雪《ゆき》 | 水分《すいぶん》の多《おお》い雪《ゆき》が積《つ》もったもの。 |
| 霙《みぞれ》 | 雨《あめ》と雪《ゆき》が混《ま》ざって降《ふ》るもの。 |
| 深《み》雪《ゆき》 | 深《ふか》く積《つ》もった雪《ゆき》。 |
| 餅《もち》雪《ゆき》 | 餅《もち》のようなふわふわした雪《ゆき》。 |
| 山《やま》雪《ゆき》 | 山地《さんち》に比較的《ひかくてき》多《おお》く降《ふ》る雪《ゆき》。 |
| 雪《ゆき》霰《あられ》 | 白色《はくしょく》で不透明《ふとうめい》な氷《こおり》のつぶ。 |
| 雪《ゆき》煙《けむり》 | 風《かぜ》で煙《けむり》のように舞《ま》い上《あ》がる雪《ゆき》。 |
| 雪《ゆき》紐《ひも》 | 積雪《せきせつ》が垂《た》れてひも状《じょう》になること。 |
| 雪《ゆき》まくり | 風《かぜ》でまくり上《あ》げられたロール状《じょう》の積雪《せきせつ》。 |
| 六《ろっ》花《か》 | 雪《ゆき》の別名《べつめい》。六角形《ろっかくけい》なことが由来《ゆらい》。 |
| わた雪《ゆき》 | 綿《わた》をちぎったような大《おお》きな雪《ゆき》。 |

| 名前《なまえ》 | 意味《いみ》 |
|---|---|
| 霰《あられ》 | 直径《ちょっけい》5mm未満《みまん》の氷《こおり》のつぶ。 |
| 泡《あわ》雪《ゆき》 | 軟《やわ》らかく融《と》けやすい雪《ゆき》。 |
| 薄《うす》雪《ゆき》 | うっすらと降《ふ》り積《つ》もった雪《ゆき》。 |
| 大《おお》雪《ゆき》 | 災害《さいがい》が発生《はっせい》するおそれのある雪《ゆき》。 |
| 回《かい》雪《せつ》 | 風《かぜ》に舞《ま》う雪《ゆき》。 |
| 風《かざ》花《はな》 | 晴《は》れている空《そら》にちらつく雪《ゆき》。 |
| かた雪《ゆき》 | 根雪《ねゆき》の下部《かぶ》が硬《かた》くなったもの。 |
| 堅《かた》雪《ゆき》 | 融《と》けかかった雪《ゆき》が凍《こお》ったもの。 |
| 乾《かん》雪《せつ》 | 低温《ていおん》で降《ふ》る水分《すいぶん》の少《すく》ない雪《ゆき》。 |
| 冠《かん》雪《せつ》 | 山《やま》やものの上《うえ》に雪《ゆき》が積《つ》もること。 |
| 銀《ぎん》花《か》 | 雪《ゆき》の別名《べつめい》。銀華《ぎんか》とも書《か》く。 |
| 銀《ぎん》雪《せつ》 | 銀色《ぎんいろ》に輝《かがや》く雪《ゆき》。 |
| 豪《ごう》雪《せつ》 | 著《いちじる》しい災害《さいがい》が発生《はっせい》した大雪《おおゆき》。 |
| 氷霰《こおりあられ》 | 半透明《はんとうめい》な氷《こおり》のつぶ。 |
| こおり雪《ゆき》 | 凍《こお》って氷《こおり》に近《ちか》い状態《じょうたい》になった雪《ゆき》。 |
| 小《こ》米《ごめ》雪《ゆき》 | 小米《こごめ》のつぶのように細《こま》かい雪《ゆき》。 |
| 粉《こな》雪《ゆき》 | 湿気《しっけ》の少《すく》ない軽《かる》い雪《ゆき》。 |
| 小《こ》雪《ゆき》 | 少《すこ》しだけ降《ふ》る雪《ゆき》。 |
| 彩《さい》雪《せつ》 | 色《いろ》のついた雪《ゆき》。赤雪《あかゆき》・緑雪《みどりゆき》など。 |
| 細雪《ささめゆき》 | 細《こま》かくまばらに降《ふ》る雪《ゆき》。 |
| 里《さと》雪《ゆき》 | 平野部《へいやぶ》で多《おお》く降《ふ》る雪《ゆき》。 |
| ざらめ雪《ゆき》 | 何度《なんど》も凍《こお》り、ざらめ状《じょう》になった雪《ゆき》。 |
| 残《ざん》雪《せつ》 | 春《はる》になっても消《き》えずに残《のこ》る雪《ゆき》。 |
| 三《さん》白《ぱく》 | 正月《しょうがつ》の三《さん》が日《にち》に降《ふ》る雪《ゆき》。 |
| 湿《しっ》雪《せつ》 | 比較的《ひかくてき》高温《こうおん》で降《ふ》る水分《すいぶん》の多《おお》い雪《ゆき》。 |
| 終《しゅう》雪《せつ》 | その冬《ふゆ》の最後《さいご》に降《ふ》る雪《ゆき》。 |
| 宿《しゅく》雪《せつ》 | 時間《じかん》が経《た》っても消《き》えない雪《ゆき》。 |
| 白《しら》雪《ゆき》 | 真《ま》っ白《しろ》な雪《ゆき》。 |
| 新《しん》雪《せつ》 | 新《あたら》しく降《ふ》り積《つ》もった雪《ゆき》。 |
| 雪《せっ》花《か》 | 雪《ゆき》の結晶《けっしょう》のこと。雪華《せっか》とも書《か》く。 |
| 雪《せっ》塊《かい》 | 雪《ゆき》のかたまり。 |
| 雪《せっ》庇《ぴ》 | ひさしのように張《は》り出《だ》した積雪《せきせつ》。 |
| 雪《せっ》片《ぺん》 | 雪結晶《ゆきけっしょう》がいくつもくっついたもの。 |

# 24

# 雪《ゆき》の結晶《けっしょう》を観測《かんそく》していた殿様《とのさま》が江戸時代《えどじだい》にいた

江《え》戸時代《どじだい》に、雪《ゆき》が好《す》きすぎて雪《ゆき》の結晶《けっしょう》を観測《かんそく》していた殿様《とのさま》がいました。その名《な》は**土井利位**《どいとしつら》です。

利位《としつら》は下総古河藩《しもうさこがはん》（現在《げんざい》の茨城県古河市《いばらきけんこがし》）の藩主《はんしゅ》で、日本《にほん》で初《はじ》めて雪《ゆき》の結晶《けっしょう》を顕微鏡《けんびきょう》で観察《かんさつ》した人物《じんぶつ》です。20年間《ねんかん》にわたる雪《ゆき》の結晶《けっしょう》の観察結果《かんさつけっか》を1832年《ねん》に『**雪華図説**《せっかずせつ》』として出版《しゅっぱん》。そこでは86種類《しゅるい》もの雪《ゆき》の結晶《けっしょう》が描《えが》かれ、その結晶図《けっしょうず》がもとになって江戸時代《えどじだい》には雪華模様《せっかもよう》の衣装《いしょう》が流行《りゅうこう》したといわれています。このため、庶民《しょみん》から「雪《ゆき》の殿様《とのさま》」の愛称《あいしょう》で親《した》しまれていたとか。

雪華図説《せっかずせつ》には観察方法《かんさつほうほう》も書《か》かれています。まず夜《よる》に黒地《くろじ》の布《ぬの》を外《そと》で冷《ひ》やしておき、その布《ぬの》で雪《ゆき》を受《う》け止《と》めます。ピンセットで雪《ゆき》を黒漆器《こくしっき》に移《うつ》し、吐息《といき》がかからないように注意《ちゅうい》して顕微鏡《けんびきょう》で観察《かんさつ》するのです。

じつはこれ、現代《げんだい》でも通《つう》じる観察方法《かんさつほうほう》です。私《わたし》はスマートフォンにマクロレンズをつけて観察《かんさつ》することをおすすめしていますが、注意点《ちゅういてん》などはまったく同《おな》じ。利位《としつら》と同《おな》じ時代《じだい》に生《い》きていたら雪友《ゆきとも》になれそうです。

## ▼雪《ゆき》を観察《かんさつ》する土井利位《どいとしつら》

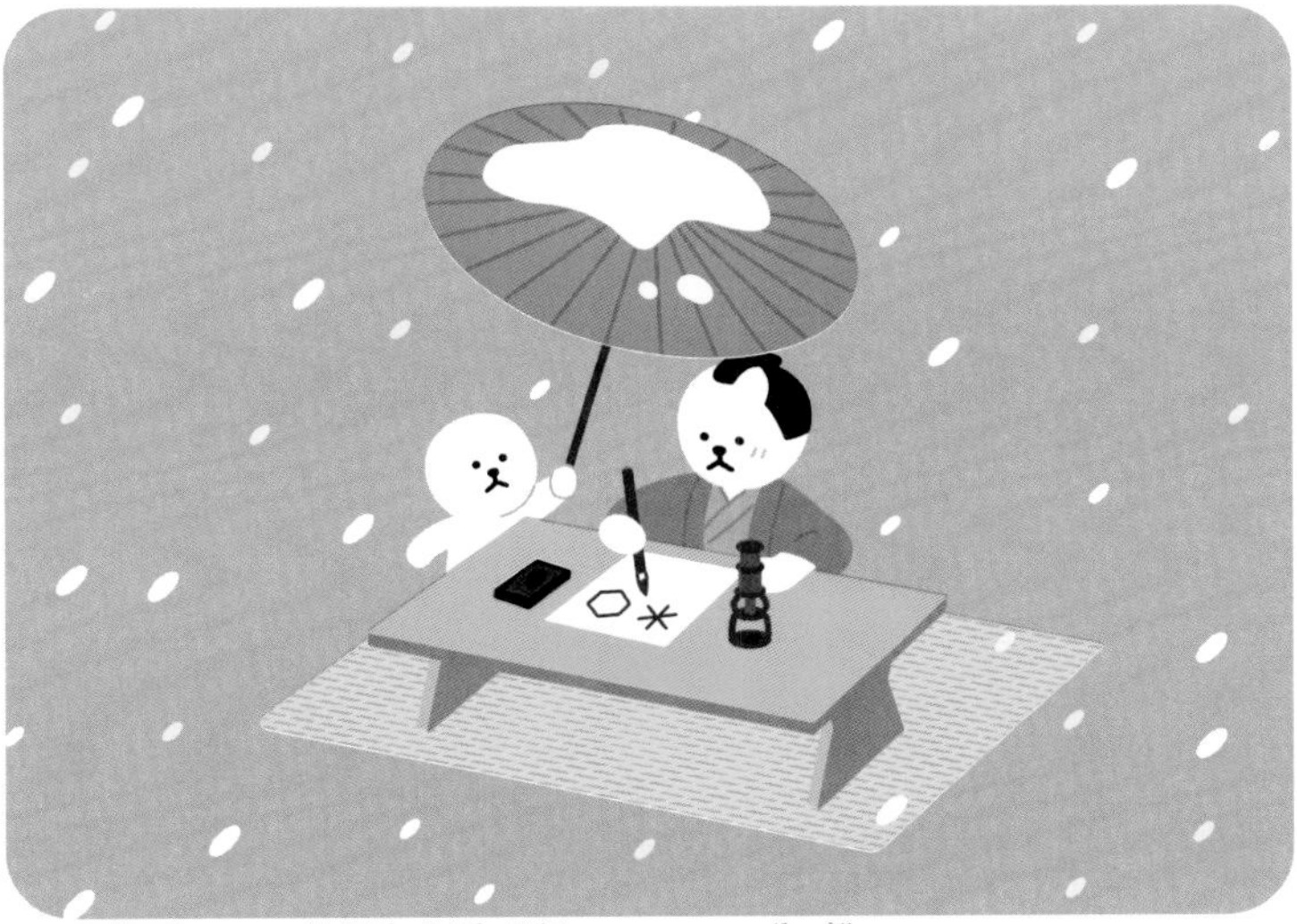

⬆雪《ゆき》が降《ふ》るなか、顕微鏡《けんびきょう》で結晶《けっしょう》を観察《かんさつ》し、それをその場《ば》で描《えが》いてメモしていたそう。

## ▼『雪華図説《せっかずせつ》』

⬆「雪華図説《せっかずせつ》　国立国会図書館《こくりつこっかいとしょかん》」でウェブ検索《けんさく》すると、公開《こうかい》されている全文《ぜんぶん》を見《み》ることができる。

**豆知識《まめちしき》**

『雪華図説《せっかずせつ》』に描《えが》かれた雪《ゆき》の結晶《けっしょう》は、樹枝状《じゅしじょう》や角板状《かくばんじょう》、複合板状結晶《ふくごうばんじょうけっしょう》がほとんどです。いずれも関東《かんとう》に雪《ゆき》を降《ふ》らせる南岸低気圧《なんがんていきあつ》で観測《かんそく》されるものですが、砲弾《ほうだん》状《じょう》や角柱状《かくちゅうじょう》など小《ちい》さな結晶《けっしょう》がないのはピンセットでつかめなかったからかも？

# 25

# 積《つ》もった雪《ゆき》は「変《へん》態《たい》」する

積《つ》もった雪《ゆき》（積雪《せきせつ》）も奥深《おくぶか》く、とくに**変態《へんたい》**するのがおもしろいです。

積雪《せきせつ》は雪《ゆき》のかたちを表《あらわ》す**雪質《ゆきしつ》**で分類《ぶんるい》され、雪質《ゆきしつ》が変《か》わることを積雪変態《せきせつへんたい》といいます。降《ふ》った雪《ゆき》の結晶《けっしょう》が残《のこ》っていれば**新雪《しんせつ》**です。積雪《せきせつ》の温度《おんど》が深《ふか》さ方向《ほうこう》に同《おな》じ場合《ばあい》、結晶《けっしょう》のとがった部分《ぶぶん》で昇華《しょうか》、凹《へこ》んだ部分《ぶぶん》で水蒸気《すいじょうき》が凝華《ぎょうか》して丸《まる》くなる球形化《きゅうけいか》、凹《へこ》んだ部分《ぶぶん》で凝華《ぎょうか》して結合《けつごう》（焼結《しょうけつ》）するという等温変態《とうおんへんたい》が起《お》こります。これにより新雪《しんせつ》は**こしまり雪《ゆき》**、**しまり雪《ゆき》**へと変化《へんか》します。夜間《やかん》に積雪《せきせつ》表面《ひょうめん》が冷《ひ》えるなどして深《ふか》さ方向《ほうこう》に温度《おんど》が違《ちが》うと、冷《つめ》たい部分《ぶぶん》で凝華《ぎょうか》して霜《しも》が成長《せいちょう》し、**こしもざらめ雪《ゆき》**、**しもざらめ雪《ゆき》**に（温度勾《おんどこう》配変態《ばいへんたい》）。積雪《せきせつ》がぬれていると、雪《ゆき》の融解《ゆうかい》・凍結《とうけつ》で急速《きゅうそく》につぶが丸《まる》く大《おお》きくなるぬれ変《へん》態《たい》が起《お》こって**ざらめ雪《ゆき》**になります。ほかに積雪表面《せきせつひょうめん》に表面霜《ひょうめんしも》や、表面付近《ひょうめんふきん》にクラストという薄《うす》くて硬《かた》い層《そう》もできます。

雪《ゆき》を掘《ほ》って層《そう》を見《み》ると、どんな雪《ゆき》が降《ふ》り積《つ》もり、変化《へんか》したかを追《お》えるのです。積雪《せきせつ》はまるで雪《ゆき》の履歴書《りれきしょ》ですね。

## ▼雪質《ゆきしつ》が変《か》わるしくみ（積雪変態過程《せきせつへんたいかてい》）

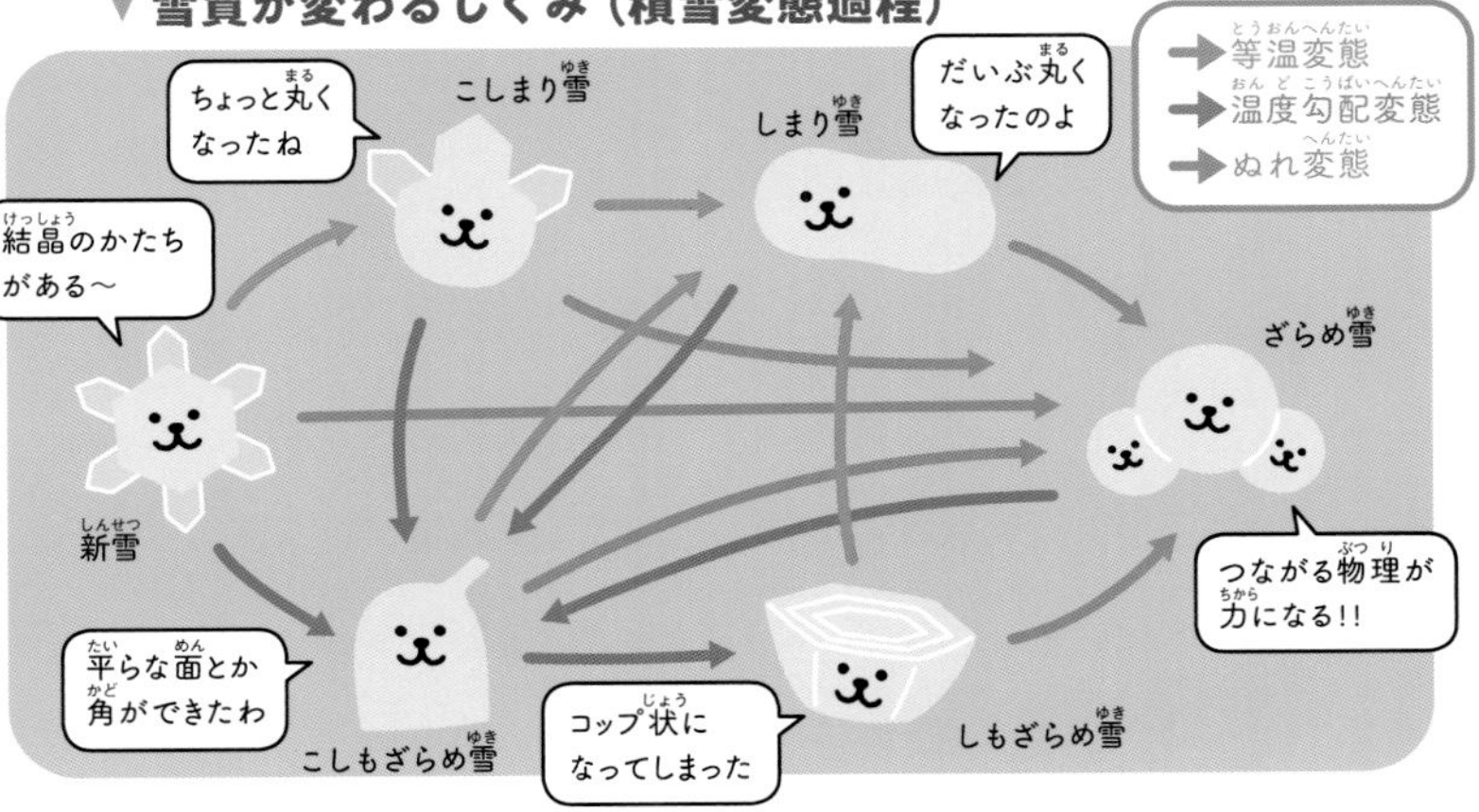


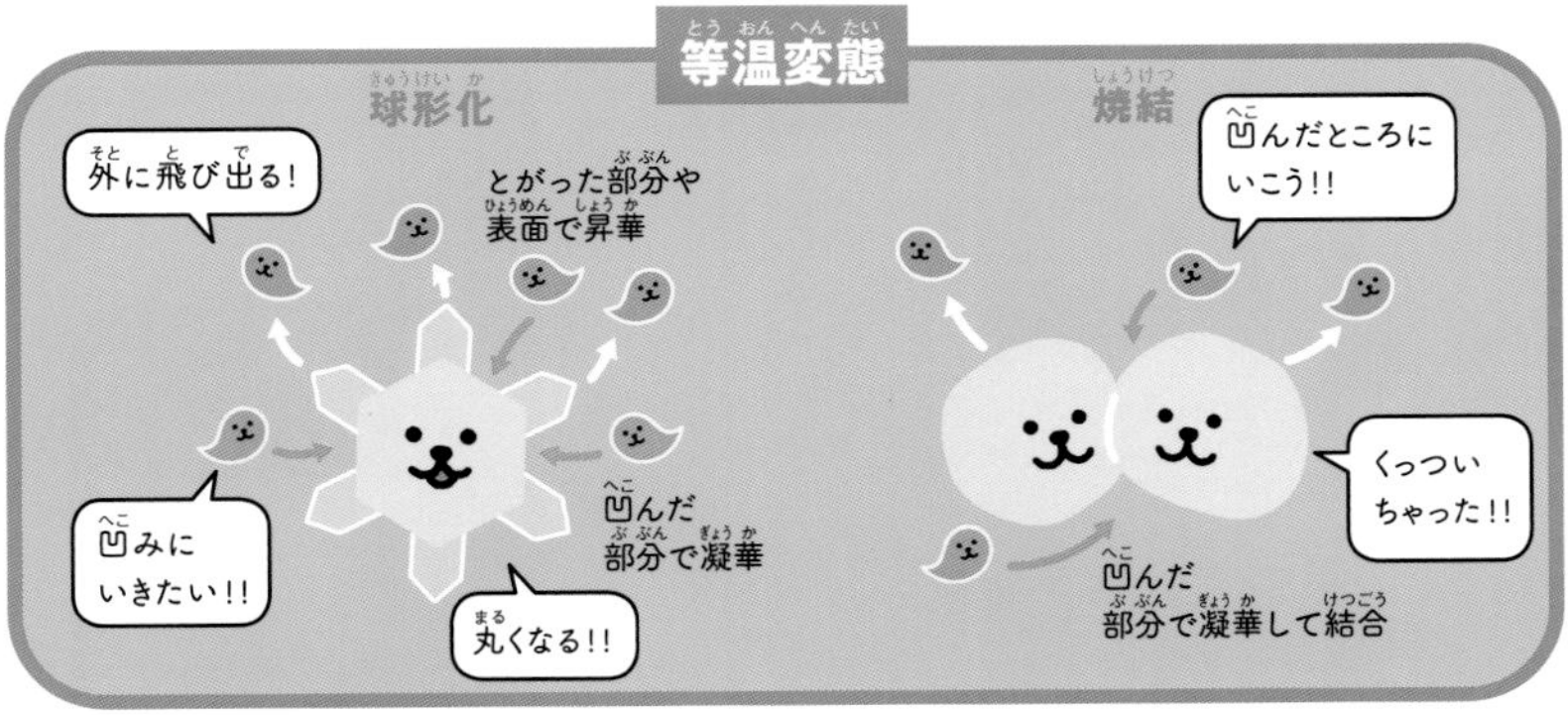


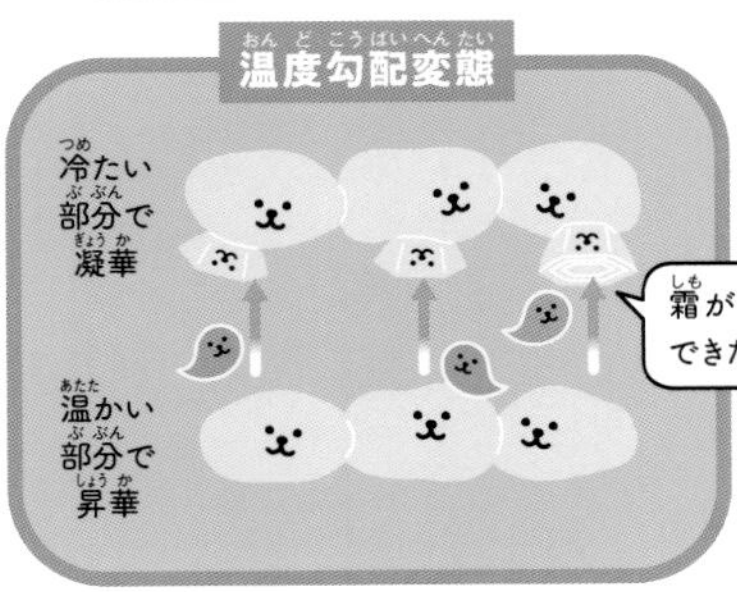

**豆知識《まめちしき》**

青森県出身《あおもりけんしゅっしん》の太宰治《だざいおさむ》による春《はる》の紀行文《きこうぶん》『津軽《つがる》』（1944年《ねん》）には、こな雪《ゆき》、つぶ雪《ゆき》、わた雪《ゆき》、みず雪《ゆき》、かた雪《ゆき》、ざらめ雪《ゆき》、こほり雪《ゆき》という7つの雪《ゆき》が書《か》かれています。これらは雪質《ゆきしつ》を表《あらわ》し、東北地方《とうほくちほう》の気象台《きしょうだい》などが協議《きょうぎ》して定《さだ》めた言葉《ことば》です。

## 雪質《ゆきしつ》の分類《ぶんるい》

| 名前《なまえ》 | 記号《きごう》 | 説明《せつめい》 |
|---|---|---|
| 新雪《しんせつ》 | ＋ | 雪《ゆき》の結晶《けっしょう》のかたちが残《のこ》っている。霰《あられ》を含《ふく》む。 |
| こしまり雪《ゆき》 | ／ | 雪《ゆき》の結晶《けっしょう》のかたちはほとんどないけど、しまり雪《ゆき》にはなっていない。 |
| しまり雪《ゆき》 | ● | 丸《まる》みのある氷《こおり》のつぶで、互《たが》いに網目状《あみめじょう》につながっていて丈夫《じょうぶ》。 |
| こしもざらめ雪《ゆき》 | □ | 平《たい》らな面《めん》を持《も》ったつぶ。積雪内《せきせつない》で深《ふか》さ方向《ほうこう》に温度《おんど》の違《ちが》いが小《ちい》さいとき。 |
| しもざらめ雪《ゆき》 | Λ | コップ状《じょう》（骸晶状《がいしょうじょう》）のつぶ。積雪内《せきせつない》で深《ふか》さ方向《ほうこう》に温度《おんど》の違《ちが》いが大《おお》きいとき。 |
| ざらめ雪《ゆき》 | ○ | 水《みず》を含《ふく》んでまとまり、それが再凍結《さいとうけつ》した大《おお》きな丸《まる》いつぶ。 |
| 氷板《ひょうばん》 | － | 板状《いたじょう》の氷《こおり》。 |
| 表面霜《ひょうめんしも》 | V | 積雪《せきせつ》の表面《ひょうめん》に水蒸気《すいじょうき》が凝華《ぎょうか》してできた霜《しも》。 |
| クラスト | ▽ | 積雪表面付近《せきせつひょうめんふきん》にできる薄《うす》くて硬《かた》い層《そう》。太陽《たいよう》の光《ひかり》によるサンクラスト、雨《あめ》によるレインクラスト、風《かぜ》によるウインドクラストなどがある。 |

↑積雪《せきせつ》を掘《ほ》ってその断面《だんめん》を観測《かんそく》することで、これまでにどんな雪《ゆき》が降《ふ》り積《つ》もって変化《へんか》してきたのかを知《し》ることができる。断面《だんめん》の高《たか》さごとに雪質《ゆきしつ》（表《ひょう》の記号《きごう》で記録《きろく》）、積雪《せきせつ》のつぶの大《おお》きさ、雪《ゆき》の温度《おんど》、密度《みつど》、硬《かた》さ、雪《ゆき》に含《ふく》まれている水《みず》の量《りょう》などを測定《そくてい》する。雪質《ゆきしつ》によっては雪崩《なだれ》の原因《げんいん》になることもあるため、雪崩《なだれ》の危険度《きけんど》も調《しら》べられる。

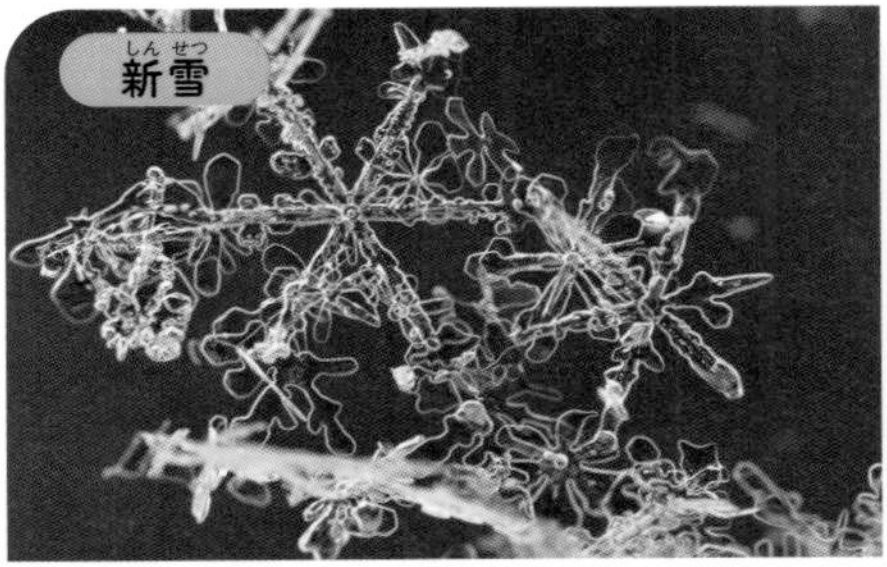

新《しん》雪《せつ》

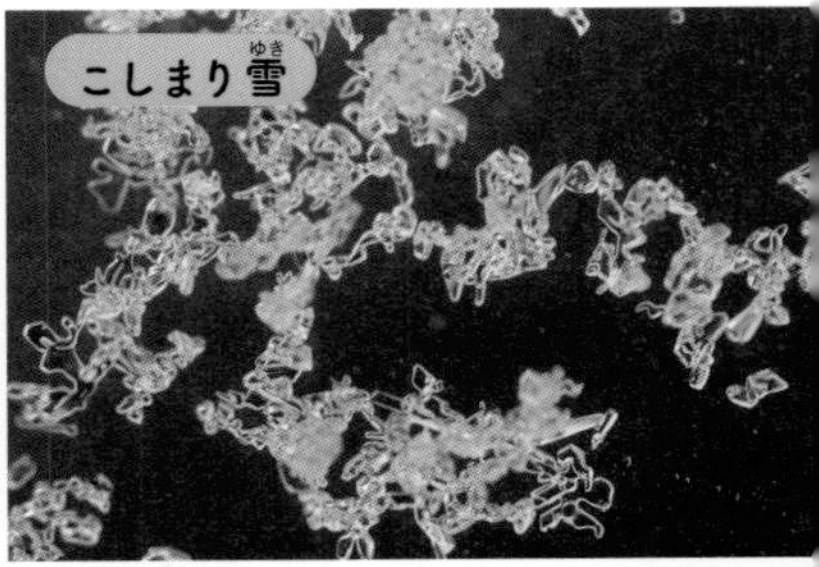

こしまり雪《ゆき》

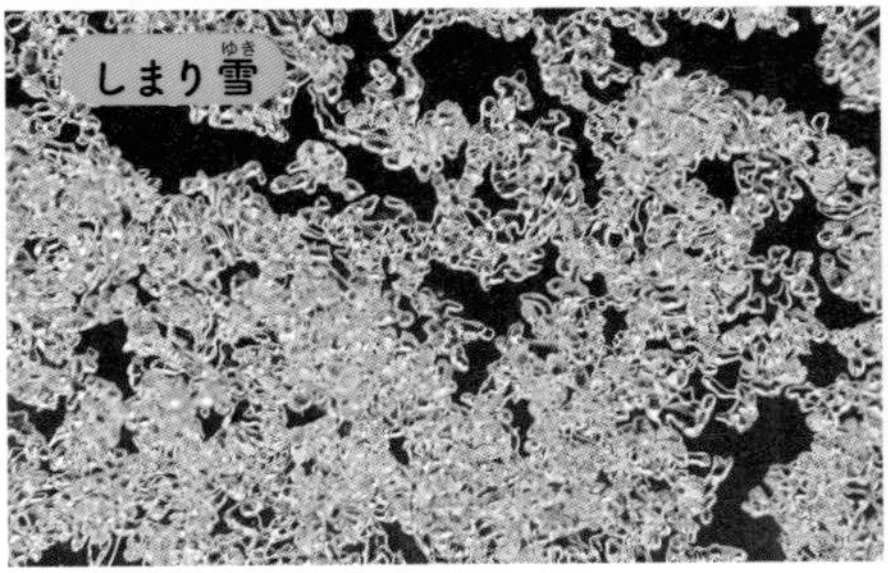

しまり雪《ゆき》

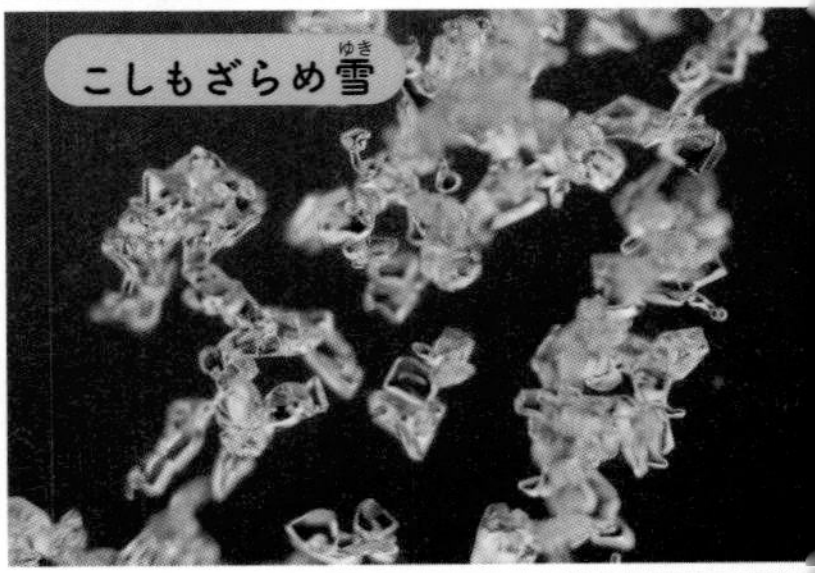

こしもざらめ雪《ゆき》

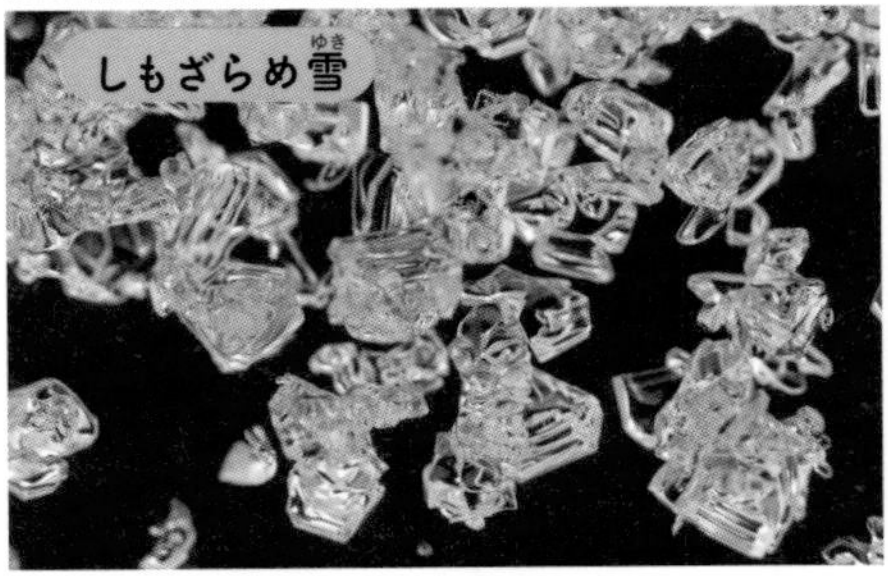

しもざらめ雪《ゆき》

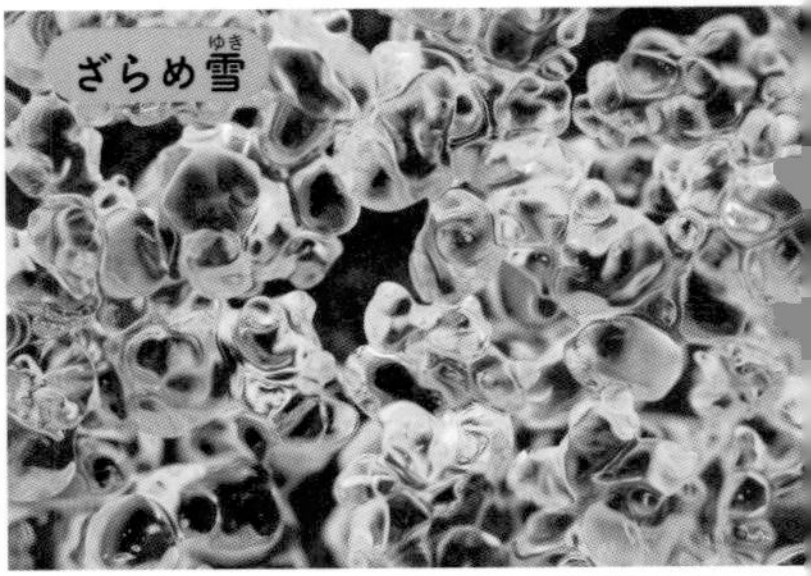

ざらめ雪《ゆき》

表《ひょう》面《めん》霜《しも》

サンクラスト

# 26 『枕草子《まくらのそうし》』を気象学的《きしょうがくてき》に考《かんが》えてみたら

国《こく》語《ご》の教科書《きょうかしょ》にも登場《とうじょう》する『**枕草子**《まくらのそうし》』。平安時代中期《へいあんじだいちゅうき》、**清少納言**《せいしょうなごん》が書《か》いた日《に》本三大随筆《ほんさんだいずいひつ》のひとつです。ここでは、枕《まくらの》草子《そうし》を気象学的《きしょうがくてき》に読《よ》み解《と》いてみましょう。

まず、春《はる》は曙《あけぼの》（日《ひ》の出前《でまえ》の薄明《はくめい》の空《そら》）が素敵《すてき》で、紫《むらさき》がかった雲《くも》が細《ほそ》くたなびいている様子《ようす》を取《と》り上《あ》げています。春《はる》で大気中《たいきちゅう》のチリが多《おお》くレイリー散乱《さんらん》のよくきく薄明《はくめい》（P54）のとき、巻雲《けんうん》などがまだ焼《や》けずに暗《くら》めの紫《むらさき》になっている状況《じょうきょう》と考《かんが》えられます。夏《なつ》は雨《あめ》も趣《おもむき》があるということで、大気《たいき》の状態《じょうたい》が不安定《ふあんてい》で発達《はったつ》する積乱雲《せきらんうん》による雨《あめ》が考《かんが》えられます。雨《あめ》の匂《にお》いも素敵《すてき》ですよね。秋《あき》は夕暮《ゆうぐ》れというのには同感《どうかん》で、高《たか》い空《そら》だけに雲《くも》が現《あらわ》れやすいので、盛大《せいだい》に焼《や》ける条《じょう》件《けん》も整《ととの》いやすいです（P38）。そして冬《ふゆ》は雪《ゆき》だけでなく早朝《そうちょう》の霜《しも》も風情《ふぜい》があるというあたり、清少納言《せいしょうなごん》はよくわかっています。

こうして改《あらた》めて枕草子《まくらのそうし》を読《よ》み返《かえ》すと、清少納言《せいしょうなごん》は**自然**《しぜん》**をよく観察**《かんさつ》**し、愛**《め》**でていた**ことがわかります。現代《げんだい》でもこの姿勢《しせい》は見《み》習《なら》いたいものです。

## ▼清少納言《せいしょうなごん》『枕草子《まくらのそうし》』原文《げんぶん》

春《はる》は、あけぼの。やうやう白《しろ》くなりゆく山《やま》ぎは少《すこ》し明《あか》りて紫《むらさき》だちたる雲《くも》の細《ほそ》くたなびきたる。

夏《なつ》は、夜《よる》。月《つき》の頃《ころ》はさらなり。闇《やみ》もなほ。螢《ほたる》の多《おお》く飛《と》び違《ちが》ひたる。また、ただ一《ひと》つ二《ふた》つなど、ほのかにうち光《ひか》りて行《い》くもをかし。雨《あめ》など降《ふ》るもをかし。

秋《あき》は、夕暮《ゆうぐれ》。夕日《ゆうひ》のさして、山《やま》の端《は》いと近《ちか》うなりたるに、烏《からす》の寝《ね》どころへ行《い》くとて、三《み》つ四《よ》つ、二《ふた》つ三《み》つなど、飛《と》び急《いそ》ぐさへあはれなり。まいて雁《かり》などの列《つら》ねたるがいと小《ちい》さく見《み》ゆるは、いとをかし。日入《ひい》り果《は》てて、風《かぜ》の音《おと》、虫《むし》の音《ね》など、はたいふべきにあらず。

冬《ふゆ》は、つとめて。雪《ゆき》の降《ふ》りたるはいふべきにもあらず。霜《しも》のいと白《しろ》きも、またさらでも、いと寒《さむ》きに、火《ひ》など急《いそ》ぎ熾《おこ》して、炭《すみ》もて渡《わた》るも、いとつきづきし。昼《ひる》になりて、ぬるくゆるびもていけば、火桶《ひをけ》の火《ひ》も、白《しろ》き灰《はい》がちになりて、わろし。

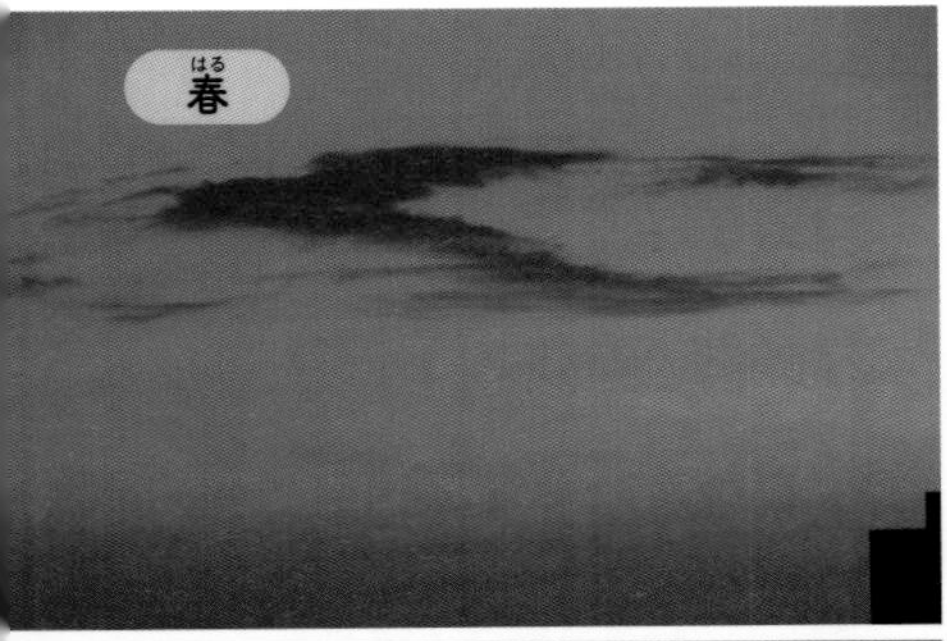

**豆知識《まめちしき》**

平安時代《へいあんじだい》といえば紫式部《むらさきしきぶ》が『源氏物語《げんじものがたり》』で、実際《じっさい》に体験《たいけん》したと思《おも》われる台風《たいふう》（野《の》分《わき》）について述《の》べています。とくに暴風《ぼうふう》の描写《びょうしゃ》がリアルで、光源氏《ひかるげんじ》の息子《むすこ》、夕《ゆう》霧《ぎり》の祖母《そぼ》が「この年《とし》になるまで経験《けいけん》したことのない激《はげ》しい野分《のわき》」と話《はな》すほどです。

# 27

# 声《こえ》に出《だ》して読《よ》みたくなるかっこいい風《かぜ》と雷《かみなり》の名前《なまえ》

## 風《かぜ》

と雷《かみなり》には、技名《わざめい》のようでかっこいい名前《なまえ》が多《おお》いので紹介《しょうかい》します。

風《かぜ》のうち地球規模《ちきゅうきぼ》のものでは、低緯度《ていいど》を吹《ふ》く東寄《ひがしよ》りの風《かぜ》の偏東風《へんとうふう》（貿易風《ぼうえきふう》）、日本《にほん》を含《ふく》む中緯度《ちゅういど》の上空《じょうくう》を吹《ふ》く西風《にしかぜ》の偏西風《へんせいふう》などがあります。季節《きせつ》を代表《だいひょう》する風《かぜ》では春《はる》一番《いちばん》や木枯《こが》らしが有名《ゆうめい》です。また、ひとしきり吹《ふ》く風《かぜ》は**一陣**《いちじん》、終日《しゅうじつ》吹《ふ》く風《かぜ》は**終風**《しゅうふう》、海《かい》上《じょう》の暴風《ぼうふう》は**颶風**《ぐふう》、上昇気流《じょうしょうきりゅう》で渦《うず》を巻《ま》くつむじ風《かぜ》は**旋風**《せんぷう》、風《かぜ》が穏《おだ》やかな状態《じょうたい》は**凪**《なぎ》など、思《おも》わず声《こえ》に出《だ》して名前《なまえ》を読《よ》みたくなります。

また、雷《かみなり》の名前《なまえ》も多《おお》くあります。気象《きしょう》観測《かんそく》では、雷《かみなり》の音《おと》を雷鳴《らいめい》、光《ひかり》を電光《でんこう》、音《おと》と光《ひかり》が同時《どうじ》に起《お》こっているものを**雷電**《らいでん》といいます。夏《なつ》などに地上気温《ちじょうきおん》が上《あ》がって大《たい》気《き》の状態《じょうたい》が不安定《ふあんてい》で発生《はっせい》する**熱雷**《ねつらい》、寒冷前《かんれいぜん》線《せん》に伴《ともな》って発生《はっせい》する**界雷**《かいらい》、それらが組《く》み合《あ》わさった**熱界雷**《ねつかいらい》、台風《たいふう》や低気圧《ていきあつ》の中心付近《ちゅうしんふきん》で起《お》こる**渦雷**《からい》など、発生要因《はっせいよういん》ごとについている名前《なまえ》もあります。

風《かぜ》と雷《かみなり》も私《わたし》たちの生活《せいかつ》に身近《みぢか》なもの。ぜひこの機会《きかい》に名前《なまえ》も覚《おぼ》えてみてください。

花散《はなち》らし

⬅春一番《はるいちばん》の次《つぎ》に吹《ふ》く南《みなみ》風《かぜ》はサクラを満開《まんかい》にする花起《はなお》こし（春二番《はるにばん》）、その次《つぎ》に吹《ふ》くサクラを散《ち》らす強風《きょうふう》は花散《はなち》らし（春三番《はるさんばん》）ということも。

引《ひ》きのばされて
渦《うず》が強《つよ》まる!


➡晴《は》れた日《ひ》に空気《くうき》の乱《みだ》れでできた渦《うず》が熱対流《ねつたいりゅう》の上昇気流《じょうしょうきりゅう》で引《ひ》きのばされて強《つよ》まったもの。ダストデビルとも（図鑑《ずかん》1／P124）。竜巻《たつまき》とは別《べつ》。

塵旋風《じんせんぷう》

**豆知識《まめちしき》**

主《おも》に西日本《にしにほん》で春《はる》から夏《なつ》に吹《ふ》く南風《みなみかぜ》は真風《まじ》と呼《よ》ばれています。その地域《ちいき》では南風《みなみかぜ》は漁《りょう》に出《で》る際《さい》に大事《だいじ》な風《かぜ》だったため、「いちばん重要《じゅうよう》」という意味《いみ》の「真《ま》」という字《じ》をつけたのだとか。マジか（これがいいたかっただけです）。

# 風《かぜ》の名《な》前《まえ》一《いち》覧《らん》

| 名《な》前《まえ》 | 意《い》味《み》 |
|---|---|
| 尖風《せんぷう》 | 突《つ》き刺《さ》さるように鋭《するど》く吹《ふ》く風《かぜ》。 |
| 旋風《せんぷう》 | 上昇《じょうしょう》気流《きりゅう》により渦《うず》を巻《ま》く強風《きょうふう》。 |
| そよ風《かぜ》 | そよそよと吹《ふ》く風《かぜ》。戦《そよ》ぐ風《かぜ》。 |
| 筍流《たけのこなが》し | タケノコの生《は》える春《はる》に吹《ふ》く雨《あめ》を伴《ともな》う風《かぜ》。 |
| だし風《かぜ》 | 峡谷《きょうこく》の出口《でぐち》から平野《へいや》に向《む》かう風《かぜ》。 |
| 竜巻《たつまき》 | 積乱雲《せきらんうん》に伴《ともな》う激《はげ》しく回転《かいてん》する渦《うず》。 |
| 谷風《たにかぜ》 | 谷筋《たにすじ》に沿《そ》って斜面《しゃめん》を上昇《じょうしょう》する風《かぜ》。 |
| 霾《つちふる》 | 土《つち》や黄砂《こうさ》が混《ま》ざった春《はる》に吹《ふ》く風《かぜ》。 |
| 突風《とっぷう》 | 急《きゅう》に吹《ふ》く強風《きょうふう》で短時間《たんじかん》で収《おさ》まる。 |
| 凪《なぎ》 | 朝《あさ》や夕方《ゆうがた》に沿岸《えんがん》で風《かぜ》が止《や》むこと。 |
| 熱風《ねっぷう》 | フェーンなどによる乾《かわ》いた熱《あつ》い風《かぜ》。 |
| 野分《のわき》 | 野《の》を吹《ふ》き荒《あ》れる強風《きょうふう》。台風《たいふう》。 |
| 花起《はなお》こし | 春一番《はるいちばん》の次《つぎ》のサクラを満開《まんかい》にする風《かぜ》。 |
| 花散《はなち》らし | 花起《はなお》こしの次《つぎ》のサクラを散《ち》らす強風《きょうふう》。 |
| 春一番《はるいちばん》 | 立春《りっしゅん》～春分《しゅんぶん》に吹《ふ》く最初《さいしょ》の強《つよ》い南風《みなみかぜ》。 |
| 風雪《ふうせつ》 | 雪《ゆき》を伴《ともな》う風《かぜ》。 |
| フェーン | 山《やま》の風下側《かざしもがわ》に吹《ふ》き降《お》りる風《かぜ》。 |
| 吹雪《ふぶき》 | 雪《ゆき》を伴《ともな》いやや強《つよ》い風《かぜ》が吹《ふ》く状態《じょうたい》。 |
| ブリザード | 南極《なんきょく》や北極《ほっきょく》で起《お》こる暴風雪《ぼうふうせつ》。 |
| 偏西風《へんせいふう》 | 中緯度《ちゅういど》上空《じょうくう》の地球《ちきゅう》を1周回《しゅうまわ》る西風《にしかぜ》。 |
| 偏東風《へんとうふう》 | 赤道《せきどう》付近《ふきん》の地上《ちじょう》で吹《ふ》く東風《ひがしかぜ》。貿易風《ぼうえきふう》。 |
| 暴風《ぼうふう》 | 重大《じゅうだい》な災害《さいがい》発生《はっせい》のおそれがある風《かぜ》。 |
| 暴風雪《ぼうふうせつ》 | 暴風《ぼうふう》に雪《ゆき》を伴《ともな》うもの。 |
| ボラ | 高所《こうしょ》から吹《ふ》き降《お》ろす冷《つめ》たい強風《きょうふう》。 |
| 盆地風《ぼんちかぜ》 | 盆地《ぼんち》の底《そこ》に向《む》かい斜面《しゃめん》を流《なが》れる風《かぜ》。 |
| 向《む》かい風《かぜ》 | 自分《じぶん》の前方《ぜんぽう》から吹《ふ》いてくる風《かぜ》。 |
| 無風《むふう》 | 風《かぜ》のないこと。静穏《せいおん》。 |
| モンスーン | 季節《きせつ》により異《こと》なる風向《ふうこう》の季節風《きせつふう》。 |
| 山風《やまかぜ》 | 山肌《やまはだ》で冷《ひ》えた空気《くうき》が吹《ふ》き降《お》りる風《かぜ》。 |
| やませ | 東北《とうほく》地方《ちほう》太平洋側《たいへいようがわ》の冷湿《れいしつ》な北東風《ほくとうふう》。 |
| 山谷風《やまたにかぜ》 | 昼《ひる》と夜《よる》で入《い》れ替《か》わる谷風《たにかぜ》と山風《やまかぜ》。 |
| 陸風《りくかぜ》 | 夜《よる》、冷《ひ》えた陸《りく》から海《うみ》に向《む》かう風《かぜ》。 |
| 烈風《れっぷう》 | 激《はげ》しく吹《ふ》く風《かぜ》。 |

| 名《な》前《まえ》 | 意《い》味《み》 |
|---|---|
| 青嵐《あおあらし》 | 新緑《しんりょく》の青葉《あおば》をそよがせて吹《ふ》く風《かぜ》。 |
| アナバ風《かぜ》 | 温《あたた》められた斜面《しゃめん》を吹《ふ》き上《あ》げる風《かぜ》。 |
| 雨晴《あまば》らし | 雨雲《あまぐも》を吹《ふ》き払《はら》い晴《は》れ間《ま》をもたらす風《かぜ》。 |
| 一陣《いちじん》 | 風《かぜ》がひとしきり吹《ふ》く。一陣《いちじん》の風《かぜ》。 |
| 一掌風《いっしょうふう》 | 手《て》のひらひとつぶんほどのそよ風《かぜ》。 |
| 陰風《いんぷう》 | 冬《ふゆ》の風《かぜ》。北風《きたかぜ》。 |
| 海風《うみかぜ》 | 温《あたた》まった陸《りく》に向《む》かう海《うみ》からの風《かぜ》。 |
| 炎飆《えんぴょう》 | 夏《なつ》の暑《あつ》い風《かぜ》。 |
| 追《お》い風《かぜ》 | 後《うし》ろから追《お》ってくる風《かぜ》。背風《はいふう》。 |
| 大風《おおかぜ》 | 強《つよ》く、激《はげ》しく吹《ふ》く風《かぜ》。 |
| おろし風《かぜ》 | 山《やま》から平地《へいち》に吹《ふ》き降《お》ろす風《かぜ》。 |
| 凱風《がいふう》 | 南風《みなみかぜ》。そよ風《かぜ》。 |
| 海陸風《かいりくふう》 | 昼《ひる》と夜《よる》で入《い》れ替《か》わる海風《うみかぜ》と陸風《りくかぜ》。 |
| 返《かえ》し風《かぜ》 | 一度《いちど》止《や》み、逆方向《ぎゃくほうこう》から吹《ふ》く風《かぜ》。 |
| 火災旋風《かさいせんぷう》 | 火事《かじ》の熱対流《ねつたいりゅう》で立《た》つ渦《うず》を巻《ま》く火柱《ひばしら》。 |
| カタバ風《かぜ》 | 冷気《れいき》が勢《いきお》いよく斜面《しゃめん》を吹《ふ》き降《お》りる風《かぜ》。 |
| 俄風《がふう》 | 予期《よき》せず突然《とつぜん》吹《ふ》く風《かぜ》。にわか風《かぜ》。 |
| 神風《かみかぜ》 | 危機《きき》を救《すく》うために神《かみ》が吹《ふ》かせる風《かぜ》。 |
| 空《から》っ風《かぜ》 | 太平洋側《たいへいようがわ》に吹《ふ》き降《お》りる乾《かわ》いた冷気《れいき》。 |
| 川《かわ》あらし | 川辺《かわべ》の草《くさ》や川面《かわも》を騒《さわ》がせる強風《きょうふう》。 |
| 颶風《ぐふう》 | 激《はげ》しく恐《おそ》ろしい、主《おも》に海上《かいじょう》の暴風《ぼうふう》。 |
| 木枯《こが》らし | 晩秋《ばんしゅう》から初冬《しょとう》に吹《ふ》く北寄《きたよ》りの季節風《きせつふう》。 |
| 黒風《こくふう》 | 砂《すな》を巻《ま》き上《あ》げ空《そら》を暗《くら》くする強風《きょうふう》。 |
| 浚《さら》いの風《かぜ》 | 降《ふ》り積《つ》もる雪《ゆき》を吹《ふ》き払《はら》うような風《かぜ》。 |
| 潮風《しおかぜ》 | 海《うみ》から吹《ふ》いてくる潮気《しおけ》を含《ふく》んだ風《かぜ》。 |
| 疾風《しっぷう》 | 風速《ふうそく》が大《おお》きく、激《はげ》しく吹《ふ》く風《かぜ》。 |
| 終風《しゅうふう》 | 終日《しゅうじつ》吹《ふ》き続《つづ》ける風《かぜ》。 |
| 少女風《しょうじょふう》 | 雨《あめ》が降《ふ》る前《まえ》に吹《ふ》く穏《おだ》やかな風《かぜ》。 |
| 少男風《しょうだんふう》 | 雨《あめ》が降《ふ》る前《まえ》に吹《ふ》く急《きゅう》な風《かぜ》。 |
| 塵旋風《じんせんぷう》 | 砂《すな》や塵《ちり》を舞《ま》い上《あ》げ渦《うず》を巻《ま》くつむじ風《かぜ》。 |
| 陣風《じんぷう》 | 急《きゅう》に激《はげ》しく吹《ふ》く風《かぜ》。はやて。 |
| スコール | 風速《ふうそく》が急増《きゅうぞう》し強風《きょうふう》が1分《ぷん》以上《いじょう》続《つづ》く。 |
| 砂嵐《すなあらし》 | 砂漠《さばく》で砂《すな》を激《はげ》しく巻《ま》き上《あ》げる強風《きょうふう》。 |

# 雷《かみなり》の名前《なまえ》一覧《いちらん》

| 名前《なまえ》 | 意味《いみ》 |
|---|---|
| 熱雷《ねつらい》 | 夏《なつ》、加熱《かねつ》により生《しょう》じる積乱雲《せきらんうん》の雷《かみなり》。 |
| 初電《はついなびかり》 | 春《はる》の稲妻《いなずま》のこと。 |
| 初雷《はつらい》 | その年《とし》に初《はじ》めて鳴《な》る雷《かみなり》。 |
| 万雷《ばんらい》 | 非常《ひじょう》に多《おお》くの雷《かみなり》。大音響《だいおんきょう》。 |
| 火神鳴《ひかみなり》 | 火災《かさい》を起《お》こす雷《かみなり》。 |
| 飛電《ひでん》 | きらめく電光《でんこう》。 |
| 百雷《ひゃくらい》 | 多《おお》くの雷《かみなり》。 |
| 風雷《ふうらい》 | 風《かぜ》と雷《かみなり》。 |
| 鰤起《ぶりおこ》し | 12月《がつ》から1月《がつ》の鰤《ぶり》の漁期《りょうき》に鳴《な》る雷《かみなり》。 |
| 霹電《へきでん》 | 稲光《いなびかり》。稲妻《いなずま》。 |
| 霹靂《へきれき》 | 急《きゅう》に激《はげ》しくなる雷《かみなり》。 |
| 咆雷《ほうらい》 | 咆《ほ》えるような雷鳴《らいめい》。 |
| 暴雷《ぼうらい》 | 激《はげ》しい雷《かみなり》。 |
| 奔雷《ほんらい》 | 激《はげ》しく鳴《な》る雷《かみなり》。 |
| 幕電《まくでん》 | 遠《とお》い空《そら》が遠雷《えんらい》とともに明《あか》るくなる。 |
| 水雷《みずかみなり》 | 雨《あめ》を伴《ともな》って火災《かさい》を起《お》こさない雷《かみなり》。 |
| 夕雷《ゆうかみ》 | 夕方《ゆうがた》に鳴《な》る雷《かみなり》。 |
| 誘導雷《ゆうどうらい》 | 周囲《しゅうい》の落雷《らくらい》が電線《でんせん》などを伝《つた》うこと。 |
| 雪起《ゆきお》こし | 雪《ゆき》の降《ふ》りそうなときに鳴《な》る雷《かみなり》。 |
| 瑶電《ようでん》 | めずらしい電光《でんこう》の一種《いっしゅ》。 |
| 雷火《らいか》 | 落雷《らくらい》のために起《お》こった火事《かじ》。稲妻《いなずま》。 |
| 雷撃《らいげき》 | 雷《かみなり》が落《お》ちること。勢《いきお》いのある襲撃《しゅうげき》。 |
| 雷鼓《らいこ》 | 雷神《らいじん》が背《せ》に負《お》う太鼓《たいこ》。雷《かみなり》の鳴《な》る音《おと》。 |
| 雷光《らいこう》 | 稲光《いなびかり》。稲妻《いなずま》。 |
| 雷公《らいこう》 | 雷神《らいじん》の異称《いしょう》。雷《かみなり》の俗称《ぞくしょう》。 |
| 雷車《らいしゃ》 | 雷神《らいじん》の乗《の》る車《くるま》。転《てん》じて、雷《かみなり》。 |
| 雷樹《らいじゅ》 | 雷《かみなり》が地面《じめん》から雲《くも》に昇《のぼ》る現象《げんしょう》。 |
| 雷震《らいしん》 | 雷《かみなり》の音《おと》が響《ひび》きわたること。 |
| 雷神《らいじん》 | 雷電《らいでん》を起《お》こす神《かみ》。雷《かみなり》。 |
| 雷声《らいせい》 | 雷《かみなり》の音《おと》。雷鳴《らいめい》。 |
| 雷電《らいでん》 | 雷《かみなり》と稲妻《いなずま》。 |
| 雷難《らいなん》 | 雷《かみなり》による災難《さいなん》。 |
| 雷鳴《らいめい》 | 雷《かみなり》の音《おと》。 |

| 名前《なまえ》 | 意味《いみ》 |
|---|---|
| 秋《あき》の雷《らい》 | 秋雷《しゅうらい》。秋《あき》の気配《けはい》が深《ふか》まる。 |
| 一発雷《いっぱつらい》 | 冬《ふゆ》の雷《かみなり》。夏《なつ》のように長続《ながつづ》きしない。 |
| 稲妻《いなずま》 | 放電《ほうでん》する時《とき》にひらめく火花《ひばな》。 |
| 殷雷《いんらい》 | さかんに鳴《な》り響《ひび》く雷《かみなり》。 |
| 遠雷《えんらい》 | 遠《とお》くで鳴《な》る雷《かみなり》。 |
| 界雷《かいらい》 | 寒冷前線《かんれいぜんせん》に伴《ともな》う雲《くも》による雷《かみなり》。 |
| 火山雷《かざんらい》 | 火山噴火《かざんふんか》の噴煙内《ふんえんない》で起《お》こる雷《かみなり》。 |
| 神鳴《かみなり》 | 雷《かみなり》の語源《ごげん》。神《かみ》の心《こころ》と考《かんが》えられていた。 |
| 渦雷《からい》 | 台風《たいふう》や低気圧《ていきあつ》の中心部《ちゅうしんぶ》で生《しょう》じる雷《かみなり》。 |
| 寒雷《かんらい》 | 寒中《かんちゅう》に鳴《な》る雷《かみなり》。界雷《かいらい》の一種《いっしゅ》。 |
| 逆流雷《ぎゃくりゅうらい》 | 建物《たてもの》への落雷《らくらい》が電源線《でんげんせん》へ逆流《ぎゃくりゅう》する現象《げんしょう》。 |
| 球雷《きゅうらい》 | 発光《はっこう》する球体《きゅうたい》が浮遊《ふゆう》する現象《げんしょう》。 |
| 驚雷《きょうらい》 | 激《はげ》しい雷《かみなり》。 |
| 軽雷《けいらい》 | 少《すこ》し鳴《な》る雷《かみなり》。 |
| 轟雷《ごうらい》 | とどろきわたる雷《かみなり》。 |
| 地雷《じがみなり》 | 大地《だいち》に鳴《な》り響《ひび》く雷《かみなり》。 |
| 疾雷《しつらい》 | 激《はげ》しい雷《かみなり》。 |
| 紫電《しでん》 | 紫色《むらさきいろ》の電光《でんこう》。 |
| 春雷《しゅんらい》 | 春《はる》に鳴《な》る雷《かみなり》。界雷《かいらい》の一種《いっしゅ》。 |
| 震電《しんでん》 | 雷《かみなり》と稲妻《いなずま》。 |
| 迅雷《じんらい》 | 激《はげ》しい雷鳴《らいめい》。疾風迅雷《しっぷうじんらい》。 |
| 掣電《せいでん》 | 稲妻《いなずま》。電光《でんこう》。 |
| 側撃雷《そくげきらい》 | 木《き》などへの直撃雷《ちょくげきらい》から生《しょう》じる放電《ほうでん》。 |
| 蟄雷《ちつらい》 | 初雷《はつらい》。冬眠《とうみん》の虫《むし》の目《め》を覚《さ》まさせる。 |
| 超高層雷放電《ちょうこうそうかみなりほうでん》 | 成層圏《せいそうけん》や中間圏《ちゅうかんけん》に現《あらわ》れる発光現象《はっこうげんしょう》。 |
| 直撃雷《ちょくげきらい》 | 雷雲《かみなりぐも》から直接落雷《ちょくせつらくらい》するもの。 |
| 梅雨雷《つゆかみなり》 | 梅雨《つゆ》の雷《かみなり》。 |
| 電光《でんこう》 | 雷《かみなり》の光《ひかり》。 |
| 電閃《でんせん》 | 電光《でんこう》がひらめくこと。稲光《いなびかり》。 |
| 電霆《でんてい》 | 稲光《いなびかり》。雷《かみなり》。 |
| 天雷《てんらい》 | 雷《かみなり》。いかずち。 |
| 冬季雷《とうきらい》 | 日本海沿岸《にほんかいえんがん》で冬《ふゆ》に発生《はっせい》する雷《かみなり》。 |
| 熱界雷《ねつかいらい》 | 前線《ぜんせん》と強《つよ》い日射《にっしゃ》により生《しょう》じる。 |

CHAPTER 2
空《そら》と文化《ぶんか》

# 28

# ある地域《ちいき》でだけ吹《ふ》く特別《とくべつ》な風《かぜ》「局地風《きょくちふう》」

**風**《かぜ》のなかには特定《とくてい》の地域《ちいき》でしか吹《ふ》かない風《かぜ》があります。それが**局地風**《きょくちふう》で、日本中《にほんじゅう》で確認《かくにん》されています。

局地風《きょくちふう》には地形《ちけい》が重要《じゅうよう》で、山《やま》を越《こ》える風《かぜ》を**山越《やまご》え気流《きりゅう》**、そのうち山《やま》の風下《かざしも》斜面《しゃめん》やふもとでの強風《きょうふう》を**おろし風**《かぜ》といいます。また、谷筋《たにすじ》（峡谷《きょうこく》）を吹《ふ》き抜《ぬ》けた谷《たに》の出口《でぐち》付近《ふきん》での強風《きょうふう》を**だし風**《かぜ》（地峡風《ちきょうふう》）といい、その名《な》は川《かわ》から海《うみ》に船《ふね》を出《だ》す風《かぜ》ということに由来《ゆらい》します。日本《にほん》の局地風《きょくちふう》では愛媛県《えひめけん》東部《とうぶ》のやまじ風《かぜ》、岡山県《おかやまけん》北東部《ほくとうぶ》の広戸風《ひろとかぜ》、山形県《やまがたけん》の清川《きよかわ》だしでとくに風《かぜ》が強《つよ》く、**日本三大局地風**《にほんさんだいきょくちふう》として知《し》られています。関東《かんとう》の空《から》っ風《かぜ》、関西《かんさい》の六甲《ろっこう》おろしも有名《ゆうめい》です。

局地風《きょくちふう》の名前《なまえ》には地域名《ちいきめい》が入《はい》ることが多《おお》く、「○○おろし」や谷筋《たにすじ》にあたる河川《かせん》の名前《なまえ》をとった「○○だし」がよく見《み》られます。東日本《ひがしにほん》太平洋側《たいへいようがわ》で冬《ふゆ》に吹《ふ》く北風《きたかぜ》はならいと呼《よ》ばれ、「○○ならい」ということも。

これらの風《かぜ》は地域《ちいき》特有《とくゆう》なので特別感《とくべつかん》があります。みなさんのお住《す》まいの地域《ちいき》にどんな局地風《きょくちふう》があるか調《しら》べてみては。

## ▼日本《にほん》の局地風《きょくちふう》の分布《ぶんぷ》

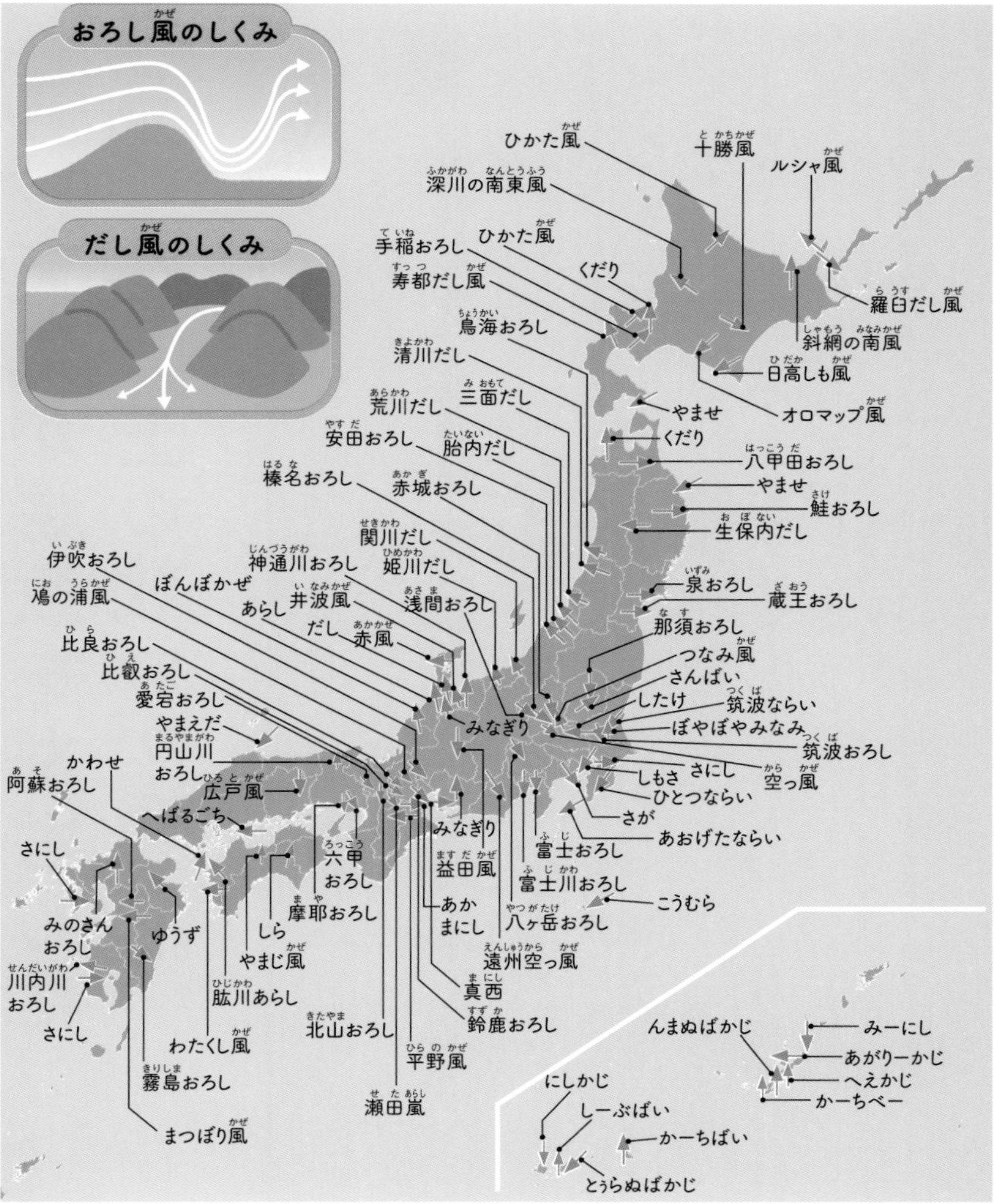


**豆知識《まめちしき》**

世界《せかい》の局地風《きょくちふう》として、とくにヨーロッパで多《おお》く名前《なまえ》がついています。地中海《ちちゅうかい》を吹《ふ》く南寄《みなみよ》りの風《かぜ》のシロッコ、北《きた》〜北西風《ほくせいふう》のミストラル、北《きた》〜北東風《ほくとうふう》のボラやトラモンタナなどです。これらはワインなどの農業《のうぎょう》に深《ふか》く関係《かんけい》しています。

# 29

# 天《てん》気《き》が勝《しょう》敗《はい》を左《さ》右《ゆう》した歴《れき》史《し》上《じょう》の戦《たたか》いがある？

天《てん》気《き》で予《よ》定《てい》がうまくいかないことがありますが、天《てん》気《き》が勝《しょう》敗《はい》を左《さ》右《ゆう》したと考《かんが》えられている歴《れき》史《し》上《じょう》の戦《たたか》いもあります。たとえば蒙《もう》古《こ》襲《しゅう》来《らい》として知《し》られる**元《げん》寇《こう》**です。鎌《かま》倉《くら》時《じ》代《だい》にモンゴル帝《てい》国《こく》と高《こう》麗《らい》による日《に》本《ほん》への侵《しん》攻《こう》が2度《ど》行《おこな》われ、文《ぶん》永《えい》の役《えき》（1274年《ねん》）と弘《こう》安《あん》の役《えき》（1281年《ねん》）と呼《よ》ばれます。この際《さい》、2度《ど》にわたって暴《ぼう》風《ふう》が吹《ふ》き、蒙《もう》古《こ》の船《せん》団《だん》が撤《てっ》退《たい》したそう。弘《こう》安《あん》の役《えき》は台《たい》風《ふう》と考《かんが》えられていますが、文《ぶん》永《えい》の役《えき》については諸《しょ》説《せつ》あるようです。

また、フランス皇《こう》帝《てい》の**ナポレオンのロシア戦《せん》役《えき》**にも気《き》象《しょう》が影《えい》響《きょう》しています。ナポレオンは1812年《ねん》にロシアに侵《しん》攻《こう》し、モスクワを占《せん》拠《きょ》。物《ぶっ》資《し》の調《ちょう》達《たつ》ができず10月《がつ》に退《たい》却《きゃく》を決《けつ》意《い》しましたが、この年《とし》はシベリア気《き》団《だん》の寒《かん》波《ぱ》が強《つよ》く、多《おお》くの犠《ぎ》牲《せい》が出《で》ました。このことからシベリア気《き》団《だん》は最《さい》強《きょう》のナポレオン軍《ぐん》を破《やぶ》った**冬《ふゆ》将《しょう》軍《ぐん》**と呼《よ》ばれるようになり、現《げん》代《だい》の天《てん》気《き》予《よ》報《ほう》でも耳《みみ》にします。

天《てん》気《き》予《よ》報《ほう》のない時《じ》代《だい》、いまよりも天《てん》気《き》に振《ふ》り回《まわ》されやすかったのですね。

# 気象《きしょう》が関係《かんけい》したといわれる歴史上《れきしじょう》の戦《たたか》い

| | 戦《たたか》いの名前《なまえ》 | 年《とし》 | 場所《ばしょ》 | 気象《きしょう》 | 詳細《しょうさい》 |
|---|---|---|---|---|---|
| 日本《にほん》 | 壇ノ浦《だんのうら》の戦《たたか》い | 1185年《ねん》 | 壇ノ浦《だんのうら》<br>（現《げん》：山口県下関市《やまぐちけんしものせきし》） | 波《なみ》 | 源氏《げんじ》と平家《へいけ》の最終決戦《さいしゅうけっせん》で、敗《やぶ》れた平家《へいけ》は滅亡《めつぼう》した。関門海峡《かんもんかいきょう》の潮《しお》の流《なが》れが勝敗《しょうはい》をわける要因《よういん》となったとされていたが、現在《げんざい》はこの説《せつ》はほぼ否定《ひてい》されている。 |
| | 元寇《げんこう》<br>（蒙古襲来《もうこしゅうらい》） | 1274年《ねん》<br>1281年《ねん》 | 九州北部《きゅうしゅうほくぶ》 | 台風《たいふう》 | 2度《ど》にわたってモンゴル帝国《ていこく》が日本《にほん》に攻《せ》め込《こ》み、鎌《かま》倉幕府《くらばくふ》が応戦《おうせん》。神風《かみかぜ》（台風《たいふう》による嵐《あらし》）がモンゴルの船団《せんだん》を壊滅《かいめつ》に追《お》い込《こ》んだと伝《つた》えられる。 |
| | 桶狭間《おけはざま》の戦《たたか》い | 1560年《ねん》 | 桶狭間《おけはざま》<br>（現《げん》：愛知県《あいちけん》） | 雨《あめ》 | 織田信長《おだのぶなが》が今川義元《いまがわよしもと》を討《う》った戦《たたか》い。突然《とつぜん》の雨《あめ》のため、今川軍《いまがわぐん》は武具《ぶぐ》などが使《つか》えなくなったとされる。 |
| | 川中島《かわなかじま》の戦《たたか》い | 1561年《ねん》 | 川中島《かわなかじま》<br>（現《げん》：長野県長野市《ながのけんながのし》） | 濃霧《のうむ》 | 武田信玄《たけだしんげん》と上杉謙信《うえすぎけんしん》の戦《たたか》い。この地《ち》での戦《いくさ》は何度《なんど》も行《おこな》われているが、このときは上杉謙信《うえすぎけんしん》が霧《きり》にまぎれて武田信玄《たけだしんげん》の本陣《ほんじん》に迫《せま》ったとされる。 |
| | 長篠《ながしの》の戦《たたか》い | 1575年《ねん》 | 長篠城《ながしのじょう》<br>（現《げん》：愛知県新城市《あいちけんしんしろし》） | 梅雨《つゆ》 | 織田信長《おだのぶなが》が武田勝頼《たけだかつより》に勝利《しょうり》し、甲斐武田家《かいたけだけ》が滅《ほろ》びるきっかけになった戦《たたか》い。鉄砲隊《てっぽうたい》の火縄《ひなわ》が湿《しめ》らないように、梅雨《つゆ》の中休《なかやす》みの晴《は》れ間《ま》を待《ま》って武田軍《たけだぐん》を破《やぶ》った。 |
| | 関ヶ原《せきがはら》の戦《たたか》い | 1600年《ねん》 | 関ヶ原《せきがはら》<br>（岐阜県《ぎふけん》） | 濃霧《のうむ》 | 徳川家康《とくがわいえやす》の東軍《とうぐん》と石田三成《いしだみつなり》らの西軍《せいぐん》が戦《たたか》い、東軍《とうぐん》が勝利《しょうり》。前日《ぜんじつ》からの雨《あめ》の影響《えいきょう》による濃霧《のうむ》にまぎれ、徳川《とくがわ》の重臣《じゅうしん》・井伊直政《いいなおまさ》が抜《ぬ》け駆《が》けして開戦《かいせん》。 |
| | 桜田門外《さくらだもんがい》の変《へん》 | 1860年《ねん》 | 江戸城《えどじょう》<br>（現《げん》：東京都《とうきょうと》） | 雪《ゆき》 | 大老《たいろう》・井伊直弼《いいなおすけ》が桜田門外《さくらだもんがい》で暗殺《あんさつ》された事件《じけん》。雪《ゆき》で視界《しかい》が悪《わる》く、井伊直弼《いいなおすけ》の刀《かたな》が雪《ゆき》でぬれないよう、革袋《かわぶくろ》に入《い》れていたため反撃《はんげき》が遅《おく》れたといわれる。 |
| 世界《せかい》 | 赤壁《せきへき》の戦《たたか》い | 208年《ねん》 | 中国《ちゅうごく》 | 風《かぜ》 | 『三国志《さんごくし》』より、蜀《しょく》・呉《ご》の連合軍《れんごうぐん》が曹操《そうそう》の魏《ぎ》を破《やぶ》った戦《たたか》い。蜀《しょく》の軍師《ぐんし》・諸葛亮孔明《しょかつりょうこうめい》が南東《なんとう》の風《かぜ》を予想《よそう》し、呉《ご》が魏《ぎ》の船団《せんだん》に火攻《ひぜ》めをしたとされる。 |
| | ナポレオンのロシア戦役《せんえき》 | 1812年《ねん》 | ロシア | 寒波《かんぱ》 | 1812年《ねん》、フランスの皇帝《こうてい》ナポレオンがロシアに侵《しん》攻《こう》。極寒《ごっかん》の気候《きこう》と物資不足《ぶっしぶそく》が、フランスの敗北《はいぼく》の主《おも》な要因《よういん》とされる。 |
| | ノルマンディー上陸作戦《じょうりくさくせん》 | 1944年《ねん》 | フランス | — | 第二次世界大戦中《だいにじせかいたいせんちゅう》、連合軍《れんごうぐん》によって行《おこな》われたドイツ占《せん》領下《りょうか》の北西《ほくせい》ヨーロッパへの反転攻勢《はんてんこうせい》の作戦《さくせん》。開始日《かいしび》（D《ディー》-Day《デイ》）の決定《けってい》に気象条件《きしょうじょうけん》が考慮《こうりょ》されたとされる。 |

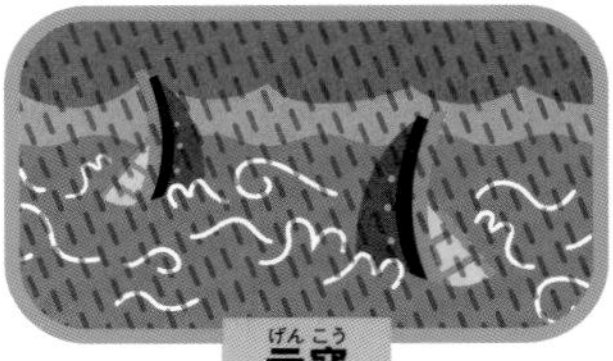

元寇《げんこう》

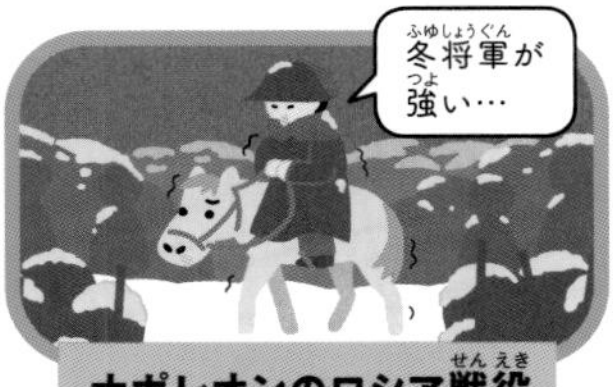


ナポレオンのロシア戦役《せんえき》

**豆知識《まめちしき》**

18世紀《せいき》のフランス革命《かくめい》は、王政《おうせい》から議会政治《ぎかいせいじ》による民主主義《みんしゅしゅぎ》への移行《いこう》のきっかけとなりました。この直前《ちょくぜん》、各地《かくち》で火山《かざん》が大噴火《だいふんか》し、その影響《えいきょう》で農作物《のうさくぶつ》がとれず食糧難《しょくりょうなん》に。そして民衆《みんしゅう》の不満《ふまん》が爆発《ばくはつ》して革命《かくめい》がはじまったのだとか。

# 30

# 天気予報《てんきよほう》を大《おお》きく進歩《しんぽ》させたのはまさかの「戦争《せんそう》」

天《てん》気予報《きよほう》の精度《せいど》は年々高《ねんねんたか》まっています。この天気予報《てんきよほう》の進歩《しんぽ》には、じつは**第《だい》二次世界大戦《にじせかいたいせん》**が大《おお》きくかかわっています。

気象《きしょう》の観測《かんそく》と予報《よほう》は、軍事作戦《ぐんじさくせん》を進《すす》める上《うえ》で重要《じゅうよう》な情報《じょうほう》でした。まず、上空《じょうくう》の状《じょう》態《たい》を調《しら》べるため、気球《ききゅう》による**高層気象観測《こうそうきしょうかんそく》**を開始《かいし》。この観測網拡大《かんそくもうかくだい》をきっかけに軍隊《ぐんたい》で気象《きしょう》の技術者《ぎじゅつしゃ》が育《そだ》てられ、一気《いっき》に数《かず》が増《ふ》えました。戦時中《せんじちゅう》には、電波《でんぱ》を使《つか》って遠《とお》くの航空機《こうくうき》を探知《たんち》する**レーダー観測《かんそく》**の技術開《ぎじゅつかい》発《はつ》が進《すす》みました。当時《とうじ》は雨《あめ》や雪《ゆき》は軍事的《ぐんじてき》には邪魔者《じゃまもの》でしたが、気象学《きしょうがく》の発展《はってん》には大《おお》きく貢献《こうけん》したのです。さまざまな観測方法《かんそくほうほう》が発達《はったつ》し、データが豊富《ほうふ》になったことで、それを管理《かんり》して計算《けいさん》するために**電子計算機《でんしけいさんき》**（コンピュータ）の開発《かいはつ》が進《すす》みました。

戦時中《せんじちゅう》の気象《きしょう》データは機密情報《きみつじょうほう》だったため、1941年《ねん》の真珠湾攻撃以降《しんじゅわんこうげきいこう》、日本《にほん》の天気予報《てんきよほう》が一般《いっぱん》には知《し》らされなくなり、台風《たいふう》で多《おお》くの被害《ひがい》が出《で》ました。不幸《ふこう》な歴史《れきし》がありましたが、現代《げんだい》の天気予報《てんきよほう》はこの歴《れき》史《し》から発展《はってん》したのです。

気球《ききゅう》による高層気象観測《こうそうきしょうかんそく》
（ラジオゾンデ観測《かんそく》）

⬆気象《きしょう》レーダーのアンテナ。ぐるぐる回《まわ》して雨雲《あまぐも》を観測《かんそく》する。気象庁《きしょうちょう》「雨雲《あまぐも》の動《うご》き（ナウキャスト）」でリアルタイムの観《かん》測《そく》データを確認《かくにん》できる。

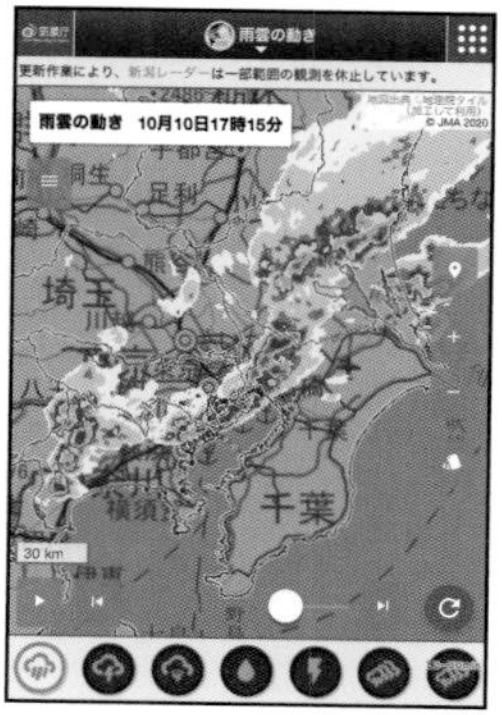


ナウキャスト

※ナウキャスト＝雨雲《あまぐも》の動《うご》き

高層気象観測《こうそうきしょうかんそく》

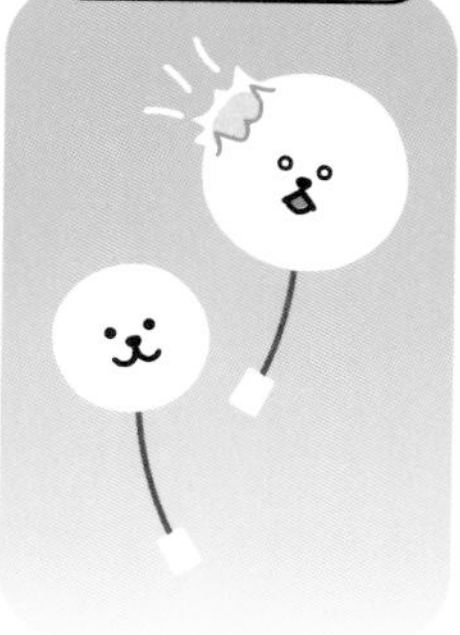

高度約《こうどやく》30kmで空気《くうき》が薄《うす》くなって破裂《はれつ》するまで観測《かんそく》します

**豆知識《まめちしき》**

古代《こだい》ギリシャの哲学者《てつがくしゃ》アリストテレスは『気象論《きしょうろん》』で気象研究《きしょうけんきゅう》をまとめており、虹《にじ》やハロ、幻日《げんじつ》、水循環《みずじゅんかん》、蒸発《じょうはつ》・凝結《ぎょうけつ》なども扱《あつか》っています。これらは観察《かんさつ》がもとになっており、古《ふる》くから観測《かんそく》が重要《じゅうよう》だったことがわかります。

# 31

# 夜《よ》空《ぞら》を見《み》上《あ》げるのが楽《たの》しくなる満《まん》月《げつ》の名《な》前《まえ》

**夜《よ》**空《そら》で輝《かがや》く**満《まん》月《げつ》**には、つい空《そら》を見《み》上《あ》げてしまうような魅《み》力《りょく》があります。そんな満《まん》月《げつ》には多《おお》くの名《な》前《まえ》がついています。

満《まん》月《げつ》は暦《こよみ》のひと月《つき》に一《いち》度《ど》の周《しゅう》期《き》で現《あらわ》れます。アメリカの先《せん》住《じゅう》民《みん》族《ぞく》は、その月《つき》の満《まん》月《げつ》に時《じ》期《き》にあった名《な》前《まえ》をつけて季《き》節《せつ》を把《は》握《あく》していたそう。たとえば雪《ゆき》の多《おお》い2月《がつ》ではスノームーン、ピンク色《いろ》の花《はな》が咲《さ》く4月《がつ》ではピンクムーンです。

月《つき》の満《み》ち欠《か》けの周《しゅう》期《き》は30日《にち》弱《じゃく》のため、暦《こよみ》のひと月《つき》に満《まん》月《げつ》が2回《かい》現《あらわ》れることもあり、2回《かい》目《め》の満《まん》月《げつ》は**ブルームーン**と呼《よ》ばれます。皆《かい》既《き》月《げっ》食《しょく》で赤《あか》黒《ぐろ》い満《まん》月《げつ》は**ブラッドムーン**とも。月《つき》は地《ち》球《きゅう》のまわりを楕《だ》円《えん》軌《き》道《どう》で動《うご》いており、月《つき》が地《ち》球《きゅう》に最《さい》接《せっ》近《きん》するときの満《まん》月《げつ》を**スーパームーン**、最《もっと》も離《はな》れるときの満《まん》月《げつ》を**マイクロムーン**といいます。これらは年《ねん》に1～2回《かい》起《お》こり、スーパームーンはマイクロムーンに比《くら》べて約《やく》14％大《おお》きく見《み》え、明《あか》るさも約《やく》30％増《ふ》えるそうです。

満《まん》月《げつ》を眺《なが》めるとき、その名《な》前《まえ》を意《い》識《しき》してみると、より楽《たの》しむことができそうです。

↑スーパームーン。右《みぎ》の通常時《つうじょうじ》の満月《まんげつ》に比《くら》べてちょっと大《おお》きく見《み》える。

↑低《ひく》い空《そら》でレイリー散乱《さんらん》によって赤《あか》く染《そ》まる満月《まんげつ》。ピンクムーンではない。

## 満月《まんげつ》の名前《なまえ》一覧《いちらん》

| 満月《まんげつ》の名前《なまえ》 | 意味《いみ》 |
|---|---|
| ウルフムーン<br>（狼月《おおかみづき》） | 1月《がつ》の満月《まんげつ》。真冬《まふゆ》で食糧《しょくりょう》がなく飢《う》えたオオカミの遠吠《とおぼ》えから。<br>オールドムーン（古月《ふるつき》）、アイスムーン（氷月《こおりづき》）とも。 |
| スノームーン<br>（雪月《ゆきつき》） | 2月《がつ》の満月《まんげつ》。雪《ゆき》が多《おお》いことから。<br>ストームムーン（嵐月《あらしづき》）、ハンガームーン（飢餓月《きがつき》）とも。 |
| ワームムーン<br>（芋虫月《いもむしづき》） | 3月《がつ》の満月《まんげつ》。雪《ゆき》が解《と》けてミミズが土《つち》から出《で》てくることから。チェイストムーン（純潔月《じゅんけつづき》）、<br>デスムーン（死月《しづき》）、クラストムーン（堅雪月《かたゆきづき》）とも。 |
| ピンクムーン<br>（桃色月《ももいろづき》） | 4月《がつ》の満月《まんげつ》。ピンク色《いろ》の花《はな》が咲《さ》くことから。スプラウティンググラスムーン（萌芽月《ほうがづき》）、<br>エッグムーン（卵月《たまごづき》）、フィッシュムーン（魚月《うおつき》）とも。 |
| フラワームーン<br>（花月《はなつき》） | 5月《がつ》の満月《まんげつ》。花《はな》が咲《さ》く時期《じき》のため。ヘアムーン（野《の》ウサギ月《づき》）、コーンプランティングムーン<br>（トウモロコシの種蒔《たねま》き月《づき》）、ミルクムーン（ミルク月《づき》）とも。 |
| ストロベリームーン<br>（苺月《いちごづき》） | 6月《がつ》の満月《まんげつ》。野《の》イチゴの収穫《しゅうかく》の時期《じき》のため。<br>ローズムーン（薔薇月《ばらつき》）、ホットムーン（暑気月《しょきづき》）とも。 |
| バックムーン<br>（雄鹿月《おじかづき》） | 7月《がつ》の満月《まんげつ》。雄鹿《おじか》の角《つの》が生《は》えてくる時期《じき》のため。<br>サンダームーン（雷月《かみなりづき》）、ヘイムーン（干《ほ》し草月《くさづき》）。 |
| スタージョンムーン<br>（チョウザメ月《づき》） | 8月《がつ》の満月《まんげつ》。チョウザメの豊漁《ほうりょう》を願《ねが》うことから。グリーンコーンムーン（青《あお》いトウモロコシ月《づき》）、<br>グレインムーン（穀物月《こくもつづき》）、レッドムーン（赤月《あかつき》）とも。 |
| ハーベストムーン<br>（収穫月《しゅうかくづき》） | 9月《がつ》の満月《まんげつ》。作物《さくもつ》を収穫《しゅうかく》する時期《じき》のため。<br>コーンムーン（トウモロコシ月《づき》）、バーレイムーン（大麦月《おおむぎづき》）とも。 |
| ハンターズムーン<br>（狩猟月《しゅりょうづき》） | 10月《がつ》の満月《まんげつ》。夏《なつ》に太《ふと》った動物《どうぶつ》の狩《か》りに適《てき》した時期《じき》のため。<br>トラベルムーン（移動月《いどうづき》）、ダイインググラスムーン（枯《か》れ草月《くさづき》）とも。 |
| ビーバームーン<br>（ビーバー月《づき》） | 11月《がつ》の満月《まんげつ》。ビーバーを捕《つか》まえる罠《わな》をしかける時期《じき》、ビーバーの巣《す》づくりの時期《じき》のため。<br>フロストムーン（霜月《しもつき》）とも。 |
| コールドムーン<br>（寒月《かんげつ》） | 12月《がつ》の満月《まんげつ》。本格的《ほんかくてき》な冬《ふゆ》を迎《むか》える時期《じき》のため。<br>ロングナイトムーン（長夜月《ながよづき》）、オークムーン（楢《なら》の木月《きづき》）とも。 |
| ブルームーン | 1か月《げつ》のうちに2回満月《かいまんげつ》があるときの2回目《かいめ》の満月《まんげつ》。<br>もともと「once in a blue moon《ワンス イン ア ブルー ムーン》」で「めったにない」という意味《いみ》。 |
| ブラッドムーン | 皆既月食《かいきげっしょく》で赤銅色《しゃくどういろ》に染《そ》まった満月《まんげつ》。 |
| スーパームーン | 地球《ちきゅう》に最《もっと》も近《ちか》くなったときの満月《まんげつ》。地球《ちきゅう》から見《み》て最《もっと》も大《おお》きく見《み》える。 |
| マイクロムーン | 地球《ちきゅう》から最《もっと》も離《はな》れたときの満月《まんげつ》。地球《ちきゅう》から見《み》て最《もっと》も小《ちい》さく見《み》える。 |

**豆知識《まめちしき》**

スーパームーンとブルームーンが重《かさ》なると、スーパーブルームーンといわれることも。2018年《ねん》1月《がつ》31日《にち》にはスーパームーン、ブルームーン、ブラッドムーンが重《かさ》なり、スーパーブルーブラッドムーンと呼《よ》ばれて盛《も》り上《あ》がりました。

# 32 日本《にほん》でも観察《かんさつ》できるオーロラのしくみ

**夜**《よ》空《ぞら》で美《うつく》しく輝《かがや》く**オーロラ**は、日本《にほん》でも観察《かんさつ》できることがあります。

宇宙《うちゅう》には、太陽《たいよう》など光《ひかり》を放《はな》つ恒星《こうせい》から出《で》た**プラズマ**（電気《でんき》を帯《お》びたつぶ）が多《おお》く飛《と》んでおり、地球《ちきゅう》には太陽《たいよう》からのプラズマが風《かぜ》のように吹《ふ》きつけています（**太陽風**《たいようふう》）。地球《ちきゅう》から見《み》て太陽《たいよう》と反対側《はんたいがわ》の宇宙《うちゅう》にプラズマがいったんたまり、何《なん》らかのきっかけで北極《ほっきょく》や南極《なんきょく》に進《すす》んで大気中《たいきちゅう》の酸素《さんそ》や窒《ちっ》素《そ》にあたって発光《はっこう》したものがオーロラです。

オーロラの色《いろ》は高《たか》さによって違《ちが》います。

高度《こうど》200～400kmではプラズマから小《ちい》さなエネルギーをもらった酸素《さんそ》で赤《あか》くなり、高度《こうど》100～200kmでは大《おお》きなエネルギーを酸素《さんそ》が受《う》けて緑色《みどりいろ》に。より低《ひく》い80～100kmでは窒素《ちっそ》によって青《あお》やピンクの光《ひかり》が出《で》て、紫《むらさき》がかったオーロラになります。

北極《ほっきょく》や南極《なんきょく》では磁場《じば》の影響《えいきょう》でオーロラが見《み》えやすく、太陽風《たいようふう》が強《つよ》いと日本《にほん》でも北《ほっ》海道《かいどう》などでは高緯度《こういど》の高《たか》い空《そら》で発生《はっせい》した赤《あか》いオーロラが見《み》えることがあるのです。人《じん》生《せい》で一度《いちど》は自分《じぶん》の目《め》で見《み》たい現象《げんしょう》です。

南極《なんきょく》で見《み》られた盛大《せいだい》なオーロラ

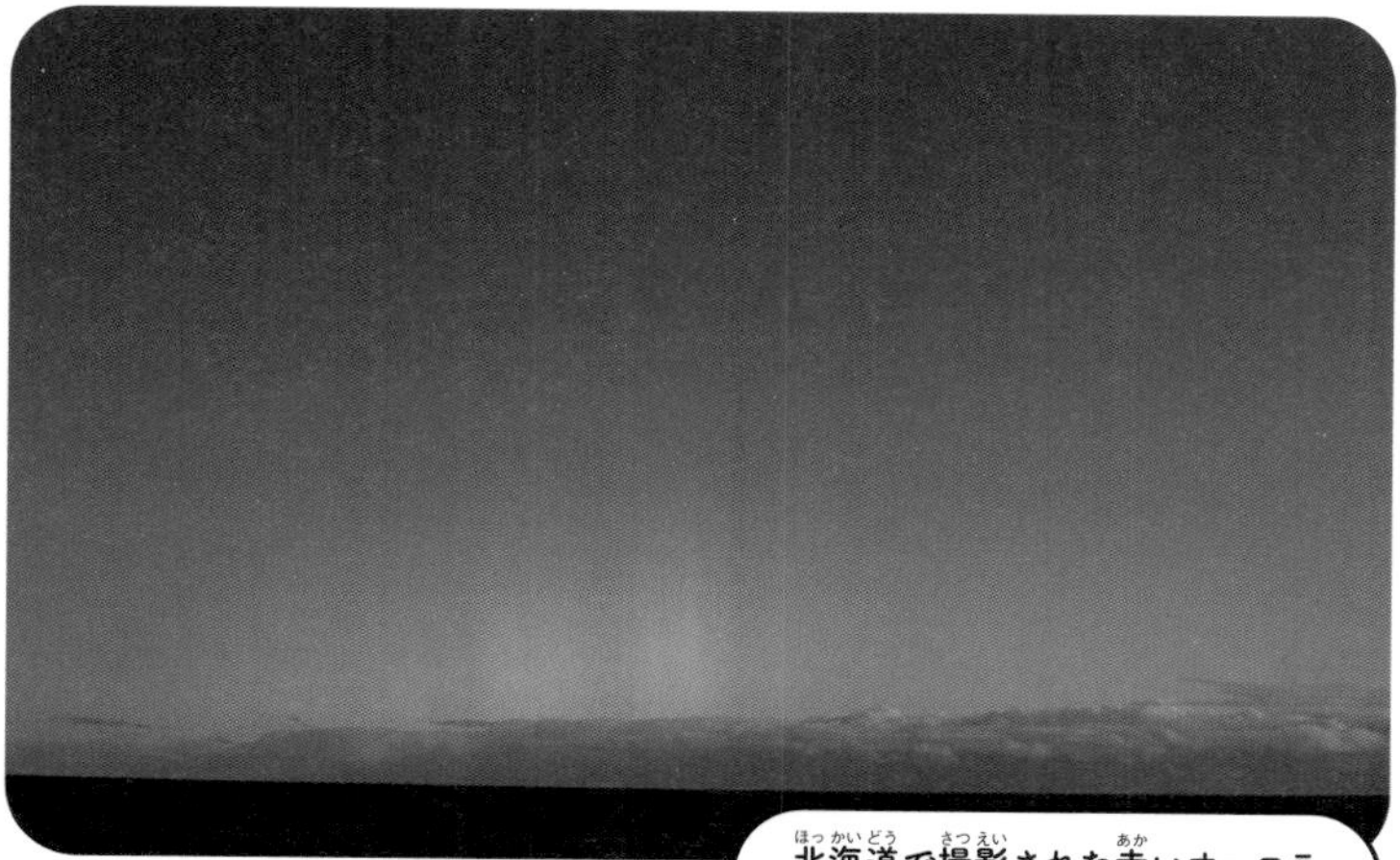

北海道《ほっかいどう》で撮影《さつえい》された赤《あか》いオーロラ
（2023年《ねん》12月《がつ》1日紋別郡《たちもんべつぐん》雄武町《おうむちょう》）

**豆知識《まめちしき》**

古《ふる》い書物《しょもつ》にはオーロラが「赤気《せっき》」として表現《ひょうげん》されています。『日本書紀《にほんしょき》』では推《すい》古天皇《こてんのう》の時代《じだい》に大和飛鳥《やまとあすか》（現在《げんざい》の奈良県《ならけん》）で、藤原定家《ふじわらのていか》『明月記《めいげつき》』では京都《きょうと》で赤《せっ》気《き》が確認《かくにん》されています。織田信長《おだのぶなが》も死《し》の3か月前《げつまえ》に赤気《せっき》を見《み》ていたのだとか。

COLUMN 2

夜勤中《やきんちゅう》に防災気象情報《ぼうさいきしょうじょうほう》を立《た》て続《つづ》けに発表《はっぴょう》してくたびれている筆者《ひっしゃ》。

# 気象庁《きしょうちょう》の予報現場《よほうげんば》で感《かん》じたこと

気象災害《きしょうさいがい》は昼《ひる》も夜《よる》も関係《かんけい》なく襲《おそ》ってきます。そのため、気象《きしょう》庁《ちょう》の予報《よほう》の現場《げんば》では、日勤《にっきん》と夜勤《やきん》で当番《とうばん》を組《く》んで、つねに24時間体制《じかんたいせい》で気象状況《きしょうじょうきょう》を監視《かんし》し、天気予報《てんきよほう》だけでなく警報《けいほう》・注意《ちゅうい》報《ほう》などの防災気象情報《ぼうさいきしょうじょうほう》を作成《さくせい》・発表《はっぴょう》しています。

私《わたし》も過去《かこ》に地方《ちほう》の予報《よほう》の拠点《きょてん》である気象台《きしょうだい》の予報現場《よほうげんば》で働《はたら》いていました。大雨《おおあめ》が見込《みこ》まれるときには発表《はっぴょう》する情報《じょうほう》がとても多《おお》くなるため、応援体制《おうえんたいせい》も組《く》まれ、夜通《よどお》し刻々《こくこく》と変《か》わる状況《じょうきょう》を解析《かいせき》して情報《じょうほう》をつくっていました。私《わたし》が当番《とうばん》のとき、事前《じぜん》に適切《てきせつ》に警報《けいほう》を発表《はっぴょう》したものの、災害《さいがい》にあわれて亡《な》くなった人《ひと》がいました。そのときの悔《くや》しさは、忘《わす》れられません。

**防災気象情報《ぼうさいきしょうじょうほう》は命《いのち》を守《まも》るための情報《じょうほう》**です。研究《けんきゅう》などにより情《じょう》報《ほう》の精度《せいど》を高《たか》めていきますので、ぜひうまく活用《かつよう》してください。

CHAPTER 3

# すごすぎる気《き》象《しょう》と気《き》候《こう》のはなし

天《てん》気《き》、雨《あめ》、雪《ゆき》、風《かぜ》、雷《かみなり》など、空《そら》にまつわる現《げん》象《しょう》や
大《たい》気《き》の状《じょう》態《たい》のことを「気《き》象《しょう》」と呼《よ》んでいます。
そのうち、地《ち》球《きゅう》温《おん》暖《だん》化《か》や異《い》常《じょう》気《き》象《しょう》など、
長《なが》い時《じ》間《かん》の傾《けい》向《こう》を扱《あつか》うものが「気《き》候《こう》」です。
ここでは、気《き》象《しょう》と気《き》候《こう》のふしぎについてお話《はな》しします。

CHAPTER 3
気象《きしょう》と気候《きこう》

# 33

# シャボン玉《だま》でわかる目《め》には見《み》えない「風《かぜ》」

私《わたし》たちは生活《せいかつ》のなかで、空気《くうき》の流《なが》れである**風**《かぜ》を感《かん》じる場面《ばめん》があると思《おも》います。空気《くうき》は透明《とうめい》なので風《かぜ》は目《め》に見《み》えませんが、簡単《かんたん》に風《かぜ》を見《み》る方法《ほうほう》があるのです。

そのひとつが、**シャボン玉**《だま》です。シャボン玉《だま》は軽《かる》いので、風《かぜ》に乗《の》って移動《いどう》します。つまり、シャボン玉《だま》の動《うご》きから、風《かぜ》の吹《ふ》き方《かた》がわかります。シャボン玉《だま》が横方向《よこほうこう》に移《い》動《どう》する場合《ばあい》、1秒間《びょうかん》に動《うご》く距離《きょり》（m）から、だいたい何《なん》m毎秒《まいびょう》の**風速**《ふうそく》（風《かぜ》の速《はや》さ）かや、動《うご》く向《む》きから**風向**《ふうこう》（風《かぜ》の向《む》き）もわかります。上下《じょうげ》に動《うご》くシャボン玉《だま》からは、上昇気《じょうしょうき》流《りゅう》や下降気流《かこうきりゅう》も読《よ》み取《と》れます。

これはシャボン玉《だま》だけに限《かぎ》りません。工《こう》場《じょう》などの煙突《えんとつ》から出《で》る煙《けむり》や、凧《たこ》あげの凧《たこ》からも風向《ふうこう》がわかりますし、もちろん雲《くも》も同《おな》じです。雲《くも》は風《かぜ》によってかたちが変《か》わるので、上空《じょうくう》の風《かぜ》をまさに見《み》えるようにしてくれています（P22）。

見《み》えないものが見《み》えるようになるのは、とっても楽《たの》しいもの。ぜひ風《かぜ》を読《よ》み解《と》いてみてください。

↑落《お》ち葉《ば》や田《た》んぼの稲穂《いなほ》など、身近《みぢか》にあるいろいろなものが風《かぜ》を見《み》えるようにしている。アニメーション作品《さくひん》でも描《えが》かれることがあるので、読《よ》み解《と》くと楽《たの》しい。

**豆知識《まめちしき》**

シャボン玉《だま》は虹色《にじいろ》です。波《なみ》の性質《せいしつ》を持《も》つ可視光《かしこう》が重《かさ》なり合《あ》うと、強《つよ》め合《あ》ったり弱《よわ》め合《あ》ったりする干渉《かんしょう》が発生《はっせい》。シャボン玉《だま》は膜《まく》の表面《ひょうめん》で反射《はんしゃ》する光《ひかり》と内側《うちがわ》で反射《はんしゃ》する光《ひかり》が干渉《かんしょう》するため、強《つよ》まった色《いろ》がいくつも現《あらわ》れて虹色《にじいろ》に見《み》えています。

# 34

# ティーカップのなかで低《てい》気《き》圧《あつ》をつくれる

空《そら》を晴《は》れさせる高気圧《こうきあつ》、天気《てんき》をくずす低気圧《ていきあつ》――これらはいずれも渦《うず》です。そんな渦《うず》をつくって観察《かんさつ》してみましょう。

まず、ティーカップにホットティー（紅茶《こうちゃ》）を入《い》れ、スプーンをカップの内側《うちがわ》の壁《かべ》に沿《そ》ってぐるぐる回《まわ》します。ホットティーが回転《かいてん》したら、壁《かべ》の近《ちか》くにミルクを入《い》れてみましょう。すると、水面《すいめん》に浮《う》かぶミルクが渦《うず》を巻《ま》いていくのを観察《かんさつ》できます。

カップの壁《かべ》のすぐ近《ちか》くでは、ものが接《せっ》しているときに動《うご》く向《む》きと逆向《ぎゃくむ》きに力《ちから》が働《はたら》く摩擦《まさつ》のために、カップのなかを回転《かいてん》するホットティーの流《なが》れが少《すこ》し遅《おそ》くなります。それよりすぐ内側《うちがわ》の流《なが》れのほうが速《はや》くなるため、その境目《さかいめ》で速度《そくど》に差《さ》が生《しょう》じます。このように速度差《そくどさ》がある流《なが》れの間《あいだ》には、渦《うず》ができるのです（水平《すいへい》シア不安定《ふあんてい》／シアは「ずれ」という意味《いみ》）。実際《じっさい》の空《そら》でもこのしくみで低気圧《ていきあつ》が生《う》まれることがあり、カップ内《ない》で空《そら》の渦《うず》を再現《さいげん》できるということです。

おやつの時間《じかん》にホットティーを楽《たの》しみながら渦《うず》も楽《たの》しめる……最高《さいこう》ですね！

## ▼ティーカップで発生《はっせい》する渦《うず》

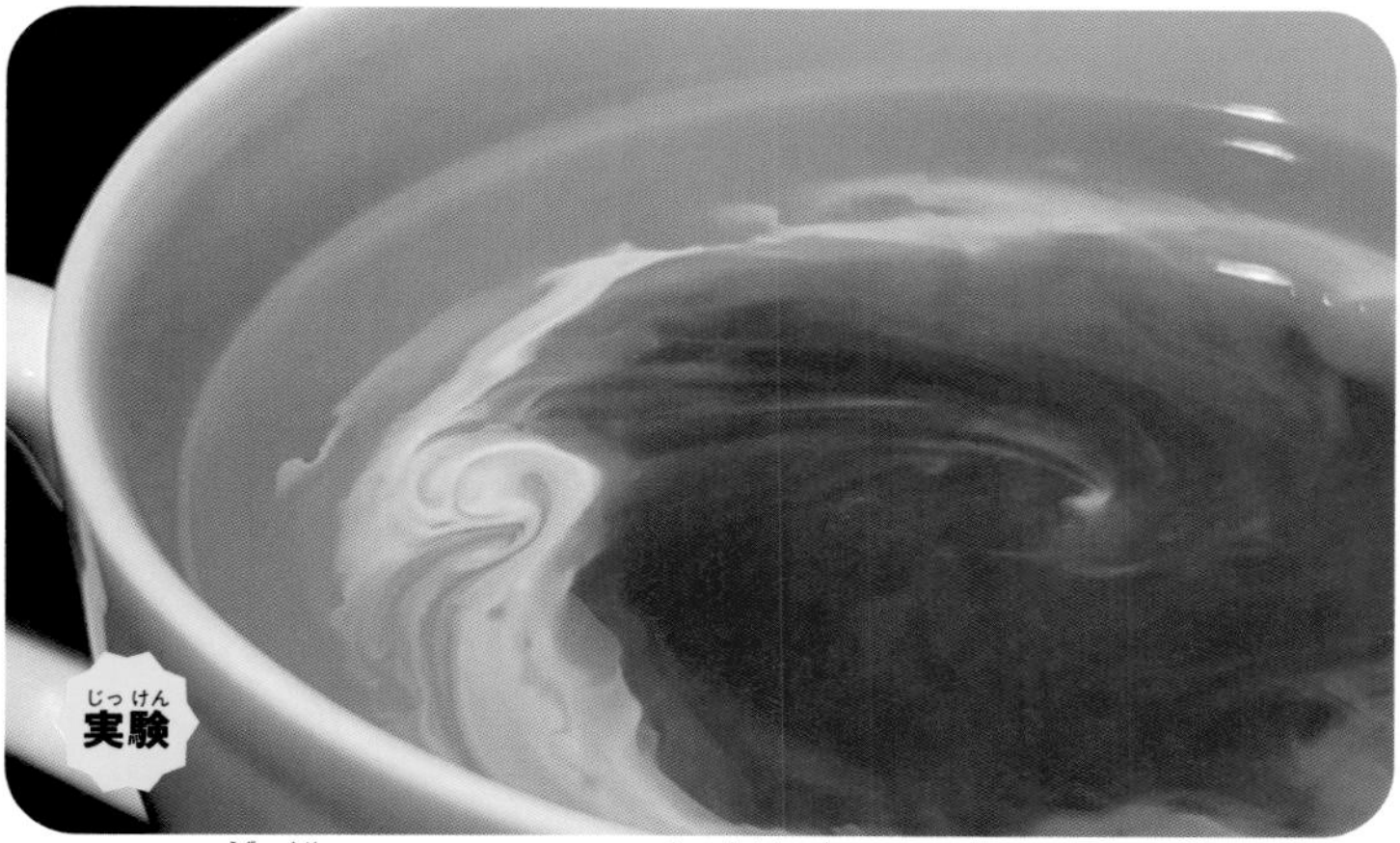


⬆ティーの渦《うず》を眺《なが》めていると、あっという間《ま》に時間《じかん》が経《た》ってしまう。冷《さ》めないうちにおいしくいただこう。

## ▼ティーカップの渦《うず》のしくみ

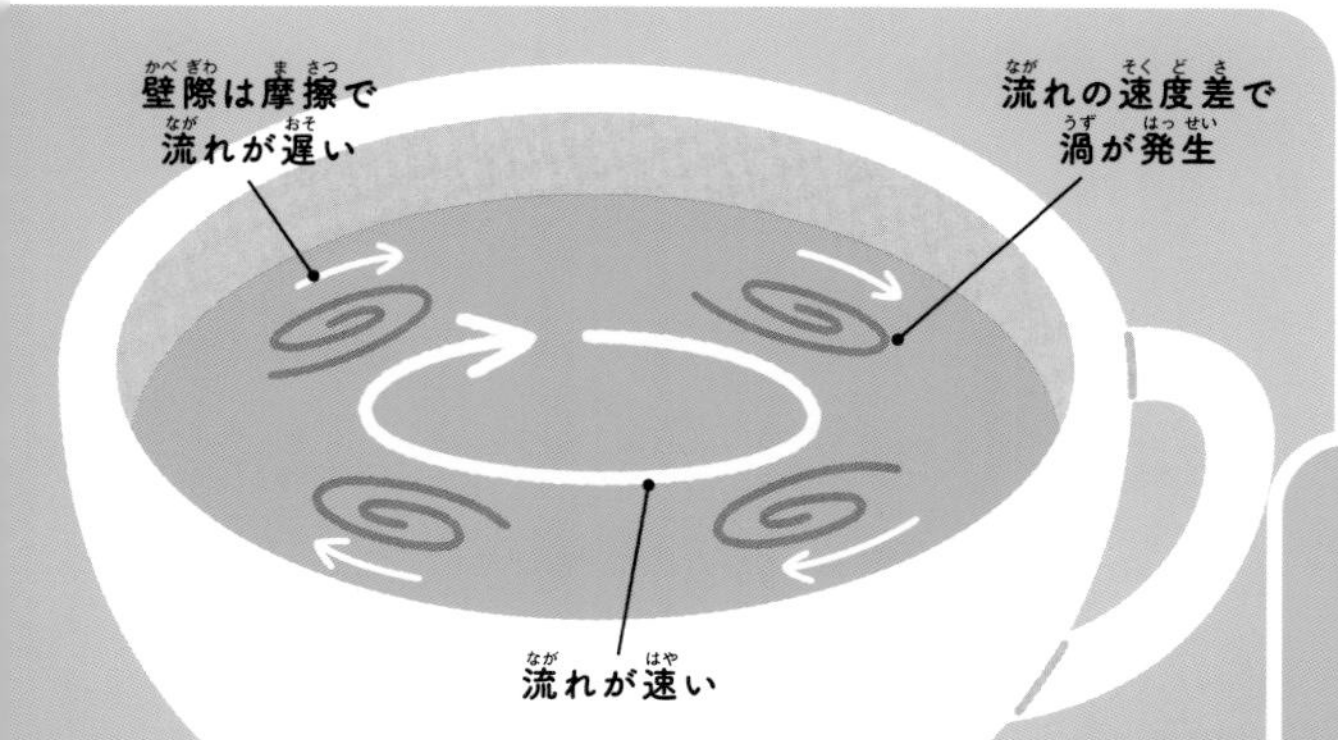

ティーを何倍《なんばい》も
楽《たの》しめる…


パーセルさん

**豆知識《まめちしき》**

アイスティーにミルクを入《い》れると、密度《みつど》が大《おお》きく、重《おも》いミルクが落《お》ちていきます。その動《うご》きはまるで積乱雲内《せきらんうんない》の冷《つめ》たい下降気流《かこうきりゅう》のようです。ミルクがコップの底《そこ》に達《たっ》してダウンバーストが起《お》こるのを観察《かんさつ》して楽《たの》しめますね。

# 35

# 公《こう》園《えん》で感《かん》じる「ビル風《かぜ》」のしくみ

高《こう》層《そう》ビルの立《た》ち並《なら》ぶ都会《とかい》に行《い》くと、なんだかすごく強《つよ》い風《かぜ》が吹《ふ》くことがありませんか？　その正体《しょうたい》は、**ビル風《かぜ》**です。ビル風《かぜ》は、高《たか》い建物周辺《たてものしゅうへん》で風《かぜ》が強《つよ》まったり乱《みだ》れたりする現象《げんしょう》のこと。いくつかパターンがあり、建物《たてもの》を避《さ》けるように吹《ふ》く流《なが》れがほかの流《なが》れと合流《ごうりゅう》して強《つよ》まるものや、谷《たに》間《ま》になっているところで流《なが》れが合流《ごうりゅう》して強《つよ》まるものがあります。これらの場合《ばあい》、建《たて》物《もの》にあたる風《かぜ》はまず風速《ふうそく》が落《お》ちるとともに、圧力《あつりょく》（気圧《きあつ》）が少《すこ》し高《たか》まります。流《なが》れる物《ぶっ》体《たい》（流体《りゅうたい》）には速度《そくど》と圧力《あつりょく》のエネルギーを足《た》すと一定《いってい》になるという性質《せいしつ》があり（**ベルヌーイの定理《ていり》**）、建物《たてもの》の角《かど》を通《とお》り過《す》ぎて圧《あつ》力《りょく》が低《ひく》くなるとともに風《かぜ》が強《つよ》まるのです。

このしくみは公園《こうえん》を流《なが》れる水場《みずば》などでも体験《たいけん》できます。水場《みずば》の広《ひろ》いところから狭《せま》い水路《すいろ》に入《はい》る手前《てまえ》に落《お》ち葉《ば》が落《お》ちると、落《お》ち葉《ば》はゆっくり水路《すいろ》に向《む》かいます（❶）。落《お》ち葉《ば》が水路《すいろ》に入《はい》った瞬間《しゅんかん》、勢《いきお》いよく流《なが》れていくのです（❷）。流《なが》れる落《お》ち葉《ば》を追《お》いかけながら、ビル風《かぜ》に想《おも》いを馳《は》せてみては。

## ▼ ビル風《かぜ》のしくみ

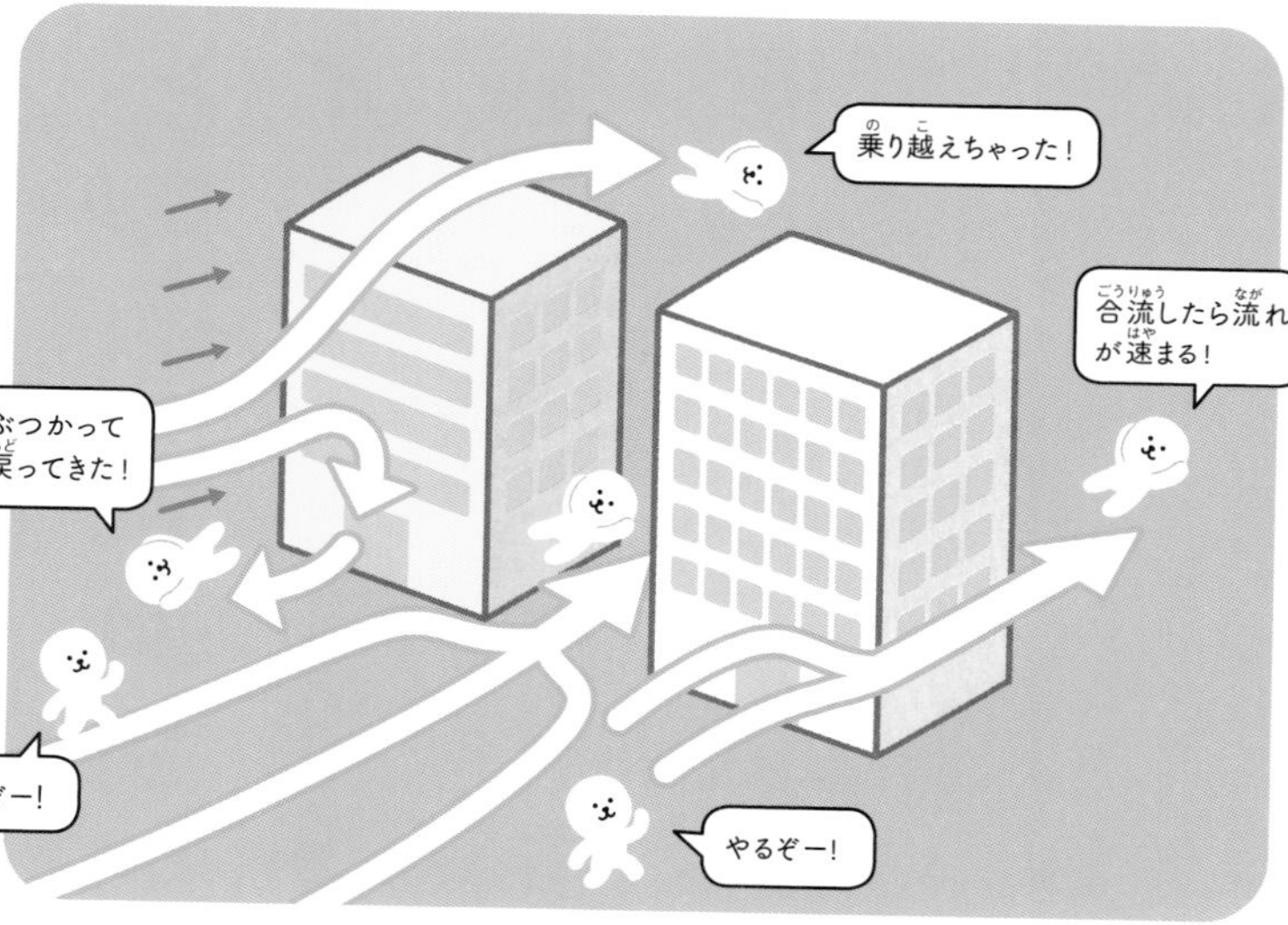


## ◀ 公園《こうえん》で体感《たいかん》するビル風《かぜ》のしくみ

❶ 狭《せば》まっている水路《すいろ》の手前《てまえ》の水場《みずば》に葉《は》っぱが落《お》ちると、ゆっくり流《なが》れる

観察《かんさつ》

❷ 水路《すいろ》に入《はい》ったとたんに流《なが》れが速《はや》まる！

**豆知識《まめちしき》**

雲《くも》は素直《すなお》で、流《なが》されやすい性格《せいかく》です。素直《すなお》すぎて大気《たいき》の状態《じょうたい》に応《おう》じて姿《すがた》を変《か》えますし、風《かぜ》にすぐ流《なが》されて移動《いどう》もすればかたちも風《かぜ》に合《あ》わせます。とてもコミュニケーション能力《のうりょく》が高《たか》そうなので、私《わたし》たちも雲《くも》を知《し》れば友達《ともだち》になれそう。

# 36

# 飛《ひ》行《こう》機《き》がガタガタ揺《ゆ》れるのは「乱《らん》気《き》流《りゅう》」のせい

飛《ひ》行機《こうき》では上空《じょうくう》で揺《ゆ》れを感《かん》じることがあります。これは空気中《くうきちゅう》に渦《うず》ができて不規則《ふきそく》に気流《きりゅう》が乱《みだ》れる**乱気流**《らんきりゅう》が原因《げんいん》です。

乱気流《らんきりゅう》にはいくつか種類《しゅるい》があり、上昇気流《じょうしょうきりゅう》と下降気流《かこうきりゅう》の強《つよ》い積乱雲《せきらんうん》の近《ちか》くで起《お》こる乱気流《らんきりゅう》や、日本付近《にほんふきん》の上空《じょうくう》を吹《ふ》く強《つよ》い西風《にしかぜ》（ジェット気流《きりゅう》）の近《ちか》くで起《お》こる乱気流《らんきりゅう》のほか、雲《くも》のない空《そら》で起《お》こる**晴天乱気流**《せいてんらんきりゅう》（CAT《キャット》：Clear《クリア》 Air《エア》 Turbulence《タービュランス》）がその典型例《てんけいれい》です。晴天乱気流《せいてんらんきりゅう》はジェット気流《きりゅう》の強《つよ》まる秋《あき》から春《はる》に多《おお》く発生《はっせい》し、気象衛星画像《きしょうえいせいがぞう》で**浪雲**《なみぐも》として現《あらわ》れることがあります。このほかに、山《やま》を越《こ》える空気《くうき》の流《なが》れが山《やま》の風下《かざしも》側《がわ》で波打《なみう》つ**風下山岳波**《かざしもさんがくは》や、建物《たてもの》や地形《ちけい》の影響《えいきょう》で起《お》こる低《ひく》い空《そら》での風《かぜ》のずれ、飛行機《ひこうき》の後《うし》ろにできる乱気流《らんきりゅう》、積乱雲《せきらんうん》のダウンバーストなども飛行機《ひこうき》の揺《ゆ》れの原因《げんいん》になります。

乱気流《らんきりゅう》の発生《はっせい》しやすさは、気象庁《きしょうちょう》から**国内悪天予想図**《こくないあくてんよそうず》という専用《せんよう》の天気図《てんきず》で発表《はっぴょう》されています。飛行機《ひこうき》で揺《ゆ》れることがあっても安全運航《あんぜんうんこう》に問題《もんだい》がないのは、このような気象情報《きしょうじょうほう》が活用《かつよう》されているからです。

## ▼飛行機《ひこうき》の揺《ゆ》れの原因《げんいん》になる乱気流《らんきりゅう》

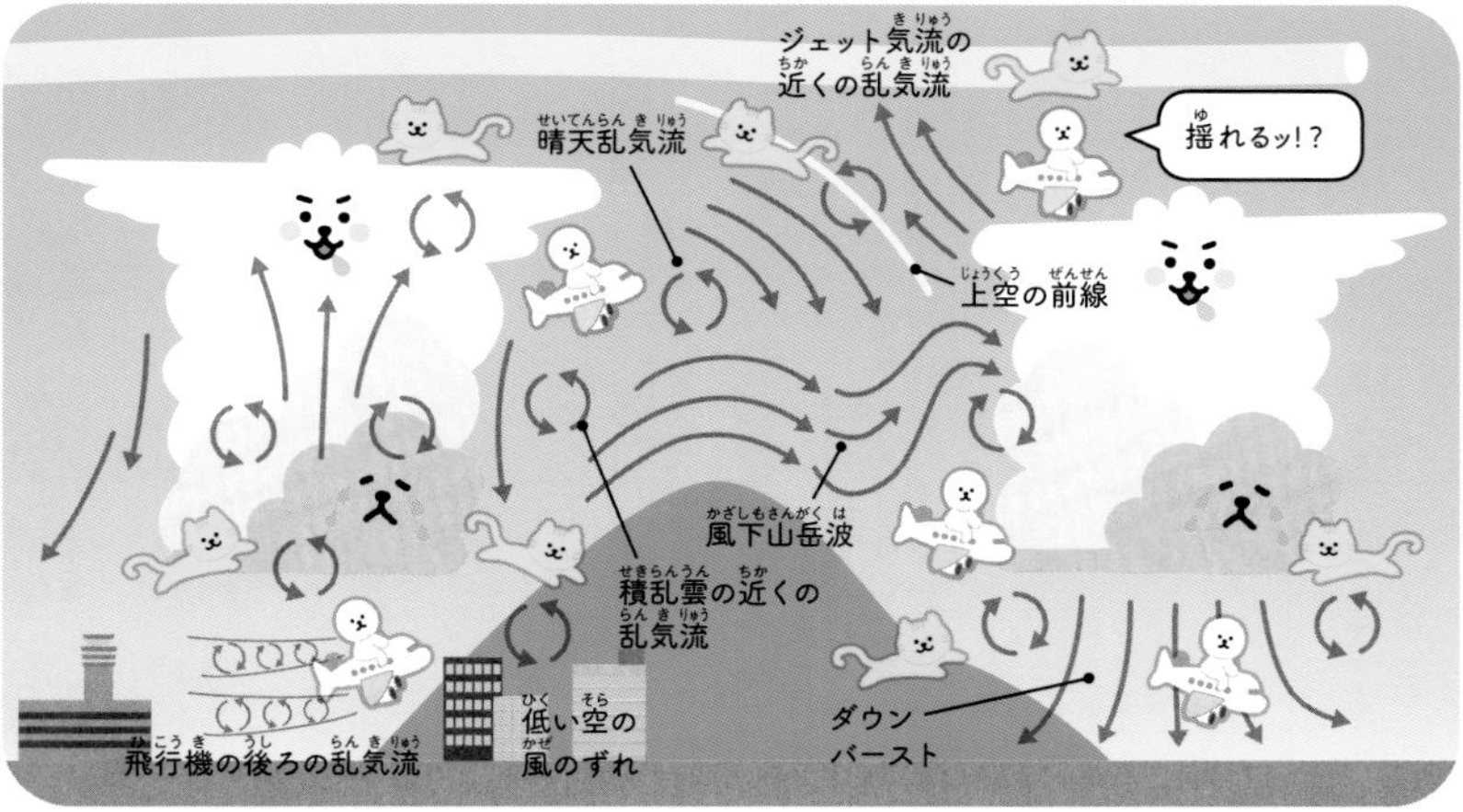


⬆乱気流《らんきりゅう》の予報《よほう》は、気象庁《きしょうちょう》「国内悪天予想図《こくないあくてんよそうず》（FBJP《エフビージェービー》）」で確認《かくにん》できる。

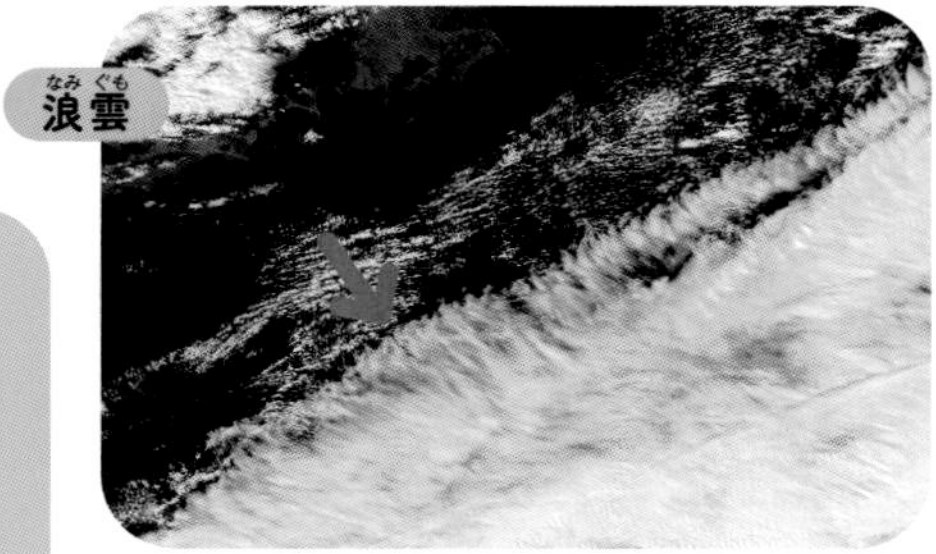

➡風下山岳波《かざしもさんがくは》に伴《ともな》って発生《はっせい》した波状雲《はじょううん》。西高東低《せいこうとうてい》の冬型《ふゆがた》の気圧配置《きあつはいち》のときには、東北地方太平洋側《とうほくちほうたいへいようがわ》で頻繁《ひんぱん》に発生《はっせい》している。

**豆知識《まめちしき》**

かつては積乱雲《せきらんうん》のダウンバーストで航空機事故《こうくうきじこ》が多発《たはつ》していました。気象学者《きしょうがくしゃ》の藤田哲也博士《ふじたてつやはくし》がその原因《げんいん》を突《つ》き止《と》め、雨《あめ》や雪《ゆき》だけでなく風《かぜ》も測《はか》れる気象《きしょう》ドップラーレーダーが取《と》り入《い》れられたことで、事故《じこ》が大幅《おおはば》に減《へ》ったのです。

37

# 氷《こおり》は透《とう》明《めい》なのに、雪《ゆき》はどうして白《しろ》いのか

**飲**《の》み物《もの》を冷《ひ》やすときなどに使《つか》う氷《こおり》は、空気《くうき》が入《はい》っていなければ透明《とうめい》に見《み》えます。同《おな》じ固体《こたい》の水《みず》なのに、雪《ゆき》が白《しろ》く見《み》えるのはなぜかというと、積《つ》もって重《かさ》なった雪《ゆき》の結晶《けっしょう》が光《ひかり》を**乱反射**《らんはんしゃ》しているからです。

太陽《たいよう》の光《ひかり》が板状《いたじょう》の氷《こおり》に入《はい》るとき、氷《こおり》の表面《ひょうめん》でわずかに反射《はんしゃ》しながらも屈折《くっせつ》して氷《こおり》のなかを進《すす》み、平行《へいこう》なまま通《とお》り抜《ぬ》けます（**透過**《とうか》）。そのため、氷《こおり》を上《うえ》から見《み》た場合《ばあい》でも下《した》の景色《けしき》が歪《ゆが》まずに見《み》えます。一方《いっぽう》、雪《ゆき》の結晶《けっしょう》が多《おお》く積《つ》み重《かさ》なっているところに太陽《たいよう》の光《ひかり》が入《はい》ると、光《ひかり》はある結晶《けっしょう》で反射《はんしゃ》・屈折《くっせつ》し、また別《べつ》の結晶《けっしょう》でも反射《はんしゃ》・屈折《くっせつ》を繰《く》り返《かえ》します。すると反射《はんしゃ》によって光《ひかり》の向《む》きがバラバラになる乱反射《らんはんしゃ》が起《お》こるため、雪《ゆき》を上《うえ》から見《み》てもその先《さき》が見《み》えず、光《ひかり》が重《かさ》なって白《しろ》く見《み》えるのです。

雪《ゆき》の結晶《けっしょう》ひとつだけなら、氷《こおり》の板《いた》と同《おな》じく透明《とうめい》です。積雪《せきせつ》や複数《ふくすう》の雪《ゆき》の結晶《けっしょう》が合《あ》わさった雪片《せっぺん》などが、光《ひかり》の乱反射《らんはんしゃ》で白《しろ》く見《み》えています。積《つ》もった白《しろ》い雪《ゆき》を見《み》かけたら、光《ひかり》たちの紆余曲折《うよきょくせつ》な旅路《たびじ》を想像《そうぞう》してみて。

白銀《はくぎん》の雪景色《ゆきげしき》では、光《ひかり》が乱反射《らんはんしゃ》している

## ▼氷《こおり》が透明《とうめい》で雪《ゆき》が白《しろ》いワケ

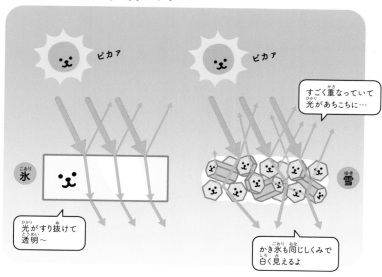

**豆知識《まめちしき》**

白《しろ》い雪《ゆき》を見《み》ると食《た》べてしまいたくなる人《ひと》もいるかもしれませんが、おすすめしません。積雪《せきせつ》して雪《ゆき》が融《と》けた後《あと》の車《くるま》が茶色《ちゃいろ》くなるように、雪《ゆき》はチリなどをたくさんくっつけて降《ふ》ってくるので、不純物《ふじゅんぶつ》が多《おお》く、衛生的《えいせいてき》ではないからです。

# 38

# 雪《ゆき》が降《ふ》り積《つ》もっていると静《しず》かになる

「しんしんと雪《ゆき》が降《ふ》る」というように、雪《ゆき》が降《ふ》り積《つ》もっていると静《しず》かになるような気《き》がします。これには、実際《じっさい》に音《おと》が届《とど》きにくくなる科学的根拠《かがくてきこんきょ》があります。

そもそも音《おと》は、空気《くうき》の震《ふる》えである**音波**《おんぱ》が耳《みみ》に届《とど》いて聞《き》こえるものです。雪《ゆき》の結晶《けっしょう》に音波《おんぱ》があたると、樹枝状結晶《じゅしじょうけっしょう》の樹枝《じゅし》などの複雑《ふくざつ》な構造《こうぞう》で音波《おんぱ》が反射《はんしゃ》されることで弱《よわ》まります。さらに雪《ゆき》の結晶《けっしょう》が多《おお》くあれば音波《おんぱ》が繰《く》り返《かえ》し反射《はんしゃ》されて弱《よわ》まるため、遠《とお》くまで音《おと》が届《とど》かなくなるのです（雪《ゆき》の**吸音性**《きゅうおんせい》）。

これは降《ふ》っている雪《ゆき》だけではなく積《つ》もっている雪《ゆき》でも起《お》こり、地面《じめん》などに反射《はんしゃ》して遠《とお》くまで届《とど》くはずの音《おと》も吸収《きゅうしゅう》されて弱《よわ》まります。条件《じょうけん》によっては80％もの音波《おんぱ》を吸収《きゅうしゅう》してしまうのだとか。

積雪《せきせつ》のつぶは時間《じかん》が経《た》つと変態《へんたい》するので、音《おと》が届《とど》きにくいのは雪《ゆき》が降《ふ》り積《つ》もっているときと、雪《ゆき》が止《や》んでも新雪《しんせつ》の積雪《せきせつ》があるような状況《じょうきょう》です。車《くるま》の近《ちか》づく音《おと》にも気《き》づきにくいのでイヤホンは外《はず》しましょう。雪《ゆき》が降《ふ》ったら音《おと》にもぜひ耳《みみ》を傾《かたむ》けてみて。

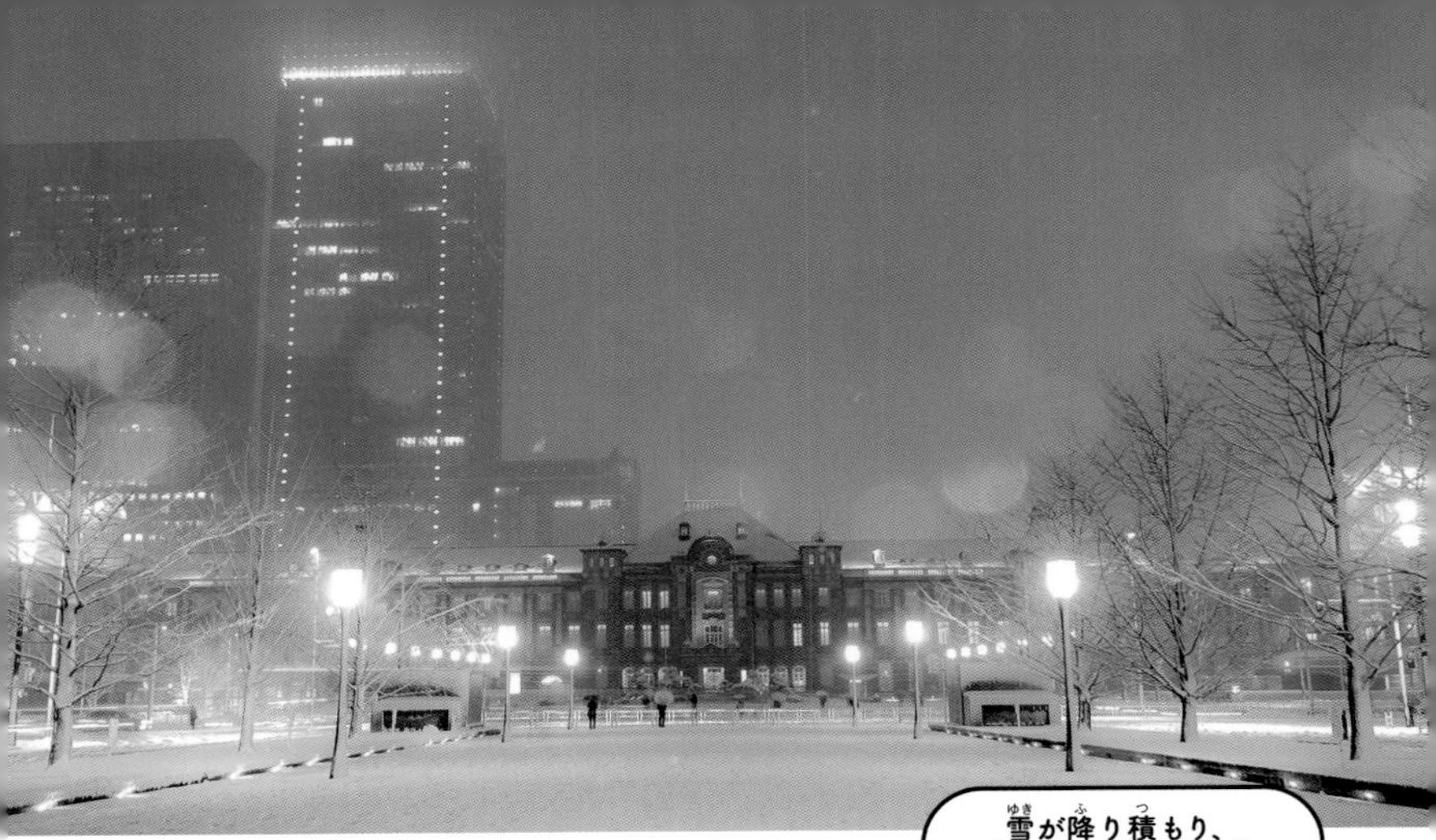

雪《ゆき》が降《ふ》り積《つ》もり、
静《しず》けさを感《かん》じる街並《まちなみ》

## ▼雪《ゆき》が降《ふ》り積《つ》もっていると静《しず》かになるしくみ

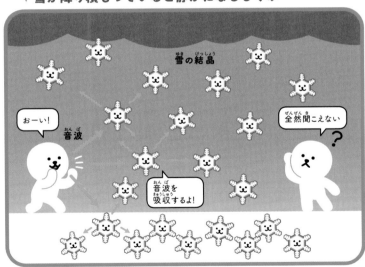

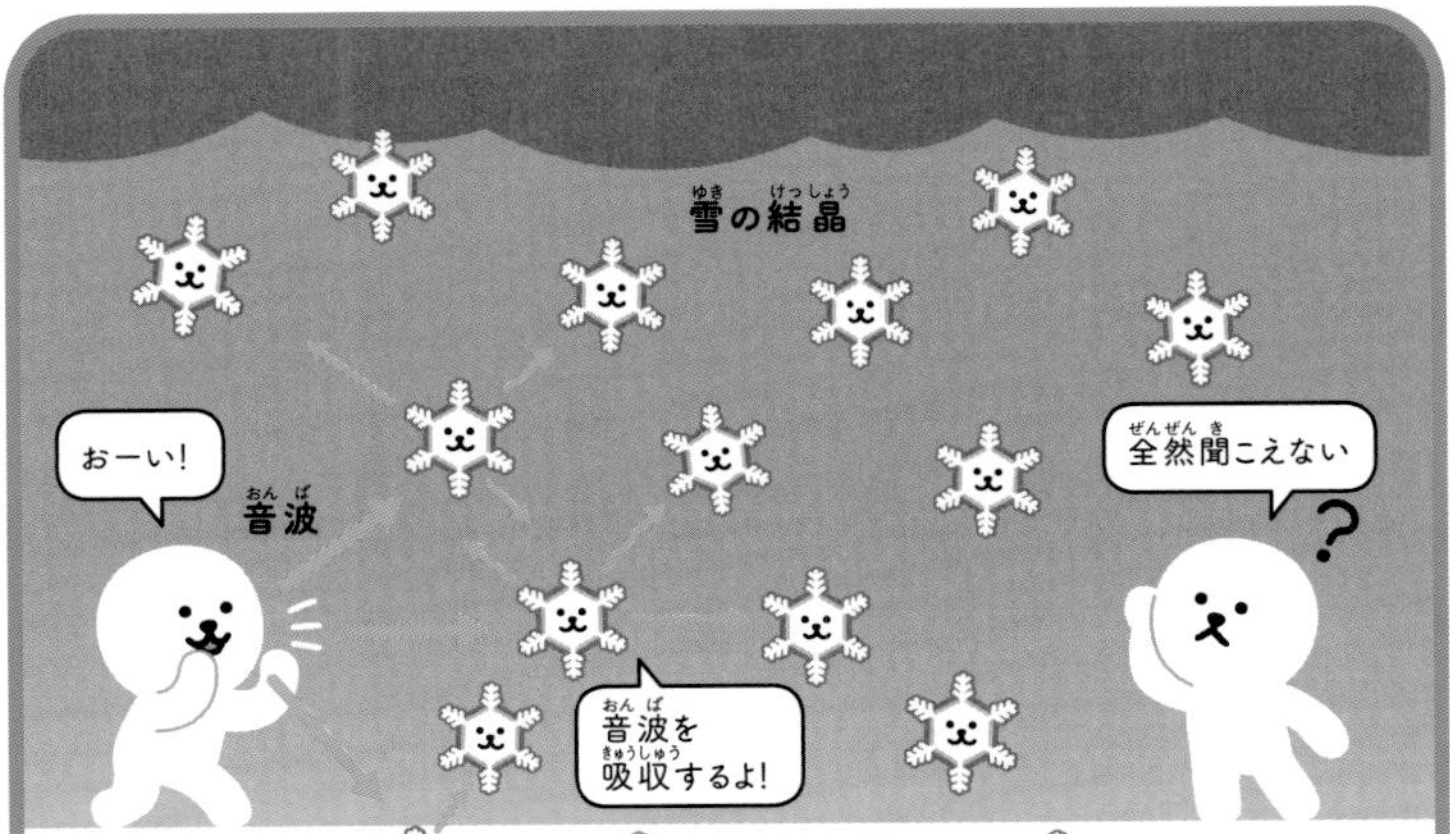


↑学校《がっこう》の音楽室《おんがくしつ》や映画館《えいがかん》などの壁《かべ》の素材《そざい》には、小《ち》さな穴《あな》がたくさん開《あ》いている。これは雪《ゆき》と同《おな》じように多《おお》くの隙間《すきま》で吸音性《きゅうおんせい》を高《たか》めて防音《ぼうおん》するため。

**豆知識《まめちしき》**

音波《おんぱ》は気温《きおん》が高《たか》いほど速《はや》く伝《つた》わる性質《せいしつ》があり、上空《じょうくう》ほど気温《きおん》の低《ひく》いふつうの空《そら》では音《おと》が上向《うわむ》きに曲《ま》がるため遠《とお》くまで届《とど》きません。気温《きおん》が上空《じょうくう》ほど高《たか》い空気《くうき》の層《そう》(逆転層《ぎゃくてんそう》)があると、音波《おんぱ》が下向《したむ》きに曲《ま》がって遠《とお》くまで音《おと》が伝《つた》わることも。

# 39

# 雪《ゆき》だるまをつくりやすい雪《ゆき》とつくりにくい雪《ゆき》がある

**雪《ゆき》**が積《つ》もったらつくって遊《あそ》びたくなる、**雪《ゆき》だるま**。なんと、雪《ゆき》だるまをつくりやすい雪《ゆき》とつくりにくい雪《ゆき》があります。

まず、**新雪《しんせつ》**の場合《ばあい》、雪《ゆき》の結晶《けっしょう》の種類《しゅるい》でつくりやすさが変《か》わります。**樹枝状結晶《じゅしじょうけっしょう》**をはじめとする枝《えだ》の生《は》えたような構造《こうぞう》の結晶《けっしょう》は、雪同士《ゆきどうし》がくっつきやすく雪《ゆき》だるまをつくりやすいです。一方《いっぽう》で、砲弾状結晶《ほうだんじょうけっしょう》や交差角《こうさかく》板状結晶《ばんじょうけっしょう》など、マイナス20℃以下《いか》の雲《くも》で成長《せいちょう》する**低温型結晶《ていおんがたけっしょう》**は結晶《けっしょう》ひとつひとつが小《ち》さく、雪《ゆき》がサラサラしてくっつきにくいため、雪《ゆき》だるまには不向《ふむ》きです。

新雪以外《しんせついがい》では、気温《きおん》が0℃以上《いじょう》の湿《しめ》った**ざらめ雪《ゆき》**や、**こしまり雪《ゆき》**、**しまり雪《ゆき》**は雪同士《ゆきどうし》がくっつきやすく雪《ゆき》だるまをつくりやすいです。気温《きおん》がマイナス3℃より高《たか》いと雪《ゆき》はくっつきやすくなる性質《せいしつ》があり、雪《ゆき》だるまづくりに適《てき》しています。一方《いっぽう》、**こしもざらめ雪《ゆき》**や**しもざらめ雪《ゆき》**は角《かく》ばっていてくっつきにくく、雪《ゆき》だるまはほぼつくれません。

雪《ゆき》だるまをつくるとき、雪《ゆき》の結晶《けっしょう》の種類《しゅるい》も気《き》にしてみると、雪《ゆき》をより楽《たの》しめます。

樹枝状結晶《じゅしじょうけっしょう》

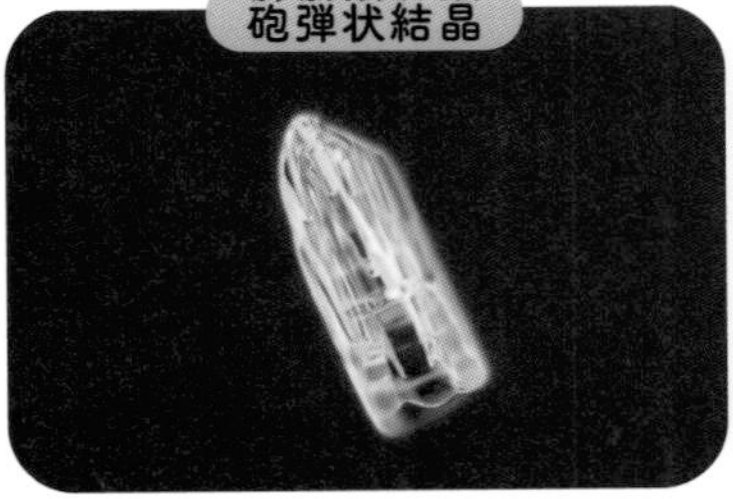

砲弾状結晶《ほうだんじょうけっしょう》

交差角板状結晶《こうさかくばんじょうけっしょう》

**豆知識《まめちしき》**

低温型結晶《ていおんがたけっしょう》は背《せ》の高《たか》い積乱雲《せきらんうん》のかなとこ雲《ぐも》や温帯低気圧《おんたいていきあつ》の雪雲《ゆきぐも》に伴《ともな》って観測《かんそく》されることがあります。とくに首都圏《しゅとけん》に大雪《おおゆき》をもたらす南岸低気圧《なんがんていきあつ》でよく観測《かんそく》され、サラサラとした雪質《ゆきしつ》のために雪崩《なだれ》の原因《げんいん》になることがあります。

# 40 空《そら》を駆《か》け昇《のぼ》る幻《げん》想《そう》的《てき》な雷《かみなり》の正《しょう》体《たい》は「雷《らい》樹《じゅ》」

雷《かみなり》というと落《お》ちるイメージが強《つよ》いですが、上《うえ》に昇《のぼ》る雷《かみなり》もあります。

それは、**上向《うわむ》き雷放電《らいほうでん》**です。名前《なまえ》の通《とお》り雷《かみなり》が上向《うわむ》きに枝《えだ》わかれしていく様子《ようす》から、**雷樹《らいじゅ》**ということも。一般的《いっぱんてき》な**落雷《らくらい》**ではまず雲《くも》から地上《ちじょう》に向《む》かって枝《えだ》わかれする電気《でんき》が流《なが》れます。一方《いっぽう》で、地上付近《ちじょうふきん》の電気《でんき》の場《ば》が強《つよ》まると鉄塔《てっとう》などの高《たか》い場所《ばしょ》から上向《うわむ》き雷《らい》放電《ほうでん》が起《お》こると考《かんが》えられています。

上向《うわむ》き雷放電《らいほうでん》にはパターンがあります。ひとつは雲内《くもない》の放電《ほうでん》で誘発《ゆうはつ》される場合《ばあい》で、誘発《ゆうはつ》された電気《でんき》の流《なが》れが地上《ちじょう》から雲内《くもない》に達《たっ》すると上向《うわむ》き雷放電《らいほうでん》が発生《はっせい》します。この際《さい》、雲内《くもない》の放電《ほうでん》とつながると落雷《らくらい》が起《お》こります。もうひとつは、冬《ふゆ》などに積乱雲《せきらんうん》の背《せ》が低《ひく》かったり、山《やま》などで雲《くも》との距離《きょり》が近《ちか》かったりするときに、雲内《くもない》の放電《ほうでん》とは関係《かんけい》なく発生《はっせい》する場合《ばあい》です。実際《じっさい》、上向《うわむ》き雷放電《らいほうでん》は冬《ふゆ》に多《おお》く、夏《なつ》だと1%以下《いか》といわれます。

雷《かみなり》は光《ひかり》や音《おと》が怖《こわ》がられがちですが、建《たて》物内《ものない》や車内《しゃない》からは安全《あんぜん》に観察《かんさつ》でき、美《うつく》しい姿《すがた》を眺《なが》められます。

雷樹《らいじゅ》とも呼《よ》ばれる
上向《うわむ》き雷放電《らいほうでん》

## ▼上向《うわむ》き雷放電《らいほうでん》のしくみ

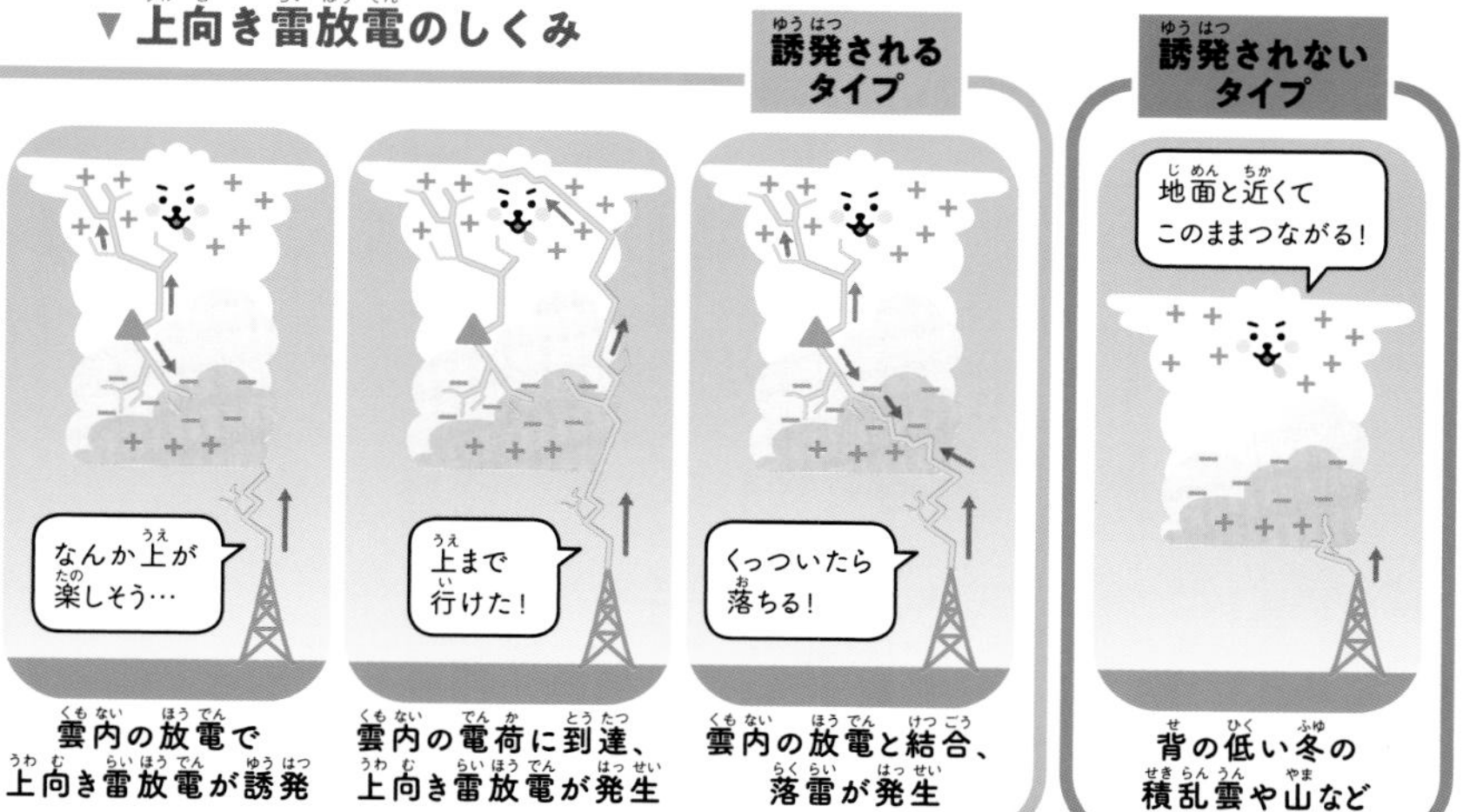


雲内《くもない》の放電《ほうでん》で上向《うわむ》き雷放電《らいほうでん》が誘発《ゆうはつ》

雲内《くもない》の電荷《でんか》に到達《とうたつ》、上向《うわむ》き雷放電《らいほうでん》が発生《はっせい》

雲内《くもない》の放電《ほうでん》と結合《けつごう》、落雷《らくらい》が発生《はっせい》

背《せ》の低《ひく》い冬《ふゆ》の積乱雲《せきらんうん》や山《やま》など

**豆知識《まめちしき》**

冬《ふゆ》の雷《かみなり》は夏《なつ》の雷《かみなり》に比《くら》べて強《つよ》く、そのエネルギーは100倍以上《ばいいじょう》といわれています。上向《うわむ》き雷放電《らいほうでん》も夏《なつ》の雷《かみなり》と比《くら》べて中和《ちゅうわ》する電気《でんき》の量《りょう》が多《おお》い傾向《けいこう》があり、地上《ちじょう》での被害《ひがい》が大《おお》きくなりがちですが、その理由《りゆう》はまだよくわかっていません。

# 41 季《き》節《せつ》は春《しゅん》夏《か》秋《しゅう》冬《とう》の4つだけじゃない

日《に》本《ほん》には春夏秋冬《しゅんかしゅうとう》の四季《しき》があり、多彩《たさい》な空《そら》に出会《であ》えます。驚《おどろ》くことに、さらに細《こま》かい季節《きせつ》の分類《ぶんるい》があるのです。

それが、**二十四節気**《にじゅうしせっき》です。季節《きせつ》をわけて考《かんが》える方法《ほうほう》のひとつで、春夏秋冬《しゅんかしゅうとう》をそれぞれ6つにわけて名《な》づけています。春分《しゅんぶん》、夏至《げし》、秋分《しゅうぶん》、冬至《とうじ》も二十四節気《にじゅうしせっき》に含《ふく》まれ、冬《ふゆ》にこもっていた虫《むし》が目覚《めざ》めて動《うご》きだす時期《じき》という意味《いみ》の啓蟄《けいちつ》や、麦《むぎ》や稲《いね》など穀物《こくもつ》の種《たね》をまく時期《じき》である芒種《ぼうしゅ》、秋《あき》めいて朝露《あさつゆ》が降《お》りる時期《じき》の白露《はくろ》、雪《ゆき》が降《ふ》りだす時期《じき》という意味《いみ》の小雪《しょうせつ》などがあります。

二十四節気《にじゅうしせっき》のひとつひとつをさらに3つ（初候《しょこう》、次候《じこう》、末候《まっこう》）にわけた**七十二候**《しちじゅうにこう》という分類方法《ぶんるいほうほう》もあります。七十二候《しちじゅうにこう》の名前《なまえ》は自然現象《しぜんげんしょう》や動植物《どうしょくぶつ》の行動《こうどう》・変化《へんか》を意味《いみ》する言葉《ことば》なので、季節《きせつ》の移《うつ》ろいを細《こま》かく表現《ひょうげん》できるのです。

二十四節気《にじゅうしせっき》は中国大陸《ちゅうごくたいりく》の気候《きこう》をもとに名《な》づけられており、日本《にほん》の気候《きこう》と合《あ》わないものもあるので、土用《どよう》など日本独自《にほんどくじ》の**雑節**《ざっせつ》もつくられました。暦《こよみ》は奥《おく》が深《ふか》いですね。

## ▼ 二十四節気《にじゅうしせっき》の分類《ぶんるい》

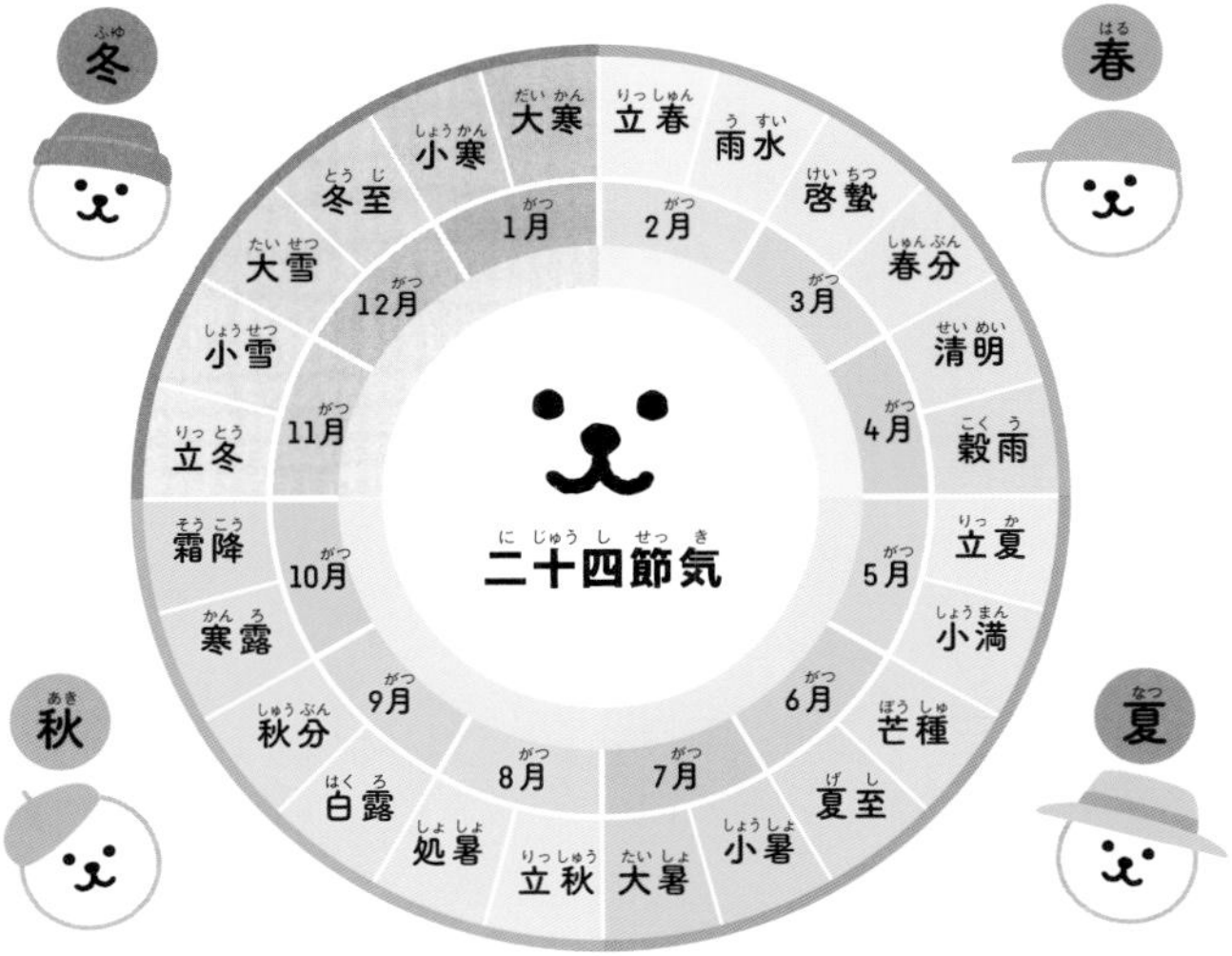


## ▼ 地球《ちきゅう》の公転運動《こうてんうんどう》と季節《きせつ》

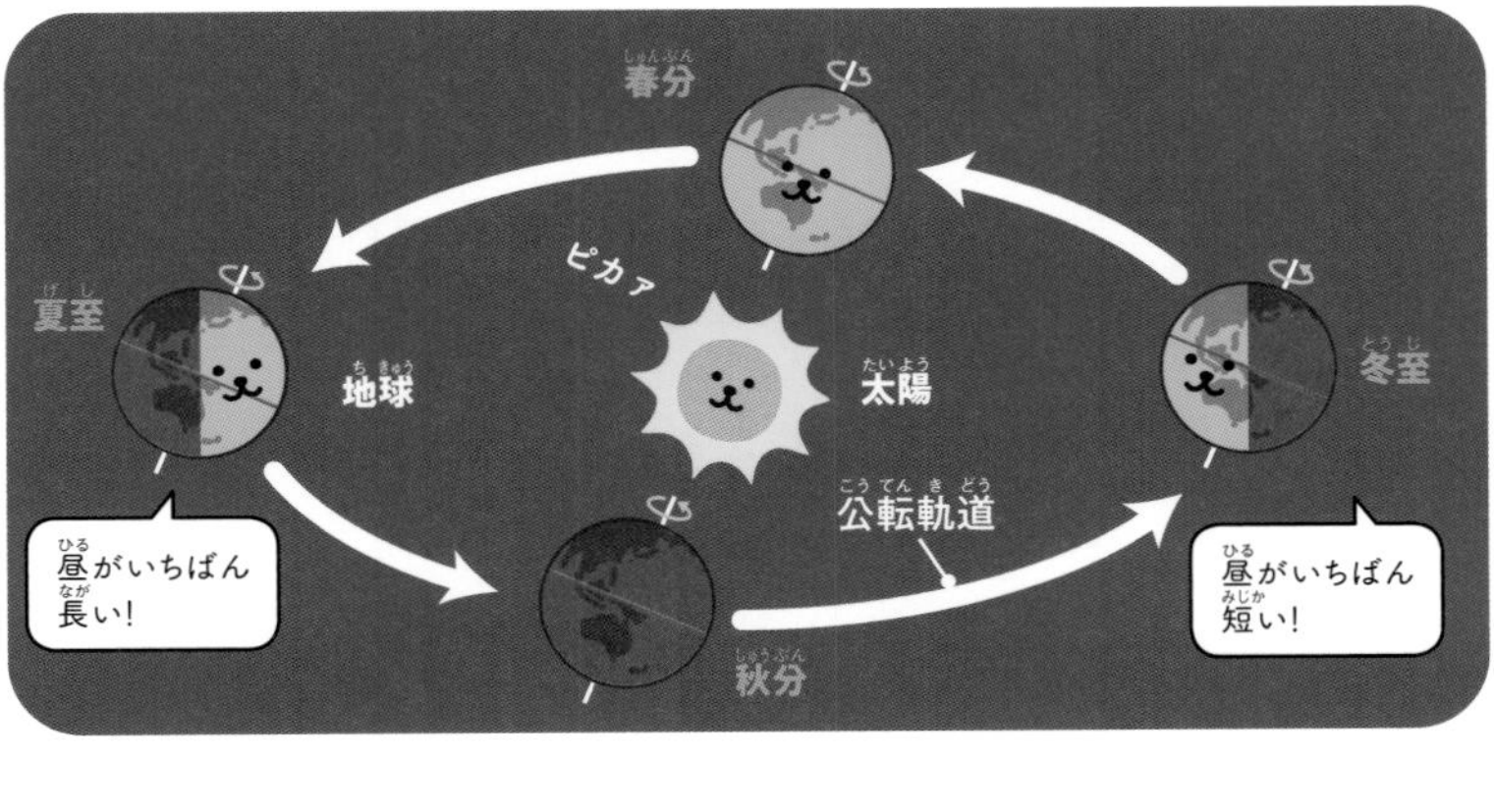


**豆知識《まめちしき》**

春分《しゅんぶん》と秋分《しゅうぶん》は昼《ひる》と夜《よる》の長《なが》さが同《おな》じといわれています。しかし、太陽《たいよう》が地平線《ちへいせん》から少《すこ》しでも出《で》てきたら日《ひ》の出《で》、太陽《たいよう》が全部《ぜんぶ》沈《しず》んだら日《ひ》の入《いり》なので、じつは太陽《たいよう》の大《おお》きさ1個《こ》ぶんだけ太陽《たいよう》が動《うご》く約《やく》2分間《ふんかん》、昼《ひる》のほうが夜《よる》より長《なが》いのです。

# 42

# 天気予報《てんきよほう》でよく聞《き》く「平年並《へいねんなみ》」とは

テレビの天気予報《てんきよほう》などで**平年並《へいねんなみ》**という言葉《ことば》が登場《とうじょう》することがあります。平《へい》年並《ねんなみ》とは何《なに》か、そのヒミツに迫《せま》ります。

まず、一定期間《いっていきかん》（30年間《ねんかん》）の気象《きしょう》データの平均値《へいきんち》を**平年値《へいねんち》**といいます。最高気温《さいこうきおん》などの要素《ようそ》ごとに平年値《へいねんち》があります。平年値《へいねんち》は年々変化《ねんねんへんか》する気候《きこう》に合《あ》わせて10年《ねん》ごとに更新《こうしん》され、2024年現在《ねんげんざい》は1991～2020年《ねん》の30年間《ねんかん》の平均《へいきん》で、2021～2030年《ねん》の間《あいだ》はこの平年値《へいねんち》を使《つか》います。

平年並《へいねんなみ》という言葉《ことば》は、週間天気予報《しゅうかんてんきよほう》や季《き》節予報《せつよほう》などで「低《ひく》い」「高《たか》い」の区分《くぶん》と一緒《いっしょ》に使《つか》われます。まず年《とし》ごとに平均《へいきん》した値《あたい》を低《ひく》い順《じゅん》に並《なら》べ替《か》え、そのうち1～10番目《ばんめ》が「低《ひく》い」、11～20番目《ばんめ》が平年並《へいねんなみ》、21～30番目《ばんめ》が「高《たか》い」としているのです。

また、**10年《ねん》に一度《いちど》しか起《お》こらない現象《げんしょう》**の目安《めやす》として、下位《かい》3年分《ねんぶん》の値以下《あたいいか》を「かなり低《ひく》い」、上位《じょうい》3年分《ねんぶん》の値以上《あたいいじょう》を「かなり高《たか》い」とし、著《いちじる》しい高温《こうおん》や低温《ていおん》、大雪《おおゆき》を表現《ひょうげん》します。このような言葉《ことば》の意味《いみ》を知《し》っていると、天気予報《てんきよほう》の見方《みかた》が変《か》わるかも。

## ▼「平年並《へいねんなみ》」とは

東京《とうきょう》の年平均《ねんへいきん》した日最高気温《にちさいこうきおん》

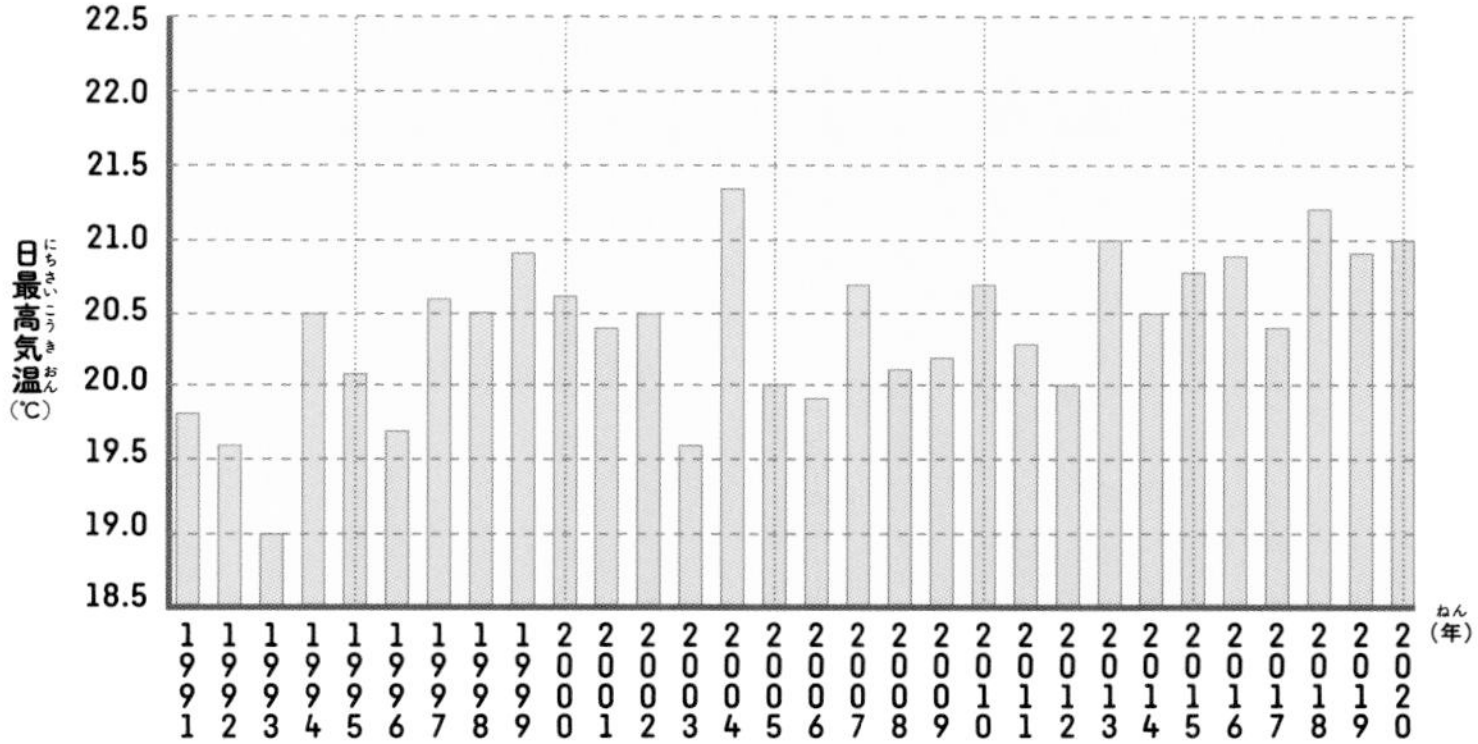


低《ひく》い順《じゅん》に並《なら》べ替《か》え

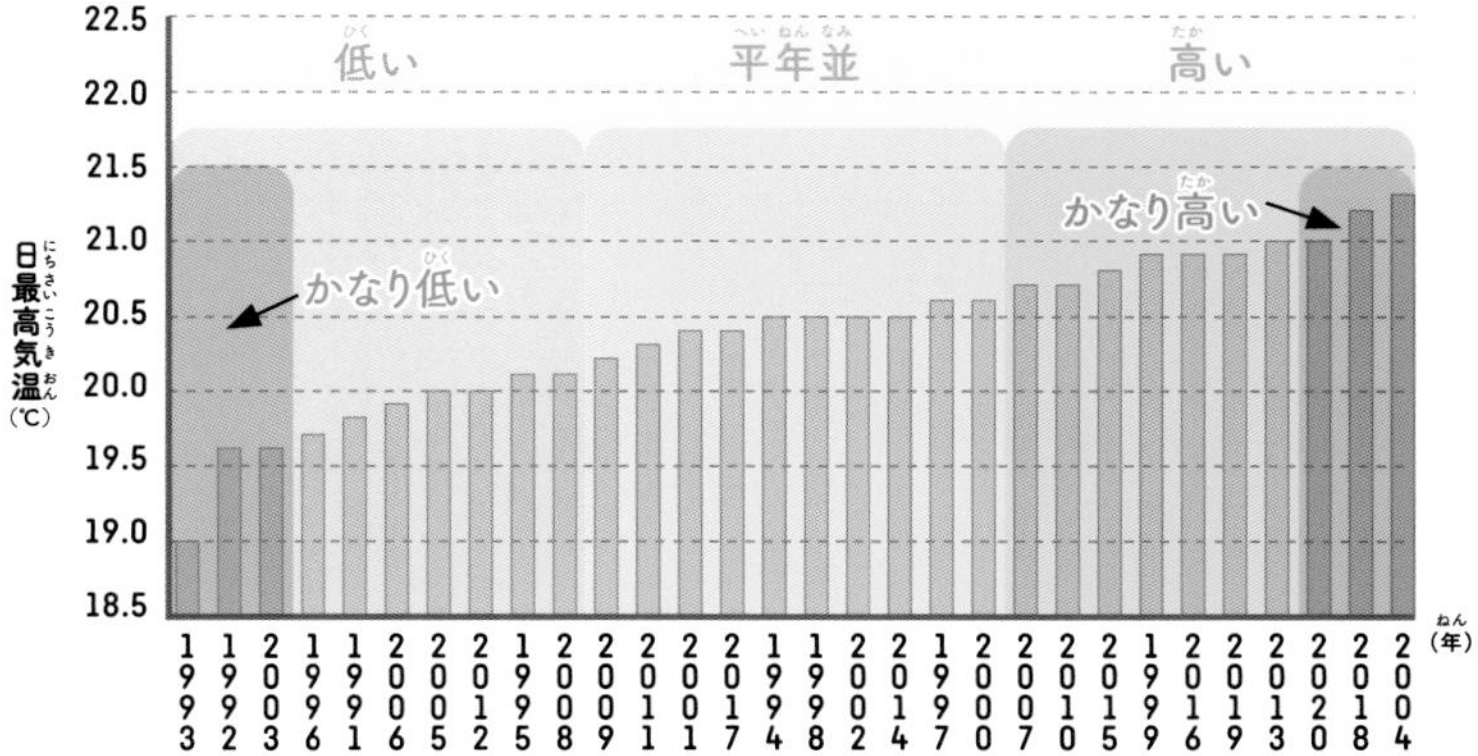


## ▼地域平均《ちいきへいきん》の平年並《へいねんなみ》の求《もと》め方《かた》

関東甲信地方《かんとうこうしんちほう》など地域平均《ちいきへいきん》で平年並《へいねんなみ》を考《かんが》えるときは、観測地点《かんそくちてん》ごとに値《あたい》が違《ちが》っているため、地点《ちてん》ごとに各年《かくとし》の値《あたい》から平年値《へいねんち》を引《ひ》いた**平年差《へいねんさ》**を計算《けいさん》して、それを平均《へいきん》したものを低《ひく》い順《じゅん》に並《なら》べ替《か》えしている。

**豆知識《まめちしき》**

気象庁《きしょうちょう》は原則毎週月曜日《げんそくまいしゅうげつようび》と木曜日《もくようび》に、その日《ひ》の6～14日後《かご》を対象《たいしょう》として、5日間平均気温《かへいきんきおん》がかなり高《たか》いかかなり低《ひく》い確率《かくりつ》が30％以上《いじょう》のときなどに早期天候情報《そうきてんこうじょうほう》を発表《はっぴょう》しています。この情報《じょうほう》が発表《はっぴょう》されたら天気予報《てんきよほう》などを要確認《ようかくにん》です。

# 43

# 地球《ちきゅう》はいま、過去《かこ》2000年《ねん》でいちばん暑《あつ》い

ニュースなどで異常気象《いじょうきしょう》という言葉《ことば》を聞《き》くことがあると思《おも》います。豪雨《ごうう》や猛暑《もうしょ》などの極端《きょくたん》な現象《げんしょう》の背景《はいけい》として考《かんが》える必要《ひつよう》があるのが**地球温暖化《ちきゅうおんだんか》**です。

いま、**地球《ちきゅう》は過去《かこ》2000年《ねん》で最《もっと》も気温《きおん》が高《たか》くなっています。**氷河《ひょうが》・氷床《ひょうしょう》や海《うみ》などの堆積物《たいせきぶつ》から過去《かこ》の気温《きおん》を復元《ふくげん》でき、観測《かんそく》機器《きき》で記録《きろく》された気温《きおん》ともあわせて見《み》てみると、ここ100年《ねん》で急激《きゅうげき》に気温《きおん》が上《あ》がっていることがわかっています。現《げん》に2023年《ねん》は日本《にほん》でも世界《せかい》でも統計開始以降《とうけいかいしいこう》で最《もっと》も気温《きおん》が高《たか》くなりました。

この地球温暖化《ちきゅうおんだんか》は、18世紀《せいき》の産業革命《さんぎょうかくめい》以《い》降《こう》に人間活動《にんげんかつどう》で化石燃料《かせきねんりょう》の使用《しよう》が増《ふ》え、二《に》酸化炭素《さんかたんそ》やメタンなどの**温室効果《おんしつこうか》ガス**が増《ふ》えたことが原因《げんいん》です。温室効果《おんしつこうか》ガスは増《ふ》え続《つづ》けており、過去《かこ》80万年間《まんねんかん》で前例《ぜんれい》のない水《すい》準《じゅん》まで増加《ぞうか》していると指摘《してき》されています。

現代《げんだい》は気候危機《きこうきき》といわれるように、早急《さっきゅう》に対策《たいさく》をしないと後戻《あともど》りできない状況《じょうきょう》です。何《なに》が起《お》こるか、何《なに》ができるかをみなさんが知《し》ることが最初《さいしょ》の一歩《いっぽ》です。

## ▼西暦《せいれき》1年《ねん》からの世界平均気温《せかいへいきんきおん》の変化《へんか》

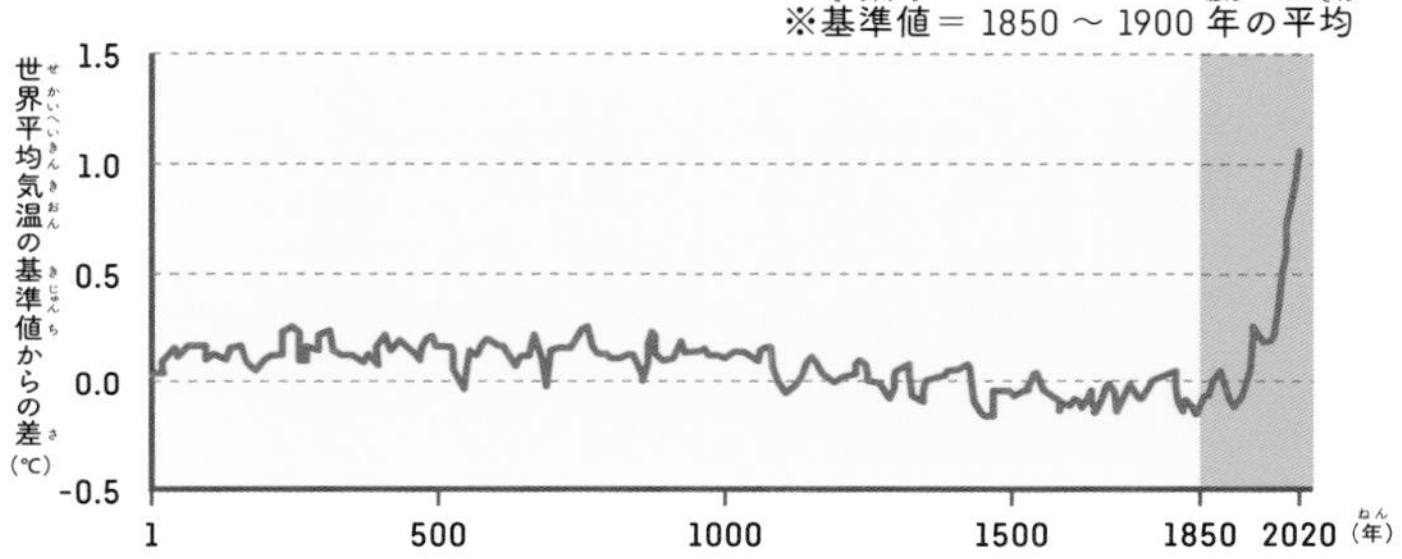


## ▼2023年《ねん》の日本《にほん》の平均気温《へいきんきおん》の平年差《へいねんさ》

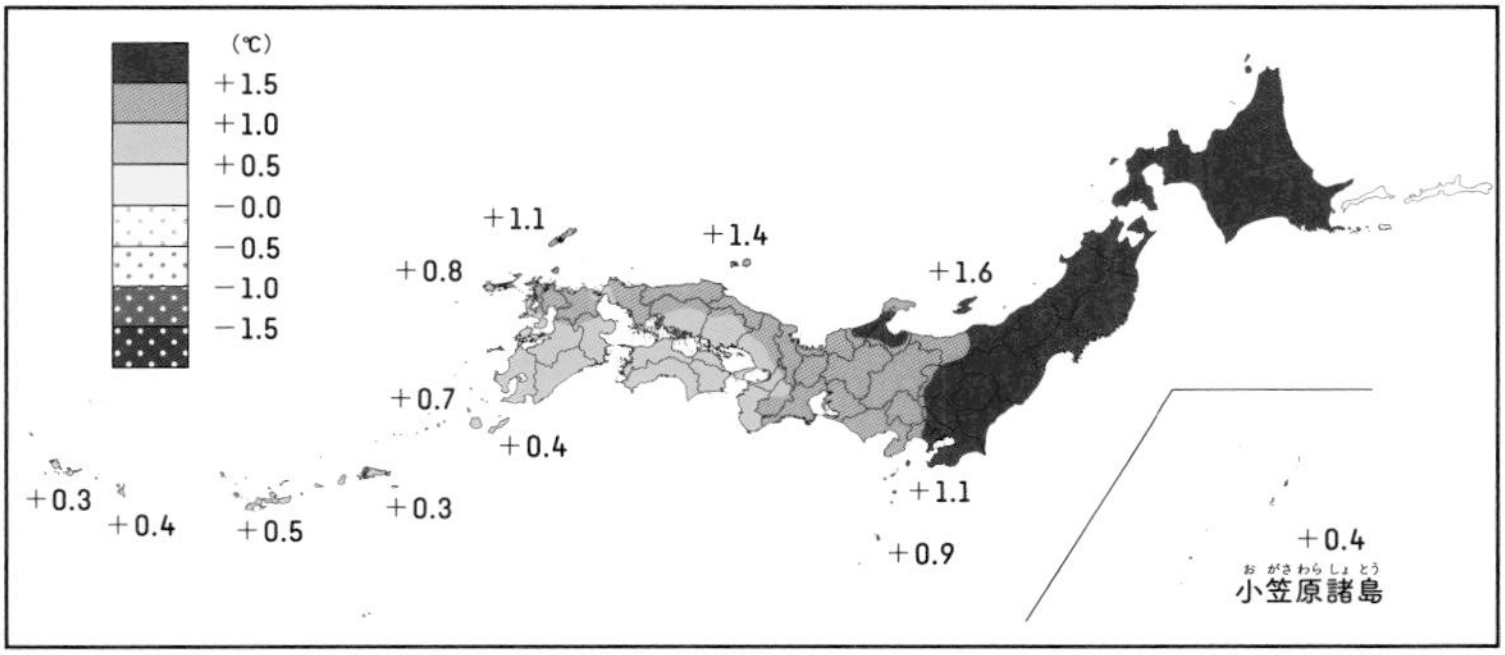


## ▼地球温暖化《ちきゅうおんだんか》のしくみ

**豆知識《まめちしき》**

牛《うし》は一度《いちど》飲《の》み込《こ》んだエサを口《くち》に戻《もど》して噛《か》む反芻動物《はんすうどうぶつ》です。胃《い》が4つあり、胃《い》のなかでエサが発酵《はっこう》してメタンガスのゲップが出《で》ます。世界《せかい》の温室効果《おんしつこうか》ガスの4％は牛《うし》のゲップといわれ、エサの改良《かいりょう》などが進《すす》められています。

# 44

# 地《ち》球《きゅう》温《おん》暖《だん》化《か》で起《お》こる良《よ》いこと・悪《わる》いこと

地《ち》球温暖化《きゅうおんだんか》による、良《よ》い影響《えいきょう》と悪《わる》い影響《えいきょう》の両面《りょうめん》を考《かんが》えてみます。

良《よ》い影響《えいきょう》として、寒《さむ》い地域《ちいき》に住《す》む人《ひと》が低温《ていおん》で死亡《しぼう》する割合《わりあい》が減《へ》ることや、氷《こおり》が融《と》けて北極海《ほっきょくかい》を船《ふね》で行《い》き来《き》しやすくなること、条件《じょうけん》が整《ととの》えば一部《いちぶ》の農作物《のうさくぶつ》の収穫量《しゅうかくりょう》も増《ふ》える場合《ばあい》があることなどがあげられます。

悪《わる》い影響《えいきょう》では、気温《きおん》が上《あ》がって**猛暑**《もうしょ》が増《ふ》え、**熱中症**《ねっちゅうしょう》による死亡者数《しぼうしゃすう》が大《おお》きく増加《ぞうか》、夏《なつ》の日中《にっちゅう》に屋外《おくがい》で活動《かつどう》できる時間《じかん》が減《へ》ります。森林火災《しんりんかさい》が増《ふ》えて砂漠《さばく》も拡大《かくだい》、干《かん》ばつで食糧不足《しょくりょうぶそく》が深刻化《しんこくか》。さらに極端《きょくたん》な**大雨**《おおあめ》が増《ふ》え、水害《すいがい》が増加《ぞうか》。日本《にほん》にくる**台風**《たいふう》も強《つよ》まります。雪《ゆき》が減《へ》って冬《ふゆ》のレジャーができなくなることに加《くわ》え、海面上昇《かいめんじょうしょう》で日本《にほん》の9割《わり》の砂浜《すなはま》が消《き》え、海《うみ》の近《ちか》くに住《す》めなくなります。動植物《どうしょくぶつ》の生態系《せいたいけい》も変《か》わり、いままでなかった感染症《かんせんしょう》のリスクが高《たか》まる可能性《かのうせい》も。

このように、良《よ》い影響《えいきょう》に対《たい》して悪《わる》い影響《えいきょう》が圧倒的《あっとうてき》に大《おお》きく、あわせて考《かんが》えても人的《じんてき》被害《ひがい》や経済損失《けいざいそんしつ》が大《おお》きいのです。地球温暖化《ちきゅうおんだんか》を抑《おさ》える対策《たいさく》がやはり必要《ひつよう》です。

## ▼地球温暖化《ちきゅうおんだんか》で起《お》こること

気温《きおん》が上《あ》がる

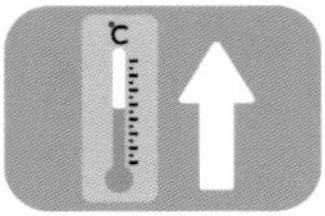

氷《こおり》が減《へ》る

海面《かいめん》が上昇《じょうしょう》する

### 良《よ》い影響《えいきょう》

↑寒冷《かんれい》な地域《ちいき》の人《ひと》が低温《ていおん》で死亡《しぼう》する割合《わりあい》が減《へ》る

↑北極海《ほっきょくかい》を船《ふね》で行《い》き来《き》しやすくなる

↑条件《じょうけん》が整《ととの》えば一部《いちぶ》の農作物《のうさくぶつ》の収穫量《しゅうかくりょう》が増《ふ》える場合《ばあい》も

### 悪《わる》い影響《えいきょう》

↑熱中症《ねっちゅうしょう》による被害《ひがい》が増《ふ》える

↑屋外《おくがい》で活動《かつどう》できる時間《じかん》が減《へ》る

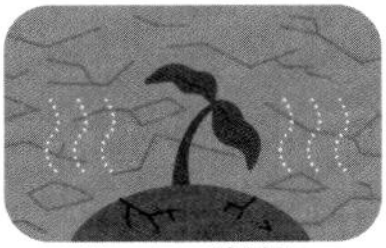

↑干《かん》ばつで農作物《のうさくぶつ》がとれず食糧不足《しょくりょうぶそく》に

↑大雨《おおあめ》による災害《さいがい》が増《ふ》える

↑日本《にほん》にくる台風《たいふう》が強《つよ》まり、災害《さいがい》が増《ふ》える

↑雪《ゆき》が減《へ》り、冬《ふゆ》のレジャーに影響《えいきょう》

↑標高《ひょうこう》の低《ひく》い地域《ちいき》が水没《すいぼつ》して住《す》めなくなる

↑森林火災《しんりんかさい》が増《ふ》え、砂漠《さばく》が増《ふ》える

↑生態系《せいたいけい》が変《か》わって感染症《かんせんしょう》の危険《きけん》が増《ふ》える

**豆知識《まめちしき》**

地球温暖化《ちきゅうおんだんか》に伴《ともな》い、すでに品質低下《ひんしつていか》や収穫量減少《しゅうかくりょうげんしょう》の起《お》こっている農作物《のうさくぶつ》は70品目以上《ひんもくいじょう》と報告《ほうこく》されています。とくにコメやブドウ、ナシ、トマト、ミカンへの影響《えいきょう》が大《おお》きいです。産地《さんち》が変《か》わったり食《た》べられなくなったりするかも。

CHAPTER 3
気象《きしょう》と気候《きこう》

# 45

# しょっちゅう「数《すう》十《じゅう》年《ねん》に一《いち》度《ど》」の現《げん》象《しょう》が起《お》きている理《り》由《ゆう》

大《おお》雨《あめ》のときに「**数十年《すうじゅうねん》に一度《いちど》**」や「**これまでに経験《けいけん》したことのない**」という言葉《ことば》をよく耳《みみ》にする気《き》がします。「数十《すうじゅう》年《ねん》に一度《いちど》」をよく聞《き》くのはなぜでしょうか。

この大《おお》きな理由《りゆう》は、地域《ちいき》によって雨《あめ》の降《ふ》りやすさが異《こと》なることです。土砂災害《どしゃさいがい》を対《たい》象《しょう》とする大雨《おおあめ》の警報《けいほう》や特別警報《とくべつけいほう》の基準《きじゅん》には、雨《あめ》で土《つち》のなかにどのくらい水《みず》が蓄《たくわ》えられているかを表《あらわ》す**土壌雨量指数《どじょううりょうしすう》**が使《つか》われます。**大雨特別警報《おおあめとくべつけいほう》**の基準《きじゅん》を分布《ぶんぷ》で見《み》ると、四国《しこく》や和歌山《わかやま》など台風《たいふう》の影響《えいきょう》で毎年多《まいとしおお》く雨《あめ》が降《ふ》る地域《ちいき》では指数《しすう》が高《たか》く、北日本《きたにほん》など雨《あめ》の少《すく》ない地域《ちいき》では低《ひく》くなっています。つまり、その土地《とち》がどのくらい雨《あめ》に強《つよ》いかで、水害《すいがい》の起《お》こりやすさが違《ちが》うということ。このため同《おな》じ雨量《うりょう》の大雨《おおあめ》でもふだんあまり雨《あめ》の降《ふ》らない地域《ちいき》で起《お》こると、数十年《すうじゅうねん》に一度《いちど》の現象《げんしょう》になってしまうことがあるのです。

地球温暖化《ちきゅうおんだんか》によって全国《ぜんこく》で大雨《おおあめ》が増《ふ》えるといわれており、すでに増《ふ》えているという統計《とうけい》もあります。事《こと》あるごとに災害《さいがい》への備《そな》えを確認《かくにん》しておきたいものです。

## ▼大雨《おおあめ》特別《とくべつ》警報《けいほう》（土砂災害《どしゃさいがい》）発表《はっぴょう》の目安《めやす》になる土壌雨量指数《どじょううりょうしすう》

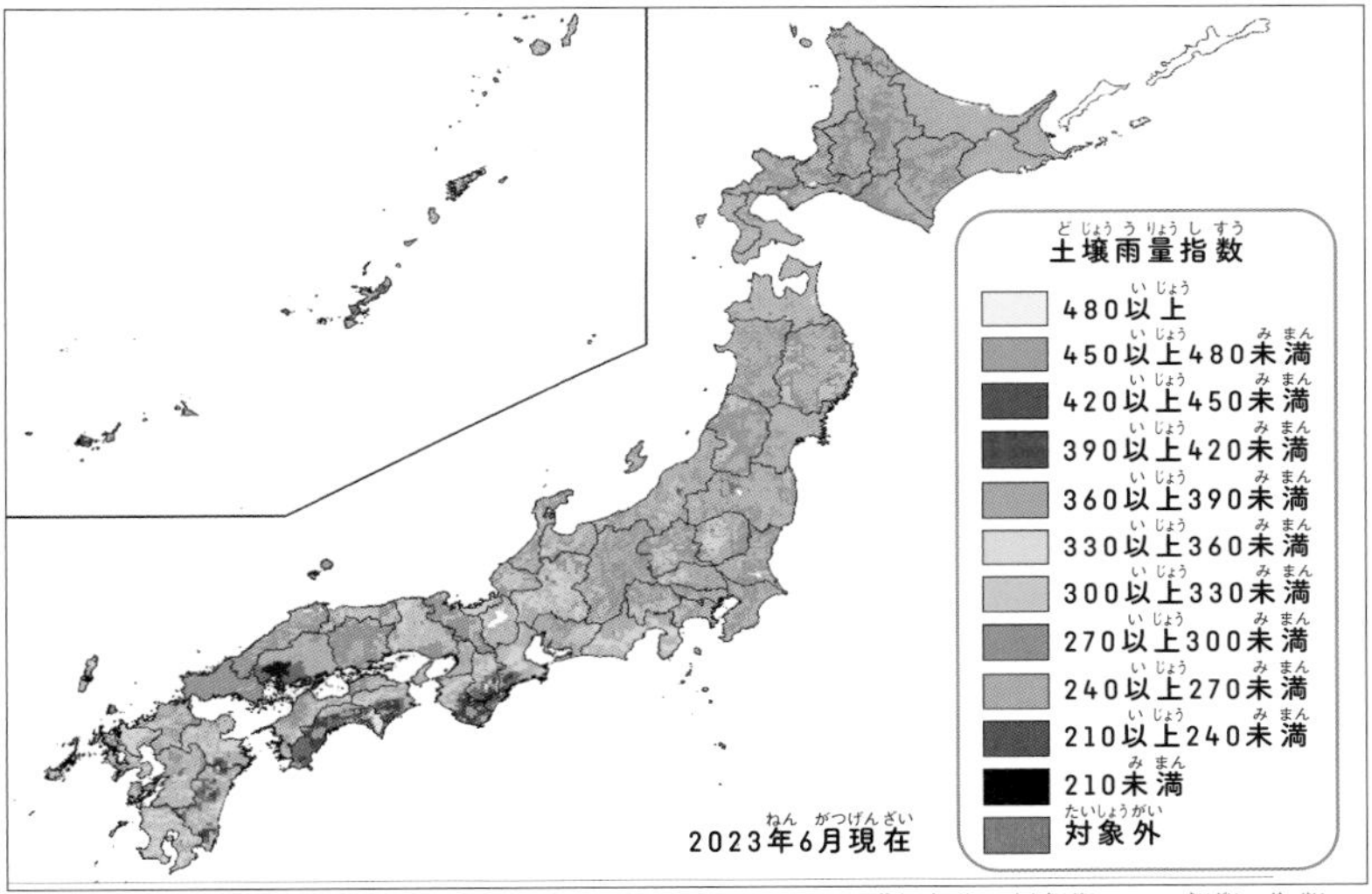


↑かつては大雨警報《おおあめけいほう》・注意報《ちゅういほう》の基準《きじゅん》に雨量《うりょう》だけが使《つか》われていたが、土砂災害《どしゃさいがい》や浸水害《しんすいがい》などの災害《さいがい》の発生《はっせい》をよりよく予測《よそく》するために開発《かいはつ》された指数《しすう》が使《つか》われるようになった。

## ▼集中豪雨《しゅうちゅうごうう》をもたらす線状降水帯《せんじょうこうすいたい》

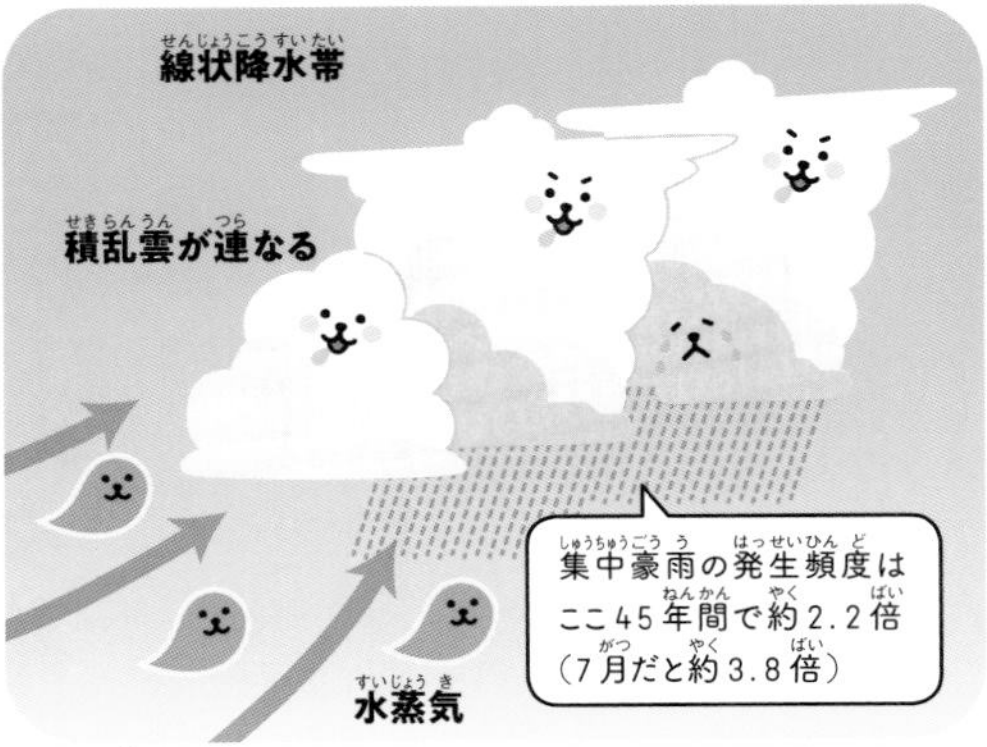


### 地球温暖化《ちきゅうおんだんか》が進《すす》むと…

- 極端《きょくたん》な現象《げんしょう》が増《ふ》える（大雨《おおあめ》、猛暑《もうしょ》…）
- 線状降水帯《せんじょうこうすいたい》の発生頻度《はっせいひんど》が増《ふ》える
- 積雪《せきせつ》は減《へ》るけどJPCZ《ジェーピーシーズィー》（日本海寒帯気団収束帯《にほんかいかんたいきだんしゅうそくたい》）によるドカ雪《ゆき》は増《ふ》える
- 日本《にほん》に接近《せっきん》する台風《たいふう》が強《つよ》まる
- 太平洋側《たいへいようがわ》の台風《たいふう》の影響《えいきょう》が長期化《ちょうきか》する

**豆知識《まめちしき》**

日本《にほん》の集中豪雨《しゅうちゅうごうう》の約《やく》7割《わり》は積乱雲《せきらんうん》が連《つら》なってできる線状降水帯《せんじょうこうすいたい》が原因《げんいん》といわれています。現代《げんだい》の科学《かがく》でも正確《せいかく》な予測《よそく》が難《むずか》しく、そのしくみを解明《かいめい》して予測《よそく》をよりよくするために水蒸気《すいじょうき》を観測《かんそく》する研究《けんきゅう》を行《おこな》っています（P146）。

# 46

# 将来《しょうらい》、定番《ていばん》のお寿司《すし》のネタがなくなる!?

地《ち》球温暖化《きゅうおんだんか》は海洋《かいよう》にも影響《えいきょう》し、将来《しょうらい》は**定番《ていばん》のお寿司《すし》のネタがなくなる**ともいわれています。

大気中《たいきちゅう》の二酸化炭素《にさんかたんそ》が増《ふ》えて海水《かいすい》に溶《と》け込《こ》むと、本来《ほんらい》アルカリ性《せい》の海《うみ》が酸性化《さんせいか》します（海洋酸性化《かいようさんせいか》）。さらに海水温《かいすいおん》の上昇《じょうしょう》や海中《かいちゅう》の酸素不足《さんそぶそく》（貧酸素化《ひんさんそか》）の影響《えいきょう》もあり、日本《にほん》の海《うみ》に住《す》めない生《い》き物《もの》が出《で》てくるというのです。温暖化《おんだんか》が続《つづ》くと、2050年《ねん》までに国産《こくさん》のサケやイクラがとれなくなり、2080年《ねん》にかけてホタテやウニ、アワビも。さらに2100年《ねん》にかけてはマダイやズワイガニも消《き》える可能性《かのうせい》があります。

このほか植物《しょくぶつ》にも影響《えいきょう》があります。**サクラ**の開花日《かいかび》は10年《ねん》あたり1日《にち》の割合《わりあい》で早《はや》まっており、21世紀末《せいきまつ》には3月末《がつまつ》から4月上旬《がつじょうじゅん》にかけて、九州《きゅうしゅう》から東北南部《とうほくなんぶ》で一斉《いっせい》に開花《かいか》するという予測《よそく》も。逆《ぎゃく》に秋《あき》の**紅葉《こうよう》**は遅《おそ》くなる傾向《けいこう》で、カエデの紅葉《こうよう》・黄葉日《おうようび》は10年《ねん》あたり3日《か》遅《おく》れています。

温暖化《おんだんか》は、私《わたし》たちの食《た》べ物《もの》や季節《きせつ》のイベントにも大《おお》きく影響《えいきょう》しているのです。

## ▼将来《しょうらい》消《き》えてしまうかもしれないお寿司《すし》のネタ

シャコ、サーモン(サケ)、国産《こくさん》イクラ、イカナゴ

ホタテ、ウニ、アワビ

ヒラメ、マダイ、ズワイガニ

## ▼サクラの開花日《かいかび》の変化《へんか》

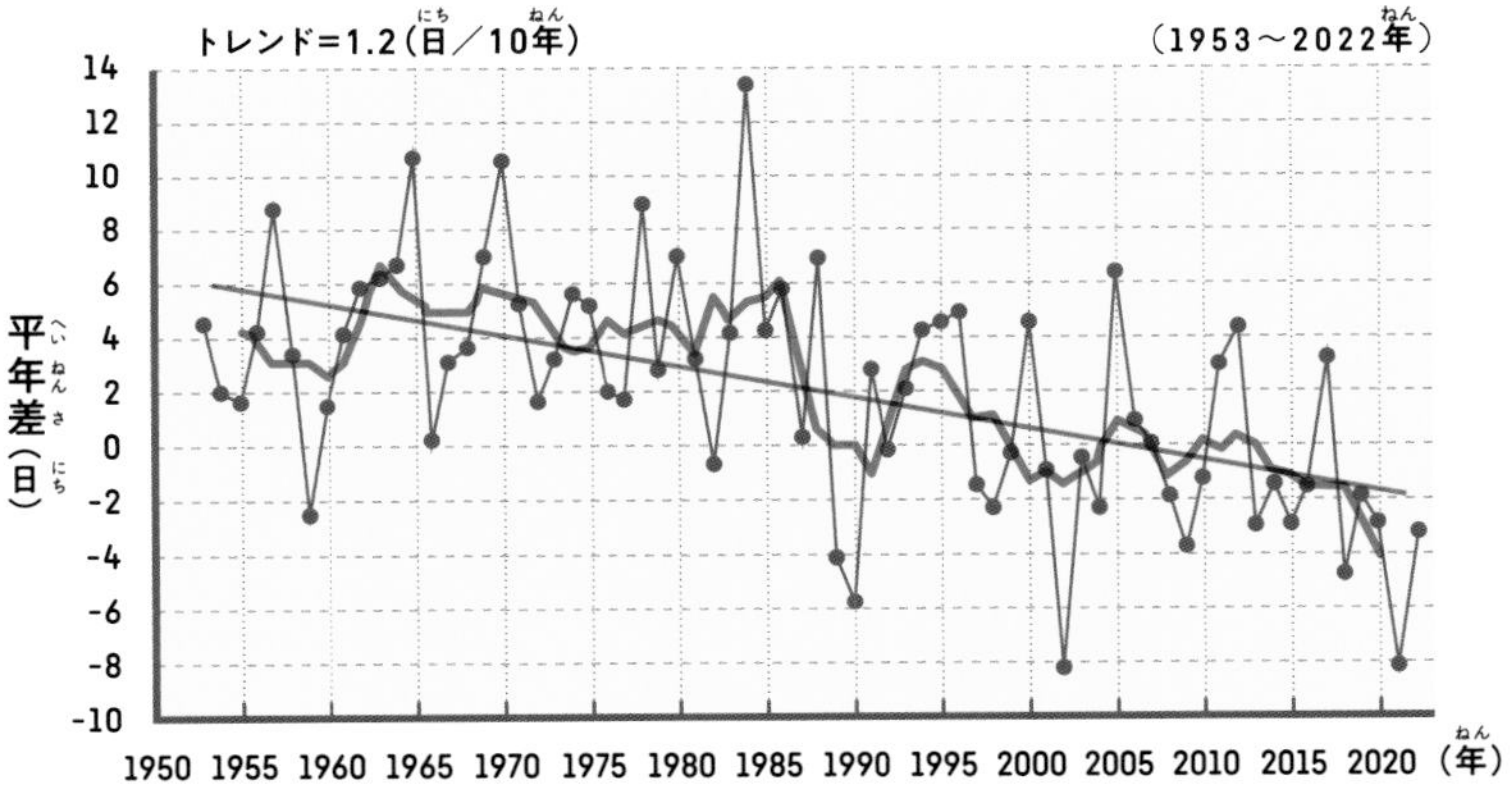


平年差《へいねんさ》(観測地点《かんそくちてん》で開花《かいか》を観測《かんそく》した日《ひ》の平年値《へいねんち》(1991〜2020年《ねん》の平均値《へいきんち》)からの差《さ》を全国平均《ぜんこくへいきん》した値《あたい》)

平年差《へいねんさ》を5年間《ねんかん》で平均《へいきん》した値《あたい》

平均的《へいきんてき》な変化傾向《へんかけいこう》

※トレンドは変化《へんか》の割合《わりあい》

**豆知識《まめちしき》**

海《うみ》の温暖化《おんだんか》はすでに起《お》こっており、直近《ちょっきん》およそ130年《ねん》で世界《せかい》の海面《かいめん》の温度《おんど》は平均《へいきん》で0.5℃上昇《じょうしょう》し、日本近海《にほんきんかい》ではこの100年《ねん》で1℃以上高《いじょうたか》まっています。今後《こんご》、21世紀末《せいきまつ》までにおよそ1〜3℃の上昇《じょうしょう》が予想《よそう》されています。

# 47

# 意《い》外《がい》と身《み》近《ぢか》な「SDGs《エスディージーズ》」

最《さい》近《きん》よく聞《き》く**SDGs《エスディージーズ》**。これはいったい何《なん》なのでしょうか。

SDGs《エスディージーズ》は、国連《こくれん》が決《き》めた2030年《ねん》までに世界《せかい》の人々《ひとびと》が達成《たっせい》しなければならない目標《もくひょう》のことで、**持《じ》続《ぞく》可《か》能《のう》な開《かい》発《はつ》目《もく》標《ひょう》**の英語《えいご》の頭文字《かしらもじ》をとったもの。いまの世界《せかい》が抱《かか》える貧困《ひんこん》や差別《さべつ》、環境《かんきょう》や戦争《せんそう》などの問題《もんだい》を協力《きょうりょく》して解決《かいけつ》しようというものです。SDGs《エスディージーズ》は17の目標《もくひょう》で構成《こうせい》され、とくに目標《もくひょう》13「気《き》候変動《こうへんどう》に具体的《ぐたいてき》な対策《たいさく》を」に気象《きしょう》が関係《かんけい》しています。

話《はなし》が大《おお》きすぎて自分《じぶん》には関係《かんけい》ないと思《おも》いがちですが、身近《みぢか》なことが関係《かんけい》します。家《いえ》では電気《でんき》を節約《せつやく》、シャワーは使《つか》うときだけ出《だ》して水《みず》を節約《せつやく》、買《か》い物《もの》でエコバッグを使《つか》うことも効果的《こうかてき》です。学校《がっこう》では給食《きゅうしょく》は食《た》べられるだけよそって、できるだけ残《のこ》さず食《た》べることや、環境問題《かんきょうもんだい》について友達《ともだち》や先《せん》生《せい》と話《はな》すことも大切《たいせつ》です。

個人《こじん》で一度《いちど》に多《おお》くのことをするのは大変《たいへん》なので、無理《むり》なく自分《じぶん》にできることはあるか、環境問題《かんきょうもんだい》について考《かんが》えてみましょう。

## ▼SDGs《エスディージーズ》とは

具体的《ぐたいてき》な17の目標《もくひょう》と169のターゲットがあって、すべての国《くに》と人《ひと》が協力《きょうりょく》し合《あ》って取《と》り組《く》む、人《ひと》と地球《ちきゅう》、繁栄《はんえい》のための行動計画《こうどうけいかく》だよ

**SDGs《エスディージーズ》＝持続可能《じぞくかのう》な開発目標《かいはつもくひょう》**
**Sustainable《サステナブル》 Development《ディベロップメント》 Goals《ゴールズ》**

2015年《ねん》の国連総会《こくれんそうかい》で全会一致《ぜんかいいっち》で採択《さいたく》された「我々《われわれ》の世界《せかい》を変革《へんかく》する：持続可能《じぞくかのう》な開発《かいはつ》のための2030アジェンダ」という文書《ぶんしょ》の一部《いちぶ》。

## ▼私《わたし》たちにできること

### レベル1 ソファに寝《ね》たままできること

- 電気《でんき》を節約《せつやく》　●照明《しょうめい》を消《け》す
- 環境《かんきょう》に優《やさ》しい取《と》り組《く》みをする企業《きぎょう》を検索《けんさく》して製品《せいひん》を買《か》う

### レベル2 家《いえ》にいてもできること

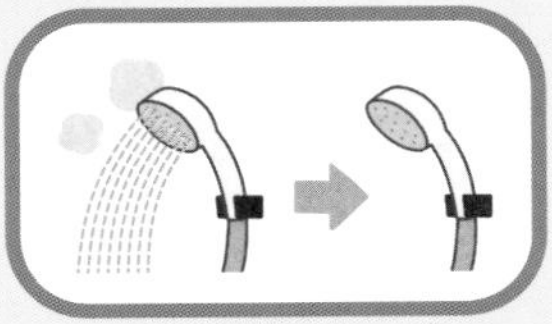

- シャワーは使《つか》うときだけ出《だ》す
- 食《た》べきれないものは冷凍《れいとう》
- 窓《まど》やドアを閉《し》める

### レベル3 家《いえ》の外《そと》でできること

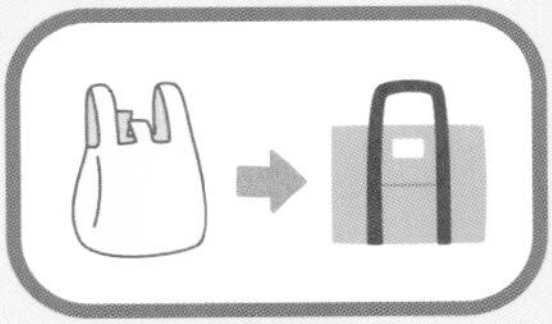

- エコバッグを使《つか》う
- お店《みせ》で紙《かみ》ナプキンは必要《ひつよう》なぶんだけ使《つか》う
- 使《つか》わないものはリサイクル

### レベル4 学校《がっこう》・職場《しょくば》でできること

- 食《た》べられる給食《きゅうしょく》は残《のこ》さず食《た》べる
- 手洗《てあら》いのときは節水《せっすい》
- 環境問題《かんきょうもんだい》について友達《ともだち》や先生《せんせい》と話《はな》す

**豆知識《まめちしき》**

日本人《にほんじん》は先進国《せんしんこく》のなかでは気候変動対策《きこうへんどうたいさく》への意識《いしき》がとても低《ひく》いというアンケート結果《けっか》があります。対策《たいさく》で我慢《がまん》させられるという意識《いしき》があるかもしれませんが、電気《でんき》や水《みず》の節約《せつやく》などをすれば、結局自分《けっきょくじぶん》にとってもお得《とく》なのです。

# 48 地《ち》球《きゅう》全《ぜん》体《たい》が凍《こお》っていた時《じ》代《だい》がある

46億年前《おくねんまえ》に誕生《たんじょう》した地球《ちきゅう》は、歴史《れきし》のなかで大《おお》きく環境《かんきょう》が変化《へんか》しており、地球全体《ちきゅうぜんたい》が凍《こお》っていた時期《じき》もあります。

それが**スノーボール・アース**（全球凍結《ぜんきゅうとうけつ》）です。岩石《がんせき》や地層《ちそう》の磁気《じき》を測定《そくてい》して過去《かこ》の地球《ちきゅう》の状況《じょうきょう》を調《しら》べる方法《ほうほう》で、ふつうは高《こう》緯度《いど》にあるはずの氷河《ひょうが》に含《ふく》まれる堆積物《たいせきぶつ》が、赤道域《せきどういき》で見《み》つかったのです。これは地球全《ちきゅうぜん》体《たい》が氷河《ひょうが》におおわれていたということで、約《やく》23～24億年前《おくねんまえ》、約《やく》7億年前《おくねんまえ》、約《やく》6.5億年前《おくねんまえ》の少《すく》なくとも3回《かい》はスノーボール・アースの時代《じだい》があったと考《かんが》えられています。

スノーボール・アースの時代《じだい》の地球《ちきゅう》の平《へい》均気温《きんきおん》はマイナス50～マイナス40℃。この要因《よういん》は何《なん》らかの理由《りゆう》で**温室効果《おんしつこうか》ガス**が減《へ》ったことだと考《かんが》えられています。その後《ご》に数《すう》百万年《ひゃくまんねん》かけて火山活動《かざんかつどう》で大気中《たいきちゅう》の二酸化《にさんか》炭素《たんそ》が増《ふ》え、地球《ちきゅう》の気温《きおん》が50～60℃に達《たっ》する温暖期《おんだんき》に。現在《げんざい》はそれより下《さ》がって部分《ぶぶん》的《てき》に氷河《ひょうが》が残《のこ》っている状態《じょうたい》です。

地球《ちきゅう》の長《なが》い歴史《れきし》をふまえると、人類《じんるい》の誕《たん》生《じょう》が奇跡《きせき》のように感《かん》じます。

## ▼ 地球史《ちきゅうし》での氷河時代《ひょうがじだい》

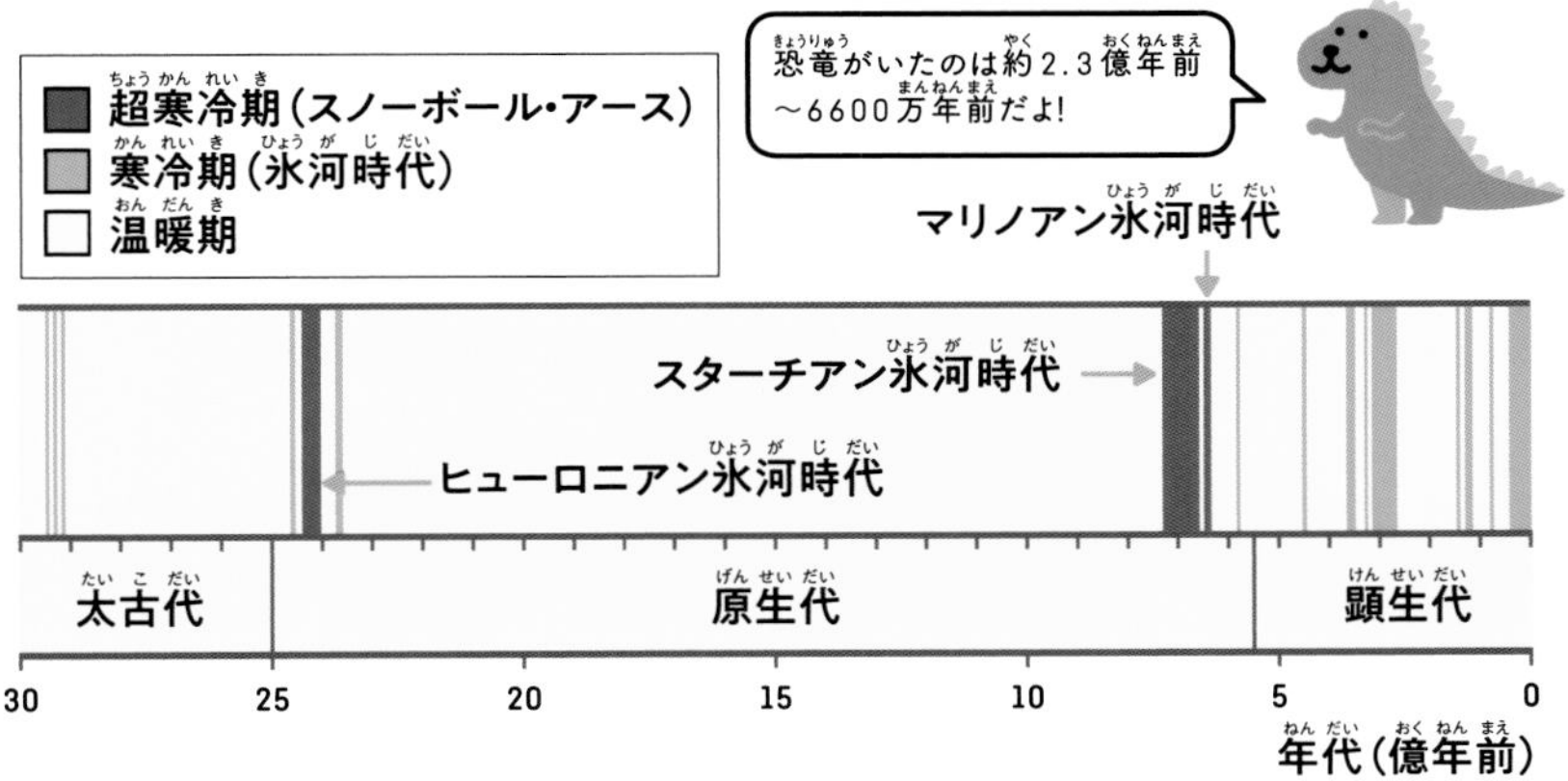


## ▼ 地球《ちきゅう》の状態《じょうたい》の変化《へんか》

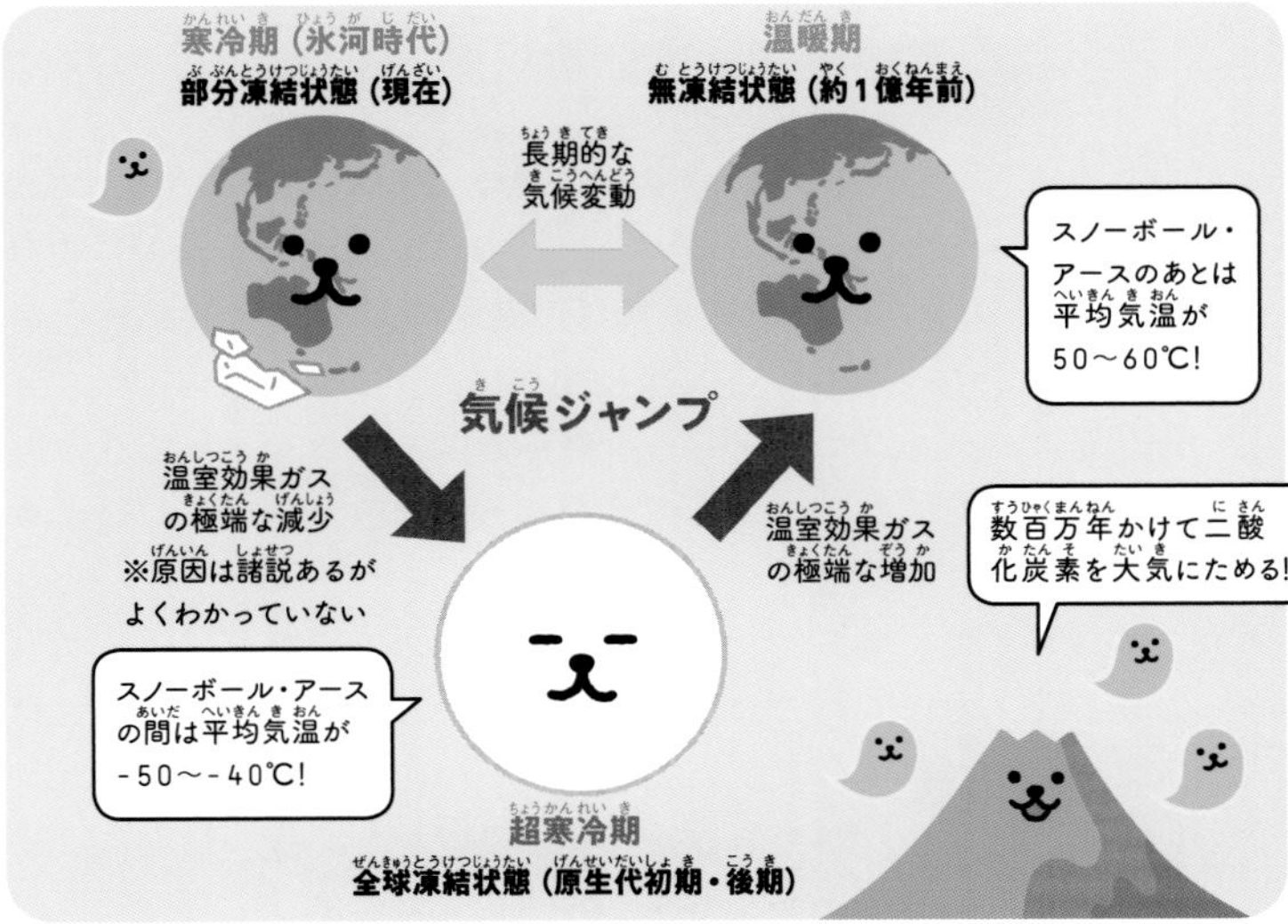


**豆知識《まめちしき》**

地球誕生《ちきゅうたんじょう》から現代《げんだい》までの約《やく》46億年《おくねん》を1月《がつ》1日《たち》〜12月《がつ》31日《にち》の1年《ねん》とすると、恐竜時代《きょうりゅうじだい》が12月《がつ》13日《にち》〜26日《にち》で、12月《がつ》27日《にち》に哺乳類《ほにゅうるい》が繁栄《はんえい》、12月《がつ》31日《にち》にやっとホモ・サピエンスが登場《とうじょう》。同日《どうじつ》の23:59過《す》ぎに人類《じんるい》が文明《ぶんめい》を築《きず》くのです。

COLUMN 3

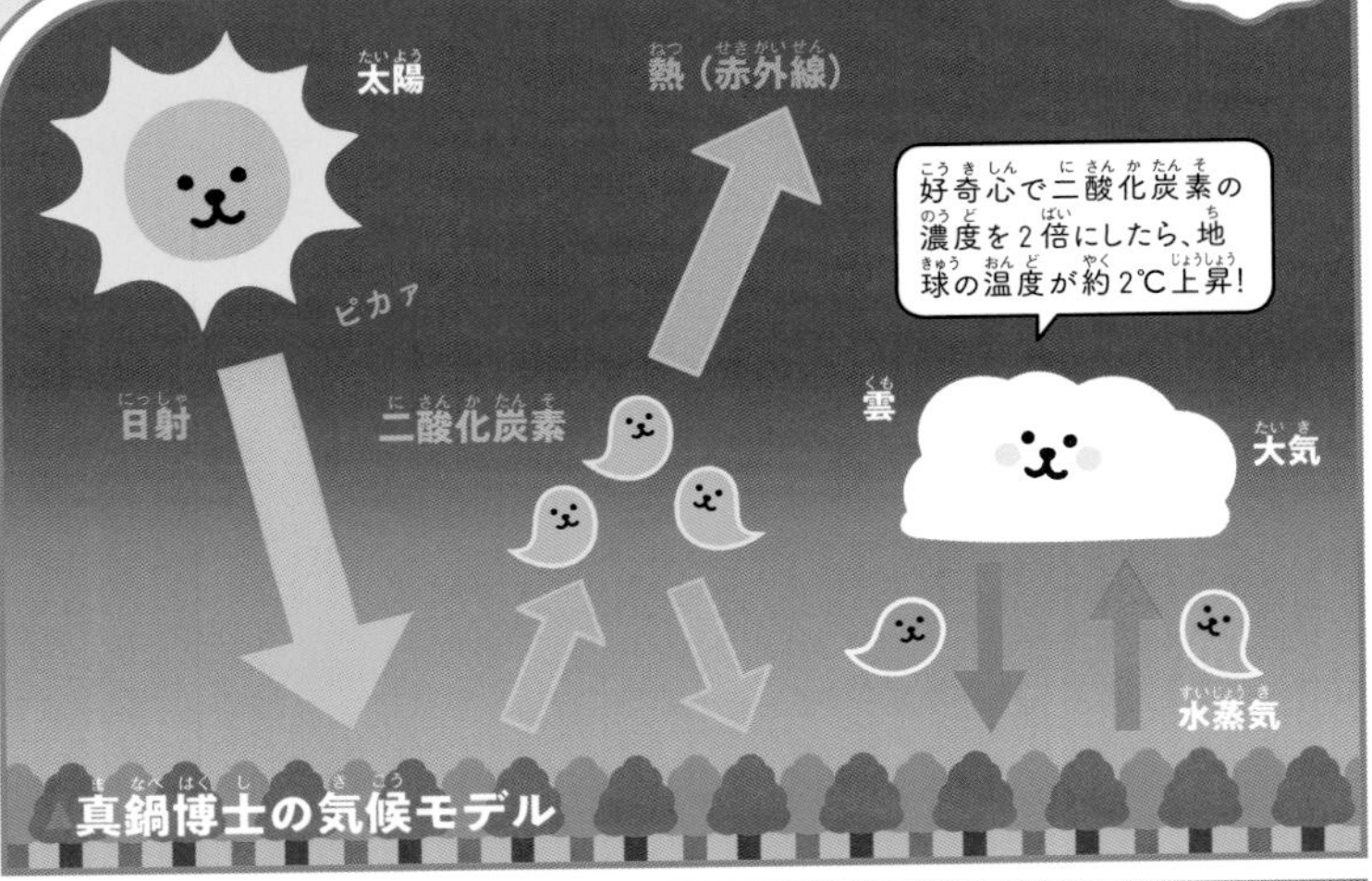


# ノーベル賞《しょう》を受賞《じゅしょう》した気象学研究《きしょうがくけんきゅう》

2021年《ねん》のノーベル物理学賞《ぶつりがくしょう》は、気象学者《きしょうがくしゃ》の真鍋淑郎博士《まなべしゅくろうはくし》が受賞《じゅしょう》しました。気象学《きしょうがく》では初《はつ》となり、まさに快挙《かいきょ》です。真鍋博《まなべはく》士《し》は地球《ちきゅう》の気候《きこう》をコンピュータでシミュレーションする**気候《きこう》モデル**を開発《かいはつ》し、二酸化炭素濃度《にさんかたんそのうど》を変《か》える実験《じっけん》から、二酸化炭素《にさんかたんそ》が地球温暖化《ちきゅうおんだんか》に影響《えいきょう》することを示《しめ》しました。

真鍋博士《まなべはくし》の気候《きこう》モデルは、地球《ちきゅう》の大《おお》きさや地形《ちけい》などの基本的《きほんてき》な情報《じょうほう》を入《い》れるだけで、本物《ほんもの》の地球《ちきゅう》とそっくりな気候《きこう》を再現《さいげん》できました。計算式《けいさんしき》のもとになっている物理法則《ぶつりほうそく》は質量保存《しつりょうほぞん》の法《ほう》則《そく》など、高校《こうこう》の理科《りか》で習《なら》うようなものばかり。基本《きほん》を組《く》み合《あ》わせて複雑《ふくざつ》な気象《きしょう》をわかりやすく解明《かいめい》したのです。

実験《じっけん》で二酸化炭素濃度《にさんかたんそのうど》を変化《へんか》させたのも、**好奇心《こうきしん》**でやってみただけだったそう。好《す》きなことを突《つ》き詰《つ》めていくと、重大《じゅうだい》な発《はっ》見《けん》につながることもあるということですね。

CHAPTER 4

# すごすぎる天《てん》気《き》と防《ぼう》災《さい》のはなし

晴《は》れや曇《くも》り、雨《あめ》、雪《ゆき》と、天気《てんき》は私《わたし》たちの生活《せいかつ》を大《おお》きく左右《さゆう》します。
また、ときには大雨《おおあめ》や台風《たいふう》などにより、災害《さいがい》が発生《はっせい》することもあります。
防災《ぼうさい》について知《し》っておけば、そんな天気《てんき》ともうまく付《つ》き合《あ》えるのです。
この章《しょう》では、天気《てんき》、そして防災《ぼうさい》について取《と》り上《あ》げます。

# 49

# シャワーの雨《あめ》の強《つよ》さは1時《じ》間《かん》に6万《まん》mm！

通《とお》り雨《あめ》は、「シャワーのような雨《あめ》」といわれることがあります。もし本当《ほんとう》にお風呂《ふろ》のシャワーの勢《いきお》いで雨《あめ》が降《ふ》ったらどんな強《つよ》さの雨《あめ》なのか、調《しら》べてみました。

まず、**雨量《うりょう》**とは、降《ふ》った雨《あめ》が流《なが》れ去《さ》らずにたまった場合《ばあい》の水《みず》の深《ふか》さのこと。雪《ゆき》や霰《あられ》を融《と》かして測《はか》ったものも含《ふく》めて**降水量《こうすいりょう》**ともいい、単位《たんい》はmmです。一方《いっぽう》、その瞬間《しゅんかん》に降《ふ》っている強《つよ》さの雨《あめ》が1時間《じかん》続《つづ》いた場合《ばあい》の降《こう》水量《すいりょう》を**降水強度《こうすいきょうど》**といい、単位《たんい》はmm毎時《まいじ》です。アメダスの雨量計《うりょうけい》では降水量《こうすいりょう》、レーダー観《かん》測《そく》では降水強度《こうすいきょうど》を観測《かんそく》しており、気象庁《きしょうちょう》ウェブサイトで雨《あめ》の状況《じょうきょう》を確認《かくにん》できます。

一般的《いっぱんてき》なシャワーでは水《みず》の流《なが》れる量《りょう》（流《りゅう》量《りょう》）は1分《ぷん》あたり10ℓで、これを10cm四方《しほう》の手《て》のひらで受《う》けた場合《ばあい》、なんと**シャワーの降水強度《こうすいきょうど》は6万《まん》mm毎時《まいじ》！**　1時間《じかん》続《つづ》けば雨量《うりょう》6万《まん》mmで、これを体重《たいじゅう》100kgの小柄《こがら》な力士《りきし》で考《かんが》えると、1m四方《しほう》あたり6秒《びょう》にひとり落《お》ちてくるのと同《おな》じ水《みず》の重《おも》さです。私《わたし》たちがお風呂《ふろ》で体感《たいかん》しているのは、とんでもない強《つよ》さの雨《あめ》なのです。

雨量《うりょう》が1時間《じかん》に60000㎜だと、自分《じぶん》が1m四方《しほう》あたり6秒《びょう》に1回《かいお》落ちるっす!

雨量《うりょう》が1時間《じかん》に50㎜だと、1m四方《しほう》にどのくらいの時間《じかん》で小柄《こがら》な力士《りきし》が落《お》ちてくるかな？

（答《こた》えはP171）

100kgの小柄《こがら》な力士《りきし》

⬆ 光学式《こうがくしき》ディスドロメーターという降水粒子《こうすいりゅうし》を測《はか》る機器《きき》で試《ため》したところ、降水強度《こうすいきょうど》は測定限界《そくていげんかい》の9999㎜毎時《まいじ》までしか観測《かんそく》できなかった……。

➡ 局地的大雨《きょくちてきおおあめ》。このときレーダーで推定《すいてい》された降水強度《こうすいきょうど》は最大《さいだい》142㎜毎時《まいじ》だった（2016年《ねん》9月《がつ》5日《か》12:00）。

## ▼雨《あめ》の強《つよ》さと降《ふ》り方《かた》

| 予報用語《よほうようご》 | 1時間雨量《じかんうりょう》 | イメージ | 影響《えいきょう》 | 屋外《おくがい》の様子《ようす》 |
|---|---|---|---|---|
| やや強《つよ》い雨《あめ》 | 10㎜以上《いじょう》～20㎜未満《みまん》 | ザーザーと降《ふ》る | 足元《あしもと》がぬれる | 地面一面《じめんいちめん》に水《みず》たまりができる |
| 強《つよ》い雨《あめ》 | 20㎜以上《いじょう》～30㎜未満《みまん》 | 土砂降《どしゃぶ》り | 傘《かさ》をさしてもぬれる | |
| 激《はげ》しい雨《あめ》 | 30㎜以上《いじょう》～50㎜未満《みまん》 | バケツをひっくり返《かえ》したように降《ふ》る | | 道路《どうろ》が川《かわ》のようになる |
| 非常《ひじょう》に激《はげ》しい雨《あめ》 | 50㎜以上《いじょう》～80㎜未満《みまん》 | 滝《たき》のように降《ふ》る（ゴーゴーと降《ふ》り続《つづ》く） | 傘《かさ》はまったく役《やく》に立《た》たなくなる | 水《みず》しぶきであたりが白《しろ》っぽくなり、視界《しかい》が悪《わる》くなる |
| 猛烈《もうれつ》な雨《あめ》 | 80㎜以上《いじょう》～ | 息苦《いきぐる》しくなるような圧迫感《あっぱくかん》、恐怖《きょうふ》を感《かん》じる | | |

**豆知識《まめちしき》**

「バケツをひっくり返《かえ》したような雨《あめ》」は、1時間雨量《じかんうりょう》が30㎜以上《いじょう》50㎜未満《みまん》の激《はげ》しい雨《あめ》を指《さ》しています。実際《じっさい》にバケツをひっくり返《かえ》した雨《あめ》を考《かんが》え、5ℓのバケツの水《みず》を1秒《びょう》で10㎝四方《しほう》に落《お》とした場合《ばあい》……雨量《うりょう》は1時間《じかん》に180万《まん》㎜!?

CHAPTER 4
天気《てんき》と防災《ぼうさい》

50

# 雨《あめ》が降《ふ》っていなくても川《かわ》の水《みず》が急《きゅう》に増《ふ》えることがある

夏《なつ》には川遊《かわあそ》びに行《い》く人《ひと》も多《おお》いのではないかと思《おも》います。そこで気《き》をつけてほしいのが、遊《あそ》んでいる場所《ばしょ》で雨《あめ》が降《ふ》っていなくても、**川《かわ》の水《みず》が急《きゅう》に増《ふ》える**場合《ばあい》があるということです。

これは、**川《かわ》の上流《じょうりゅう》で雨《あめ》が降《ふ》ったとき**に起《お》こります。とくに夏《なつ》には山地《さんち》で積乱雲《せきらんうん》が発《はっ》達《たつ》することがあります。積乱雲《せきらんうん》は狭《せま》い範囲《はんい》に大雨《おおあめ》をもたらすので、たとえ下流《かりゅう》では雲《くも》ひとつない晴《は》れでも、川《かわ》の上流《じょうりゅう》で大雨《おおあめ》になって、下流《かりゅう》で急《きゅう》に増水《ぞうすい》することがあるのです。これに備《そな》えるためには、天気予報《てんきよほう》で天《てん》気《き》の急変《きゅうへん》がありそうか、川遊《かわあそ》びのときも上《じょう》流《りゅう》で雨雲《あまぐも》が発達《はったつ》していないかなどをレーダーの情報《じょうほう》で確認《かくにん》するのが有効《ゆうこう》です。

子《こ》どもの水難死亡事故《すいなんしぼうじこ》のうち65%は川《かわ》や湖沼池《こしょうち》で起《お》こっています。川遊《かわあそ》びに行《い》く前《まえ》に危険《きけん》な場所《ばしょ》や流《なが》された場合《ばあい》の対応《たいおう》を『水《みず》辺《べ》の安全《あんぜん》ハンドブック』（河川財団《かせんざいだん》）などで予習《よしゅう》し、**必《かなら》ずライフジャケットを着用《ちゃくよう》**して遊《あそ》びましょう。しっかり準備《じゅんび》をして、安《あん》全《ぜん》に川遊《かわあそ》びを楽《たの》しんでください。

▲川《かわ》の水《みず》が急《きゅう》に増《ふ》えるしくみ

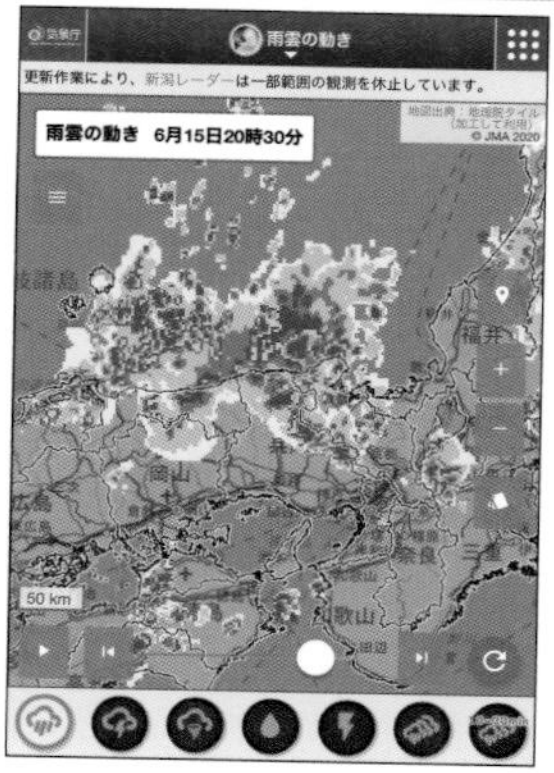


ナウキャスト

※ナウキャスト＝雨雲《あまぐも》の動《うご》き

⬆大人《おとな》のひざの浅《あさ》さでも、流《なが》れが2m毎秒《まいびょう》で片足《かたあし》に15kgの力《ちから》がかかる。

**豆知識《まめちしき》**

群馬県北部《ぐんまけんほくぶ》では、利根川上流《とねがわじょうりゅう》の大雨《おおあめ》で急激《きゅうげき》に増水《ぞうすい》することを「ねこまくり」と呼《よ》んでいます。この名《な》は、押《お》し寄《よ》せる水《みず》の先端《せんたん》が、猫《ねこ》の前足《まえあし》が曲《ま》がる様子《ようす》に似《に》ていることに由来《ゆらい》するのだとか。名前《なまえ》はかわいく聞《き》こえますが危険《きけん》な現象《げんしょう》です。

# 51

# 夏《なつ》でも道路《どうろ》を真《ま》っ白《しろ》にする氷《こおり》のかたまり「雹《ひょう》」

暑《あつ》い夏《なつ》の季節《きせつ》に、道路《どうろ》が雪《ゆき》でも積《つ》もったかのように真《ま》っ白《しろ》になることがあります。これは**雹**《ひょう》によるものです。

雹《ひょう》は、大《おお》きく成長《せいちょう》した氷《こおり》のつぶのこと。**積乱雲**《せきらんうん》のなかでは雪《ゆき》の結晶《けっしょう》に雲粒《うんりゅう》がくっつき、まず霰《あられ》が生《う》まれます。これらの違《ちが》いは大《おお》きさで、霰《あられ》は直径《ちょっけい》5㎜未満《みまん》、雹《ひょう》は直《ちょっ》径《けい》5㎜以上《いじょう》です。積乱雲《せきらんうん》の内部《ないぶ》に強《つよ》い上昇《じょうしょう》気流《きりゅう》があると、雨《あめ》や霰《あられ》などのつぶが落下《らっか》できず、レーダーの観測《かんそく》で雲内部《くもないぶ》を見《み》ると突《つ》き出《で》ているような構造《こうぞう》をしていることがあります。その先端《せんたん》の上昇気流《じょうしょうきりゅう》が弱《よわ》まっている部分《ぶぶん》で霰《あられ》が落下《らっか》し、上昇気流《じょうしょうきりゅう》につかまって上昇《じょうしょう》、という上下運動《じょうげうんどう》を何度《なんど》も繰《く》り返《かえ》すと、大《おお》きな雹《ひょう》に成長《せいちょう》するのです。

雹《ひょう》は大《おお》きいため融《と》けきらずにそのまま地上《ちじょう》に落下《らっか》します。すると、雨《あめ》と一緒《いっしょ》に道《どう》路《ろ》の低《ひく》い場所《ばしょ》に流《なが》れて集《あつ》まるので、積《つ》み重《かさ》なった雹《ひょう》で道路《どうろ》が白《しろ》くなることがあるというわけです。そんなときに屋外《おくがい》にいると雹《ひょう》があたって危険《きけん》なので、天気《てんき》が急変《きゅうへん》する前《まえ》に安全《あんぜん》な場所《ばしょ》に避難《ひなん》しましょう。

降《ふ》り積《つ》もった
大《おお》つぶの雹《ひょう》

## ▼雹《ひょう》の成長《せいちょう》する積乱雲《せきらんうん》の構造《こうぞう》

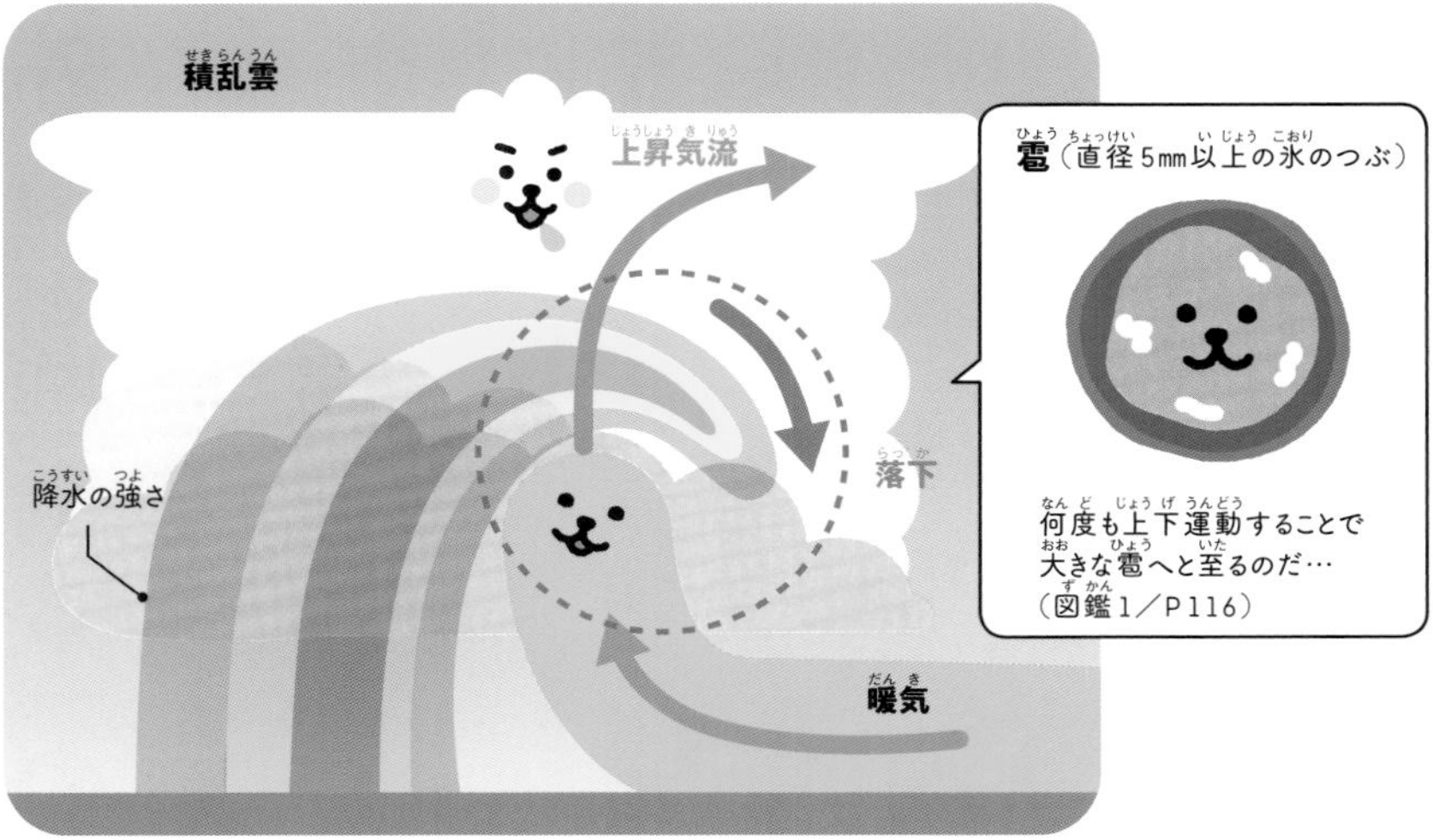


**豆知識《まめちしき》**

過去《かこ》にはメキシコで最大《さいだい》2ｍほども雹《ひょう》が積《つ》もったことがあり、車《くるま》が流《なが》されるなどして大《おお》きな被害《ひがい》が出《で》ました。気象庁《きしょうちょう》では積雪《せきせつ》やその深《ふか》さ（積雪深《せきせつしん》）を観測《かんそく》していますが、夏《なつ》の雹《ひょう》は積《つ》もっても積雪《せきせつ》としないことになっています。

# 52

# 「不《ふ》要《よう》不《ふ》急《きゅう》の外《がい》出《しゅつ》を控《ひか》える」のはどんなとき？

ニュースなどで「**不要不急《ふようふきゅう》の外出《がいしゅつ》を控《ひか》える**」ように呼《よ》びかけられることがあります。これはどんなときでしょうか。

台風《たいふう》による暴風《ぼうふう》などで屋外《おくがい》が極《きわ》めて危険《きけん》になる場合《ばあい》や、大雪《おおゆき》で大規模《だいきぼ》な車《くるま》の立《た》ち往《おう》生《じょう》のおそれがある場合《ばあい》などに、**気象庁《きしょうちょう》と国《こく》土交通省《どこうつうしょう》が合同《ごうどう》で緊急発表《きんきゅうはっぴょう》**を行《おこな》ってこの言《こと》葉《ば》で警戒《けいかい》を呼《よ》びかけます。合同緊急発表《ごうどうきんきゅうはっぴょう》は大雨《おおあめ》も含《ふく》めて危機的《ききてき》なときにだけ行《おこな》われ、もし自分《じぶん》の住《す》む地域《ちいき》が対象《たいしょう》なら本当《ほんとう》に気《き》をつける必要《ひつよう》があります。

何《なに》を不要不急《ふようふきゅう》と思《おも》うかは人《ひと》によって違《ちが》うかもしれません。そこで、外出《がいしゅつ》を控《ひか》える判《はん》断《だん》の目安《めやす》をあげてみました。外出《がいしゅつ》しなくても事足《ことた》りたり安全《あんぜん》な場所《ばしょ》からオンラインでできたりするもの（不要《ふよう》）、後日《ごじつ》に延期《えんき》できるもの（不急《ふきゅう》）が目安《めやす》になりそうです。安全確保《あんぜんかくほ》のために、外出先《がいしゅつさき》でどんな危険《きけん》があるかをイメージしておくことも大切《たいせつ》です。

楽《たの》しみな予定《よてい》の延期《えんき》は残念《ざんねん》ですが、緊急《きんきゅう》発表《はっぴょう》が行《おこな》われるときはそもそも危険《きけん》。安全《あんぜん》を最優先《さいゆうせん》して予定《よてい》を組《く》み直《なお》しましょう。

LIVE
気象庁・国交省緊急会見
気象庁
「不要不急の外出を控えて」

⬆何年《なんねん》か前《まえ》はコロナ禍《か》で「不要不急《ふようふきゅう》の外出《がいしゅつ》を控《ひか》える」ように呼《よ》びかけられていたが、国土交通省《こくどこうつうしょう》と気象庁《きしょうちょう》がこの呼《よ》びかけをするのは危険《きけん》な現象《げんしょう》が予想《よそう》されているとき。

**不要不急《ふようふきゅう》の外出《がいしゅつ》を控《ひか》える判断《はんだん》の目安《めやす》**

- □外出《がいしゅつ》しなくて事足《ことた》りるもの
- □安全《あんぜん》な場所《ばしょ》からオンラインでできるもの
- □後日《ごじつ》に延期《えんき》できるもの

**外出先《がいしゅつさき》での危険《きけん》をイメージしよう**

- ●予想《よそう》される天気《てんき》では移動中《いどうちゅう》や外出先《がいしゅつさき》で危険《きけん》がある
- ●交通機関《こうつうきかん》が外出中《がいしゅつちゅう》に止《と》まって安全《あんぜん》を確保《かくほ》できない
- ●自分《じぶん》や一緒《いっしょ》に外出《がいしゅつ》する人《ひと》の命《いのち》・安全《あんぜん》を確保《かくほ》できない

## ▼何《なに》が不要不急《ふようふきゅう》かを考《かんが》えよう

通学《つうがく》・通勤《つうきん》

屋外活動《おくがいかつどう》

イベント

お出《で》かけ・旅行《りょこう》

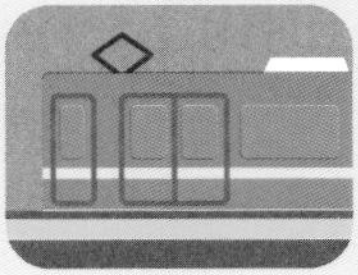

**豆知識《まめちしき》**

どんなときが不要不急《ふようふきゅう》なのか、これを読《よ》んだみなさんは家庭《かてい》、学校《がっこう》、職場《しょくば》などでも話《はな》してみてください。あらかじめ不要不急《ふようふきゅう》な場面《ばめん》について話《はな》し合《あ》いをしておけば、いざそうなったときにスムーズに判断《はんだん》・行動《こうどう》できます。

CHAPTER 4
天気《てんき》と防災《ぼうさい》

# 53

# 台風《たいふう》で時速《じそく》300km以上《いじょう》の暴風《ぼうふう》が吹《ふ》くことがある！

**夏**《なつ》から秋《あき》にかけては**台風**《たいふう》のシーズンでもあります。台風《たいふう》の接近《せっきん》に伴《ともな》って風《かぜ》も雨《あめ》も強《つよ》まりますが、最大《さいだい》でどのくらいの風《かぜ》が吹《ふ》くのでしょうか。

気象業界《きしょうぎょうかい》では、**風速**《ふうそく》の単位《たんい》に「m毎秒《まいびょう》」を用《もち》いています。気象庁《きしょうちょう》でも1886年《ねん》に風速《ふうそく》をこの単位《たんい》で表記《ひょうき》するよう定《さだ》めており、研究《けんきゅう》や耐風設計《たいふうせっけい》などの基準《きじゅん》にもなっています。ふつう、風速《ふうそく》というと10分間《ぷんかん》の平均《へいきん》風速《ふうそく》を指《さ》しており、**最大風速**《さいだいふうそく》は10分間《ぷんかん》平均《へいきん》風速《ふうそく》の最大値《さいだいち》、瞬間風速《しゅんかんふうそく》は3秒間《びょうかん》の平均風《へいきんふう》速《そく》、**最大瞬間風速**《さいだいしゅんかんふうそく》は3秒間平均風速《びょうかんへいきんふうそく》の最大《さいだい》値《ち》です。瞬間風速《しゅんかんふうそく》は10分間平均風速《ぷんかんへいきんふうそく》の1.5～2倍《ばい》になることが多《おお》いです。

猛烈《もうれつ》な台風《たいふう》の場合《ばあい》、中心付近《ちゅうしんふきん》の最大瞬間《さいだいしゅんかん》風速《ふうそく》が85m毎秒《まいびょう》になることがあり、これを時速《じそく》に換算《かんさん》するとなんと**時速**《じそく》**306km！**これは新幹線《しんかんせん》の最高速度《さいこうそくど》くらいの速《はや》さで、電柱《でんちゅう》や街灯《がいとう》が倒《たお》れて家《いえ》が倒壊《とうかい》するレベル。

風《かぜ》は強《つよ》さによって「強《つよ》い風《かぜ》」「猛烈《もうれつ》な風《かぜ》」など表現《ひょうげん》が異《こと》なります。天気予報《てんきよほう》で風《かぜ》の表《ひょう》現《げん》を聞《き》いて、どんな強《つよ》さか想像《そうぞう》してみて。

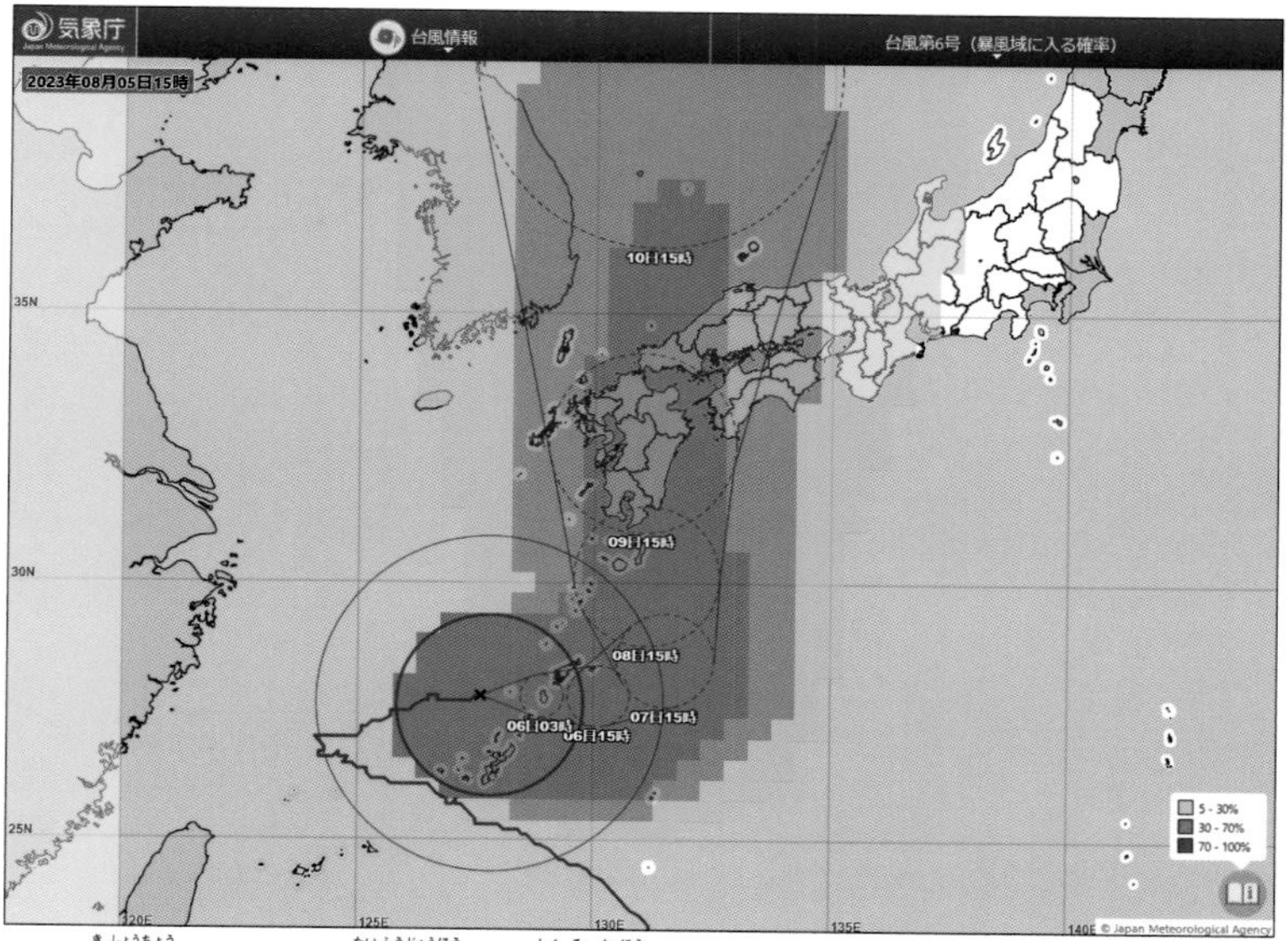


↑気象庁《きしょうちょう》ウェブサイト「台風情報《たいふうじょうほう》」では進路予報《しんろよほう》だけでなく暴風域《ぼうふういき》に入《はい》る確率《かくりつ》も確認《かくにん》できる。

台風情報《たいふうじょうほう》 🔍

## ▼風《かぜ》の強《つよ》さと吹《ふ》き方《かた》

| 予報用語《よほうようご》 | 平均風速《へいきんふうそく》 | おおよその最大瞬間風速《さいだいしゅんかんふうそく》 | 影響《えいきょう》 |
|---|---|---|---|
| **やや強《つよ》い風《かぜ》** | 10m毎秒以上《まいびょういじょう》～15m毎《まい》秒未満《びょうみまん》（時速《じそく》36～54km） | 15～20m毎秒《まいびょう》（時速《じそく》54～72km） | 風《かぜ》に向《む》かって歩《ある》きにくくなり、傘《かさ》がさせない |
| **強《つよ》い風《かぜ》** | 15m毎秒以上《まいびょういじょう》～20m毎《まい》秒未満《びょうみまん》（時速《じそく》54～72km） | 20～30m毎秒《まいびょう》（時速《じそく》72～108km） | 転倒《てんとう》の危険《きけん》があり、看板《かんばん》やトタン板《いた》が外《はず》れはじめる |
| **非常《ひじょう》に強《つよ》い風《かぜ》** | 20m毎秒以上《まいびょういじょう》～30m毎《まい》秒未満《びょうみまん》（時速《じそく》72～108km） | 30～45m毎秒《まいびょう》（時速《じそく》108～162km） | 何《なに》かにつかまらないと立《た》てず、走行中《そうこうちゅう》のトラックが横転《おうてん》 |
| **猛烈《もうれつ》な風《かぜ》** | 30m毎秒以上《まいびょういじょう》～（時速《じそく》108km～） | 45m毎秒《まいびょう》～（時速《じそく》162km～） | 屋外《おくがい》は極《きわ》めて危険《きけん》 |
| | 40m毎秒以上《まいびょういじょう》～（時速《じそく》144km～） | 60m毎秒《まいびょう》～（時速《じそく》216km～） | 電柱《でんちゅう》や街灯《がいとう》が倒《たお》れる 家《いえ》が倒壊《とうかい》することも |

**豆知識《まめちしき》**

不動産《ふどうさん》の位置《いち》を示《しめ》すときに使《つか》われる歩《ある》く速《はや》さの基準《きじゅん》は、徒歩《とほ》1分《ぷん》=道路距離《どうろきょり》80mで、これを秒速《びょうそく》に直《なお》すと約《やく》1.3m毎秒《まいびょう》です。1秒《びょう》に1.3mも進《すす》むということなので、人《ひと》によってはちょっと早歩《はやある》きしないといけないスピードです。

# 54

# 台《たい》風《ふう》の名《な》前《まえ》を決《き》めているのは「台《たい》風《ふう》委《い》員《いん》会《かい》」

気《き》象庁《しょうちょう》は毎年《まいとし》最《もっと》も早《はや》く発生《はっせい》した台風《たいふう》を第《だい》1号《ごう》として、その後《ご》は発生順《はっせいじゅん》に番号《ばんごう》をつけています。台風《たいふう》には、そのほかにもアジア名《めい》という名前《なまえ》があります。

**台風《たいふう》のアジア名《めい》**は、日本《にほん》を含《ふく》む14か国《こく》などが加盟《かめい》している**台風委員会《たいふういいんかい》**が決《き》めています。この組織《そしき》は北西太平洋《ほくせいたいへいよう》や南《みなみ》シナ海《かい》で発生《はっせい》する台風《たいふう》の防災《ぼうさい》に関《かん》する政府間組織《せいふかんそしき》です。アジアの人《ひと》になじみのある名前《なまえ》をつけて防災意識《ぼうさいいしき》を高《たか》めることなどを目的《もくてき》に140個《こ》のアジア名《めい》が決《き》められており、台風《たいふう》の年間《ねんかん》発生数《はっせいすう》の平年値《へいねんち》が25・1個《こ》なので5~6年《ねん》で一巡《いちじゅん》します。このうち日本名《にほんめい》は、コイヌやヤギ、ウサギ、コンパスなど、星座《せいざ》に由来《ゆらい》しています。

大《おお》きな災害《さいがい》をもたらした台風《たいふう》のアジア名《めい》は、その後《ご》は使用《しよう》しないことになっており、アジア名《めい》のリストは毎年変更《まいとしへんこう》されています。日本名《にほんめい》では、ワシ、コップ、ハト、テンビン、カンムリが引退済《いんたいず》みです。

名前《なまえ》が親《した》しみやすくても、台風《たいふう》は危険《きけん》な現象《げんしょう》です。正《ただ》しくおそれて備《そな》えましょう。

## ▼台風《たいふう》のアジア名《めい》の一部《いちぶ》と意味《いみ》

2024年《ねん》3月《がつ》時点《じてん》

| 提案《ていあん》した国《くに》と地域《ちいき》 | 呼《よ》び名《な》 | カタカナ読《よ》み | 意味《いみ》・由来《ゆらい》 |
|---|---|---|---|
| 日本《にほん》 | Koinu | コイヌ | こいぬ座《ざ》 |
| | Yagi | ヤギ | やぎ座《ざ》 |
| | Usagi | ウサギ | うさぎ座《ざ》 |
| | Kajiki | カジキ | かじき座《ざ》 |
| | Koto | コト | こと座《ざ》 |
| | Kujira | クジラ | くじら座《ざ》 |
| | Koguma | コグマ | こぐま座《ざ》 |
| | Kompasu | コンパス | コンパス座《ざ》 |
| | Tokage | トカゲ | とかげ座《ざ》 |
| | Yamaneko | ヤマネコ | やまねこ座《ざ》 |
| カンボジア | Damrey | ダムレイ | 象《ぞう》 |
| タイ | Prapiroon | プラピルーン | 雨《あめ》の神《かみ》 |
| フィリピン | Malakas | マラカス | 強《つよ》い |
| ベトナム | Trami | チャーミー | 花《はな》の名前《なまえ》 |
| マカオ | Sanba | サンバ | マカオの名所《めいしょ》 |
| マレーシア | Jelawat | ジェラワット | 淡水魚《たんすいぎょ》の名前《なまえ》 |
| ミクロネシア | Guchol | グチョル | うこん |
| 香港《ほんこん》 | Shanshan | サンサン | 少女《しょうじょ》の名前《なまえ》 |
| 中国《ちゅうごく》 | Wukong | ウーコン | (孫《そん》)悟空《ごくう》 |
| 北朝鮮《きたちょうせん》 | Noul | ノウル | 夕焼《ゆうや》け |
| 米国《べいこく》 | Francisco | フランシスコ | 男性《だんせい》の名前《なまえ》 |

↑気象庁《きしょうちょう》ウェブサイト「台風《たいふう》の番号《ばんごう》とアジア名《めい》の付《つ》け方《かた》」に最新《さいしん》のアジア名《めい》の一覧《いちらん》が載《の》っている。

←2023年《ねん》台風《たいふう》第《だい》14号《ごう》「コイヌ」。小犬《こいぬ》っぽさは全然《ぜんぜん》ない。

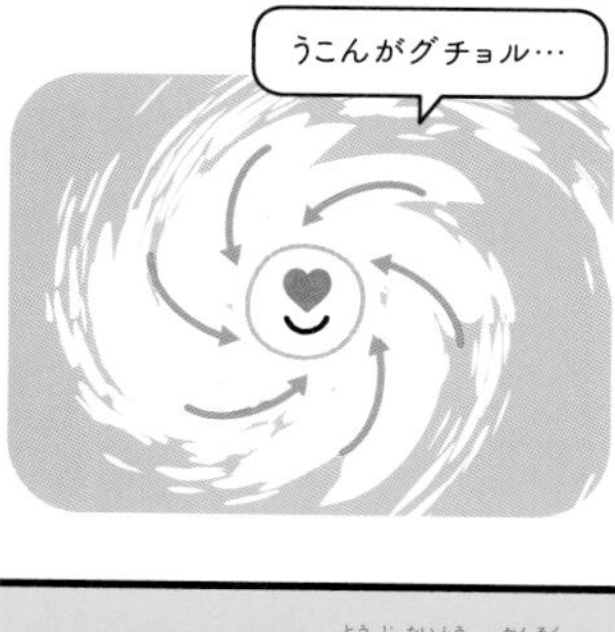


**豆知識《まめちしき》**

台風《たいふう》の名前《なまえ》は過去《かこ》には女性《じょせい》の名前《なまえ》になっていました。これは、当時台風《とうじたいふう》の観測《かんそく》を行《おこな》っていたアメリカの海軍《かいぐん》や空軍《くうぐん》の職員《しょくいん》が、遊《あそ》び心《ごころ》で自分《じぶん》の妻《つま》や恋人《こいびと》と同《おな》じ名前《なまえ》をつけ、親《した》しみを込《こ》めて呼《よ》んでいたことに由来《ゆらい》するのだとか。

# 55

# 雪《ゆき》道《みち》で転《ころ》びやすいのはどこ？

ふだん雪《ゆき》の少《すく》ない太平洋側《たいへいようがわ》などの地域《ちいき》に住《す》んでいる人《ひと》は、雪《ゆき》が降《ふ》るとテンションが上《あ》がりませんか？　雪《ゆき》に慣《な》れていないと**歩行時《ほこうじ》に転倒《てんとう》**するなどの危険《きけん》もあるので、危《あぶ》ない場所《ばしょ》を確認《かくにん》しておきましょう。

まず横断歩道《おうだんほどう》の白線部分《はくせんぶぶん》は水《みず》が染《し》み込《こ》まずに凍結《とうけつ》しやすく、バスやタクシー乗《の》り場《ば》は雪《ゆき》がふみ固《かた》められて、滑《すべ》りやすいです。坂道《さかみち》や階段《かいだん》、マンホールなどの金属《きんぞく》の部分《ぶぶん》も凍結《とうけつ》すると滑《すべ》りやすく、とても危険《きけん》。そして気《き》をつけたいのが歩道脇《ほどうわき》の側溝《そっこう》や障《しょう》害物《がいぶつ》です。積雪《せきせつ》でわかりにくいので足《あし》を取《と》られないように注意《ちゅうい》。コンビニなどタイル張《ば》りの床《ゆか》もぬれると滑《すべ》りやすく危《あぶ》ないです。

**雪道《ゆきみち》の歩《ある》き方《かた》と転《ころ》び方《かた》**にはコツがあります。歩幅《ほはば》を小《ちい》さくして、靴《くつ》の裏全体《うらぜんたい》で地面《じめん》にまっすぐ足《あし》をふみ出《だ》すペンギンのような歩《ある》き方《かた》だと転倒《てんとう》しにくいです。また、ポケットに手《て》を入《い》れるのはNG《エヌジー》。転《ころ》ぶときにはお尻《しり》から転《ころ》べば頭《あたま》を打《う》ちにくいです。

雪《ゆき》が降《ふ》り積《つ》もったら、転倒《てんとう》などに気《き》をつけ、しっかり防寒《ぼうかん》をして出《で》かけましょう。

## 転《ころ》びやすい場所《ばしょ》を確認《かくにん》しよう

### 横断歩道《おうだんほどう》

白線部分《はくせんぶぶん》は水《みず》が染《し》み込《こ》まず凍《こお》りやすい。

### バスやタクシー乗《の》り場《ば》

雪《ゆき》がふみ固《かた》められて滑《すべ》りやすい。

### 坂道《さかみち》・階段《かいだん》や歩道橋《ほどうきょう》

滑《すべ》って転倒《てんとう》しやすいので本当《ほんとう》に注意《ちゅうい》が必要《ひつよう》。

### マンホールと側溝《そっこう》のフタ

金属《きんぞく》の部分《ぶぶん》は凍結《とうけつ》すると滑《すべ》りやすくとても危険《きけん》。

### 歩道脇《ほどうわき》の側溝《そっこう》や障害物《しょうがいぶつ》

雪《ゆき》で水路《すいろ》や障害物《しょうがいぶつ》がわかりにくく危険《きけん》。

### タイル張《ば》りの床《ゆか》

コンビニなどでは要注意《ようちゅうい》。靴《くつ》の裏《うら》の雪《ゆき》を落《お》とそう。

## 歩《ある》き方《かた》と転《ころ》び方《かた》のポイント

ペンギンみたいに歩《ある》くのがおすすめ。

地面《じめん》にまっすぐ足《あし》をふみ出《だ》し、重心《じゅうしん》を少《すこ》し前《まえ》にして歩《ある》こう。

もし転《ころ》んでも受《う》け身《み》を取《と》れるように、手《て》は外《そと》に出《だ》そう。

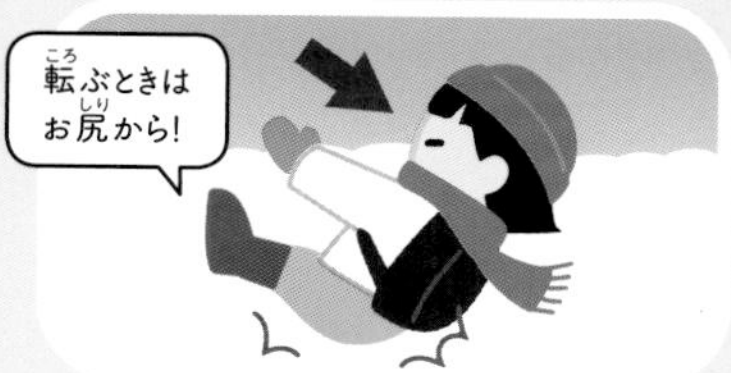


しゃがむようにしてお尻《しり》から転《ころ》べば頭《あたま》を打《う》ちにくくなる。

**豆知識《まめちしき》**

雪《ゆき》の日《ひ》の外出時《がいしゅつじ》は服装《ふくそう》にも注意《ちゅうい》。スニーカーは靴底《くつぞこ》が滑《すべ》ることがあるので、撥《はっ》水性《すいせい》や防水性《ぼうすいせい》のある長靴《ながぐつ》、底《そこ》の滑《すべ》りにくい靴《くつ》を。転倒時《てんとうじ》に身《み》を守《まも》るために手袋《てぶくろ》や帽子《ぼうし》も着用《ちゃくよう》し、手持《ても》ちのカバンではなくリュックにしましょう。

# 56

# 昔《むかし》はロケットや凧《たこ》で空《そら》を観測《かんそく》していた！

空《そら》の観測手段《かんそくしゅだん》として、気球《ききゅう》にセンサーをつけて飛《と》ばす**ラジオゾンデ観測《かんそく》**が行《おこな》われています。じつは、昔《むかし》はロケットや凧《たこ》で空《そら》を観測《かんそく》していたことがあるのです。**気象《きしょう》ロケット観測《かんそく》**は、気球《ききゅう》では測《はか》れない高《たか》さ20〜60kmの大気《たいき》の層《そう》を観測《かんそく》するものです。ロケットゾンデというセンサーを搭載《とうさい》しており、これが最高到達点《さいこうとうたつてん》の高度約《こうどやく》60kmで切《き》り離《はな》され、パラシュートで落下《らっか》しながら気温《きおん》・風《かぜ》を測定《そくてい》。1970年《ねん》からはじまり、気象衛星《きしょうえいせい》など新《あら》たな観測手段《かんそくしゅだん》の登場《とうじょう》で2001年《ねん》に終了《しゅうりょう》しました。

また、1922年《ねん》には風《かぜ》が強《つよ》いときには**凧《たこ》**、風《かぜ》が弱《よわ》いときには**係留気球《けいりゅうききゅう》**という気球《ききゅう》にセンサーをつけて、高度約《こうどやく》1.5kmまでの気温《きおん》・湿度《しつど》・気圧《きあつ》・風《かぜ》を測《はか》っていました。第二次世界大戦末期《だいにじせかいたいせんまっき》に気球《ききゅう》に使《つか》う水素《すいそ》が不足《ふそく》し、1944年《ねん》に観測《かんそく》を終《お》えています。

上空《じょうくう》の観測《かんそく》は予報《よほう》に加《くわ》えて気候変動《きこうへんどう》の理解《りかい》などに重要《じゅうよう》で、観測《かんそく》する手段《しゅだん》の乏《とぼ》しかった当時《とうじ》は、あの手《て》この手《て》で観測《かんそく》しようとしていたのです。

'01年 3月21日

## 気象《きしょう》ロケット

⬆打《う》ち上《あ》げに失敗《しっぱい》したものの、たまたま拾《ひろ》われて回収《かいしゅう》されたらしい。気象測器歴史館《きしょうそっきれきしかん》に展示《てんじ》。

⬅2001年《ねん》3月《がつ》21日《にち》の最後《さいご》の気象《きしょう》ロケット観測《かんそく》。通算《つうさん》で第《だい》1119号《ごう》。岩手県大船渡市綾里《いわてけんおおふなとしりょうり》の気象《きしょう》ロケット観測所《かんそくしょ》で毎週水曜日《まいしゅうすいようび》に打《う》ち上《あ》げられていた。

## 観測《かんそく》に用《もち》いられていた凧《たこ》

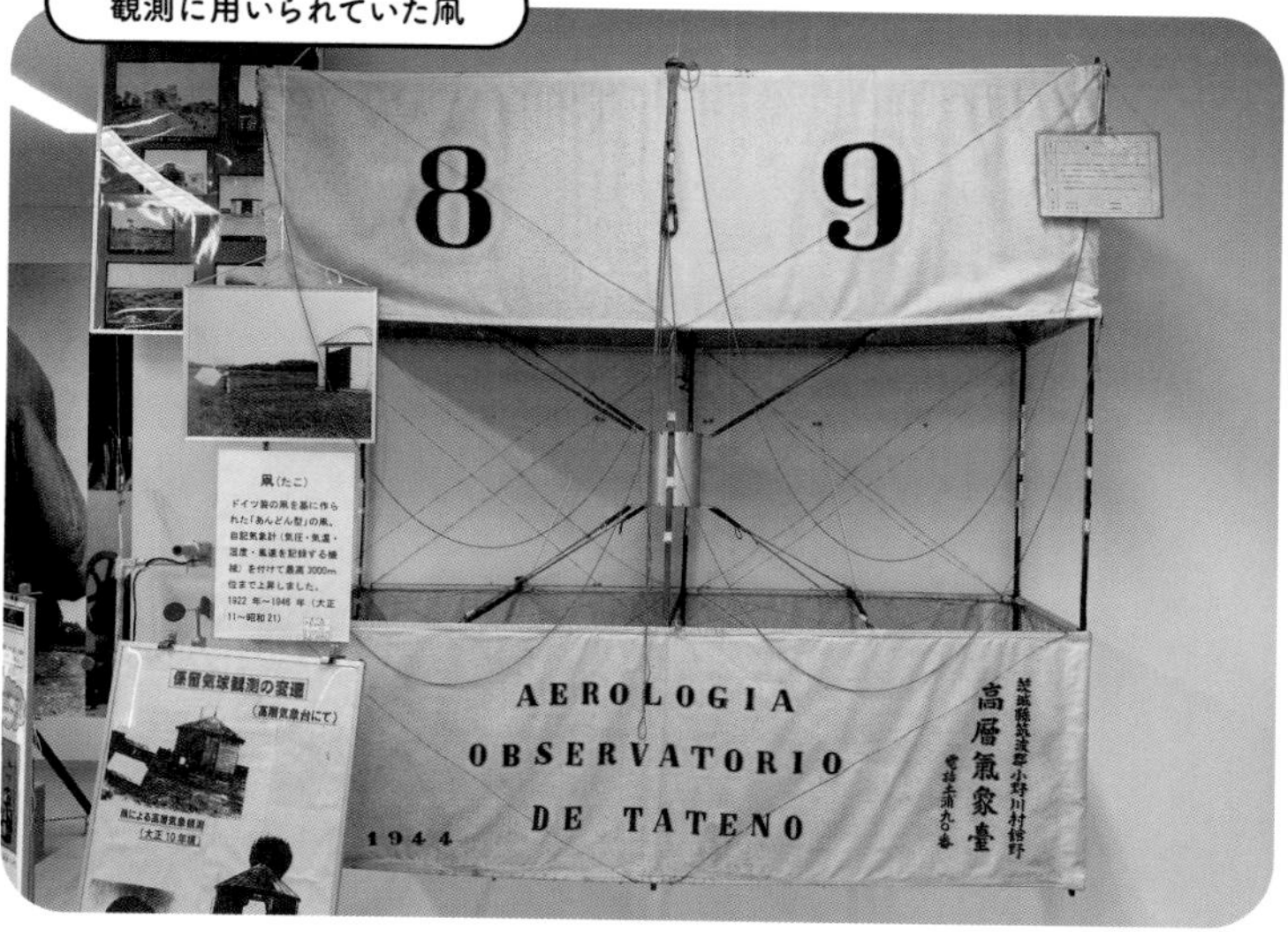

8 9
凧（たこ）
ドイツ製の凧を基に作られた「あんどん型」の凧。自記気象計（気圧・気温・湿度・風速を記録する機械）を付けて最高3000m位まで上昇しました。
1922年～1946年（大正11～昭和21）
係留気球観測の変遷
（高層気象台にて）
AEROLOGIA
OBSERVATORIO
DE TATENO
1944
高層氣象臺

**豆知識《まめちしき》**

気球《ききゅう》によるラジオゾンデ観測《かんそく》は、日本時間《にほんじかん》で9時《じ》と21時《じ》の1日《にち》2回《かい》、世界中《せかいじゅう》で同時《どうじ》に行《おこな》われています。同《おな》じ時間《じかん》に上空《じょうくう》を観測《かんそく》して互《たが》いに結果《けっか》を共有《きょうゆう》することで、地球全体《ちきゅうぜんたい》の大気《たいき》の状態《じょうたい》を調《しら》べ、天気予報《てんきよほう》の精度《せいど》を高《たか》めています。

# 57

# 位置情報《いちじょうほう》のわかるしくみが大雨《おおあめ》の予測《よそく》に使《つか》われている

スマートフォンやカーナビなどでは、位置情報《いちじょうほう》の取得《しゅとく》にGPS《ジーピーエス》（全地球測位《ぜんちきゅうそくい》システム）が使《つか》われています。このしくみが、大雨《おおあめ》の予測《よそく》にも使《つか》われています。

GPS《ジーピーエス》はアメリカが管理《かんり》するシステムで、複数《ふくすう》の衛星《えいせい》から同時《どうじ》に発信《はっしん》された電波《でんぱ》を地上《ちじょう》の受信機《じゅしんき》で受信《じゅしん》し、衛星《えいせい》から受信機《じゅしんき》に電波《でんぱ》が届《とど》くまでの時間《じかん》と衛星《えいせい》・受信機《じゅしんき》の距離《きょり》から、受信機《じゅしんき》の位置《いち》を計算《けいさん》（測位《そくい》）しています。さらに、いくつかの国《くに》や地域《ちいき》が共同《きょうどう》で管理《かんり》するGNSS《ジーエヌエスエス》（全地球航法衛星《ぜんちきゅうこうほうえいせい》システム）は、より多《おお》くの衛星《えいせい》を使《つか》って測位《そくい》の精度《せいど》を高《たか》めています。

大気中《たいきちゅう》の水蒸気量《すいじょうきりょう》が多《おお》いと、電波《でんぱ》の届《とど》く時間《じかん》が遅《おく》れる特性《とくせい》があります。これを利用《りよう》して、水蒸気量《すいじょうきりょう》を推定《すいてい》することができます。すでに気象庁《きしょうちょう》の予報《よほう》に取《と》り入《い》れられており、船舶《せんぱく》でのGNSS《ジーエヌエスエス》観測《かんそく》で線状降水帯《せんじょうこうすいたい》の予測《よそく》精度《せいど》が上《あ》がるという研究《けんきゅう》もあります。

GNSS《ジーエヌエスエス》は国土地理院《こくどちりいん》が全国約《ぜんこくやく》1300か所《しょ》の観測網《かんそくもう》を持《も》っており、天気予報《てんきよほう》や気象研究《きしょうけんきゅう》に利用《りよう》されているのです。

## ▼GNSS《ジーエヌエスエス》による観測《かんそく》のしくみ

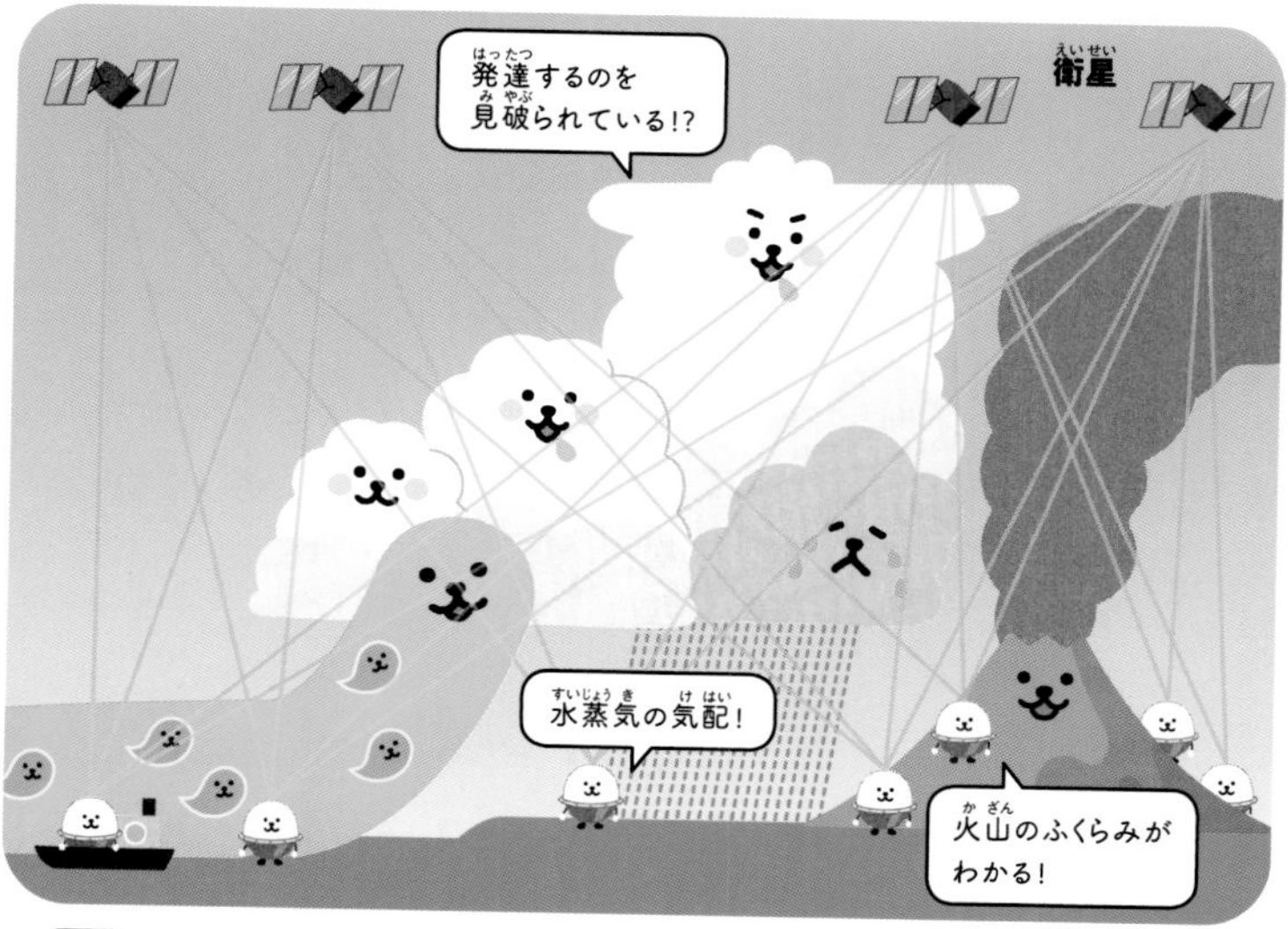


**略語《りゃくご》と意味《いみ》**
- GPS《ジーピーエス》: 全地球測位《ぜんちきゅうそくい》システム(Global《グローバル》 Positioning《ポジショニング》 System《システム》)
- GNSS《ジーエヌエスエス》: 全地球航法衛星《ぜんちきゅうこうほうえいせい》システム(Global《グローバル》 Navigation《ナビゲーション》 Satellite《サテライト》 System《システム》)

↓ →GNSS《ジーエヌエスエス》の受信機《じゅしんき》やアンテナにはいろいろな種類《しゅるい》があり、見《み》た目《め》もさまざま。

※電子基準点《でんしきじゅんてん》は位置《いち》を精密《せいみつ》に決《き》める観測施設《かんそくしせつ》で、地殻変動《ちかくへんどう》の監視《かんし》や位置情報《いちじょうほう》サービスの支援《しえん》などに広《ひろ》く利用《りよう》されている。

**テンさん**
(電子基準点《でんしきじゅんてん》の受信機《じゅしんき》のアンテナ)

**豆知識《まめちしき》**

GPS《ジーピーエス》やGNSS《ジーエヌエスエス》は測位《そくい》のシステムなので、火山周辺《かざんしゅうへん》に設置《せっち》して火山《かざん》のふくらみを観測《かんそく》し、噴火《ふんか》などの火山活動《かざんかつどう》を監視《かんし》するためにも使《つか》われます。また、地震《じしん》のときの地盤《じばん》の動《うご》きもわかるので、地震《じしん》の研究《けんきゅう》にも利用《りよう》されています。

# 58 いまの空《そら》を知《し》るための「地上《ちじょう》マイクロ波放射計《はほうしゃけい》」大解剖《だいかいぼう》！

気《き》象庁《しょうちょう》では、空《そら》を知《し》るために新《あら》たに**地《ち》上《じょう》マイクロ波放射計《はほうしゃけい》**を取《と》り入《い》れました。どんな観測機器《かんそくきき》か、大解剖《だいかいぼう》します。

上空《じょうくう》の状態《じょうたい》を知《し》るために、1日《にち》2回《かい》のラジオゾンデ観測《かんそく》（P142）が行《おこな》われています。地上《ちじょう》マイクロ波放射計《はほうしゃけい》は、大気《たいき》や雲《くも》の発《はっ》する電磁波《でんじは》の受信機《じゅしんき》で、なんと**1秒間《びょうかん》隔《かく》で上空《じょうくう》の気温《きおん》と水蒸気量《すいじょうきりょう》を観測《かんそく》**でき、積《せき》乱雲《らんうん》の発生直前《はっせいちょくぜん》の空《そら》を捉《とら》えられます。上空《じょうくう》の風《かぜ》を観測《かんそく》できるウィンドプロファイラのある西日本《にしにほん》を中心《ちゅうしん》とした17地点《ちてん》に設置《せっち》し、かなりの高頻度《こうひんど》で上空《じょうくう》の気温《きおん》・水蒸気量《すいじょうきりょう》・風《かぜ》を観測《かんそく》しているのです。

**犬《いぬ》のような見《み》た目《め》でかわいい**ですね。しっぽみたいなものは気象《きしょう》センサー、背中《せなか》の青枠《あおわく》はレドームというフタで、なかに観測《かんそく》する角度《かくど》を変《か》える反射板《はんしゃばん》、体内《たいない》にアンテナがあります。頭《あたま》は風《かぜ》を送《おく》り出《だ》すブロワーといい、レドームが雨《あめ》でぬれるのを防《ふせ》ぎます。

研究用《けんきゅうよう》に持《も》ち運《はこ》びできる小型機《こがたき》や、宇宙《うちゅう》からの電磁波《でんじは》も測《はか》れる大型機《おおがたき》も開発《かいはつ》されています。いま注目《ちゅうもく》の観測機器《かんそくきき》なのです。

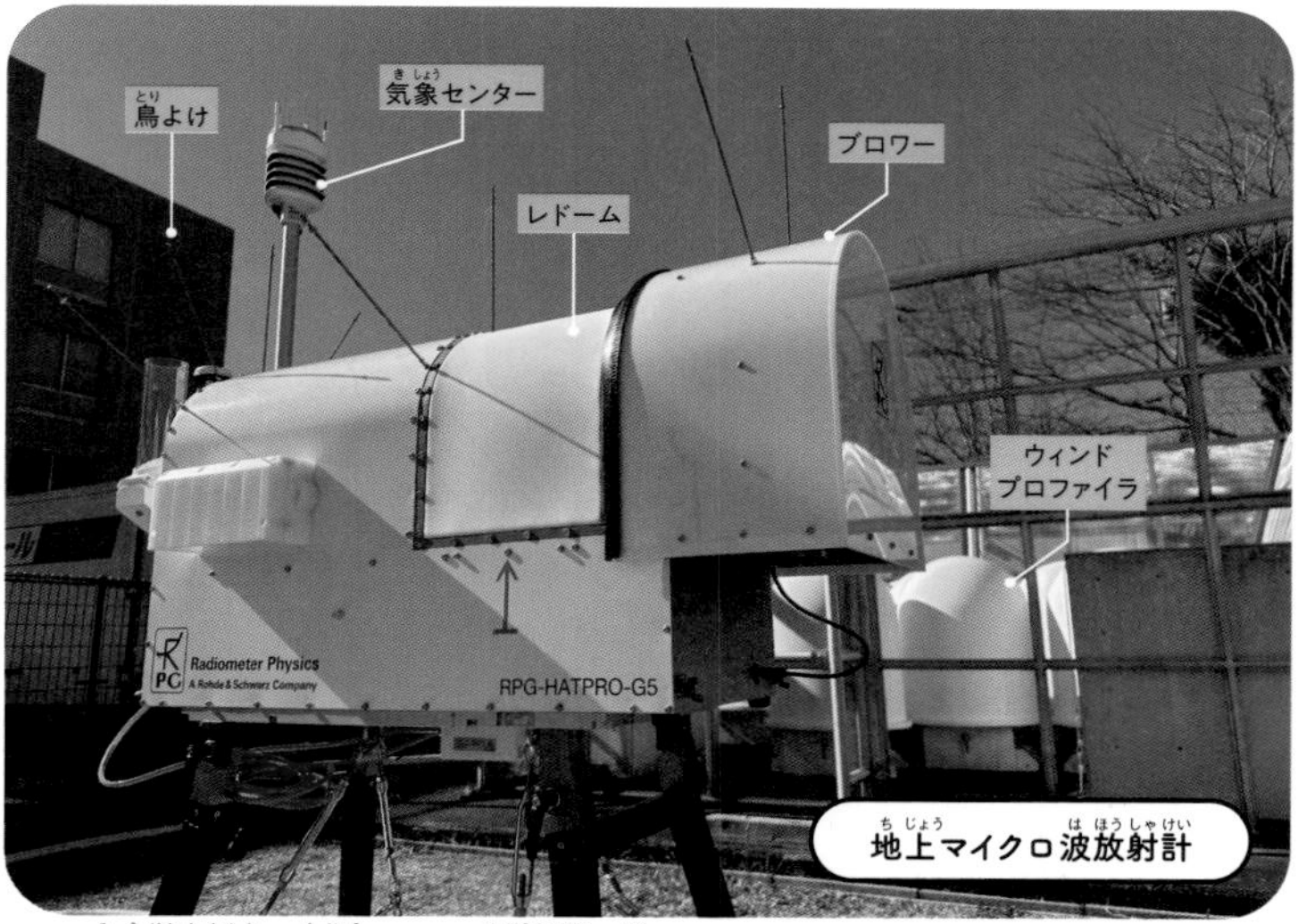


↑三重県尾鷲市《みえけんおわせし》の地上《ちじょう》マイクロ波放射計《はほうしゃけい》。奥《おく》にあるのがウィンドプロファイラ。犬《いぬ》の体《からだ》から生《は》えているトゲトゲに釣《つ》り糸《いと》を張《は》って、鳥《とり》よけをしている。

↑レドーム内部《ないぶ》の反射板《はんしゃばん》。この向《む》きを変《か》えることで、真上《まうえ》だけでなく斜《なな》めも観測《かんそく》できる。

▲さまざまなマイクロ波放射犬《はほうしゃけん》

**豆知識《まめちしき》**

地上《ちじょう》マイクロ波放射計《はほうしゃけい》は、気象庁《きしょうちょう》の予報現場《よほうげんば》で実況監視《じっきょうかんし》や予測結果《よそくけっか》の検証《けんしょう》に使《つか》われています。また、観測《かんそく》した水蒸気量《すいじょうきりょう》は大雨《おおあめ》の予測精度《よそくせいど》を高《たか》めるのに役立《やくだ》つことが確認《かくにん》されており、2024年《ねん》3月《がつ》から日々《ひび》の予測《よそく》に組《く》み込《こ》まれています。

# 59

# AI《エーアイ》で天気予報《てんきよほう》はどこまでできる？

学《がっ》校《こう》の授業《じゅぎょう》でも使《つか》われることのある**AI**《エーアイ》（人工知能《じんこうちのう》）。意外《いがい》にも天気予《てんきよ》報《ほう》には昔《むかし》から取《と》り入《い》れられています。

天気予報《てんきよほう》は、物理法則《ぶつりほうそく》から将来《しょうらい》の大気《たいき》を計算《けいさん》する**数値予報《すうちよほう》モデル**をもとにしています（図鑑《ずかん》2／P152）。モデルの結果《けっか》は数値《すうち》の羅列《られつ》で人間《にんげん》が解釈《かいしゃく》しにくいため、天《てん》気《き》や最高気温《さいこうきおん》などに翻訳《ほんやく》する**ガイダンス**を使《つか》って、予報担当者《よほうたんとうしゃ》が予報《よほう》を作成《さくせい》します。

ガイダンスの多《おお》くは**ニューラルネットワーク**というAI《エーアイ》です。これは人間《にんげん》が決《き》めた特徴《とくちょう》からコンピュータが学習《がくしゅう》するもので、モデルのクセを修正《しゅうせい》できますが、未学習《みがくしゅう》のことはできないなどの特徴《とくちょう》があります。近《きん》年《ねん》ではこれがさらに発展《はってん》して、コンピュータがより深《ふか》く学習《がくしゅう》して自《みずか》ら特徴《とくちょう》を見《み》つける**深層学習《しんそうがくしゅう》**（ディープラーニング）が登場《とうじょう》。

最新《さいしん》の深層学習《しんそうがくしゅう》のAI予測《エーアイよそく》では、これまで苦手《にがて》とされてきた大雨《おおあめ》や猛暑《もうしょ》など極端《きょくたん》な現象《げんしょう》も予測精度《よそくせいど》が高《たか》まったというのですから驚《おどろ》きです。さまざまなアプローチで予測技術《よそくぎじゅつ》の開発《かいはつ》が進《すす》められています。

## ▼ガイダンスのしくみ

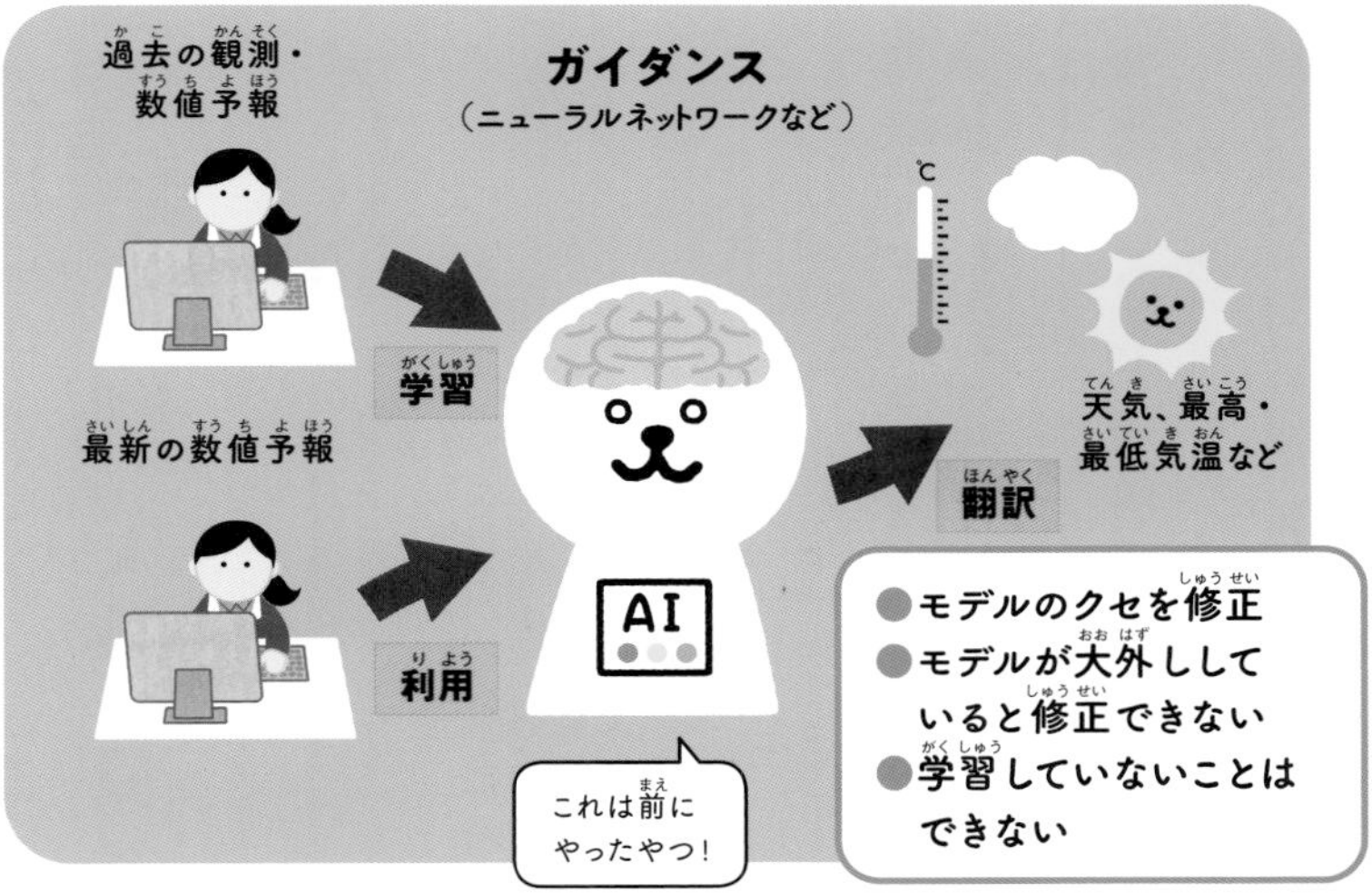


## ▼深層学習《しんそうがくしゅう》による気象予測《きしょうよそく》のしくみ

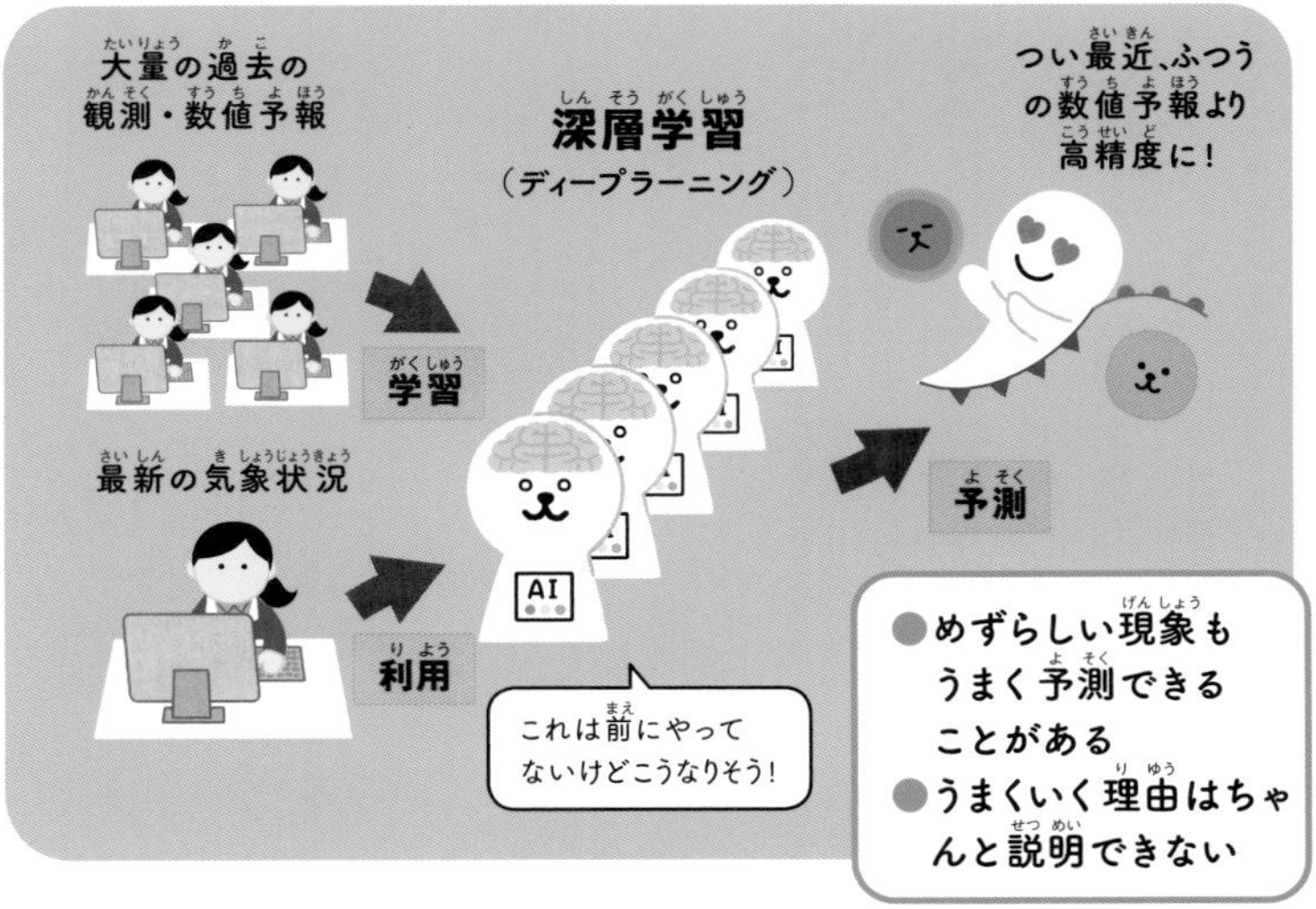


**豆知識《まめちしき》**

最近《さいきん》は生成《せいせい》AI《エーアイ》で画像《がぞう》や動画《どうが》もつくれるようになりました。「太陽側《たいようがわ》に影《かげ》がある」などおかしいところがあるかで本物《ほんもの》の写真《しゃしん》かを見《み》わけられますが、精密《せいみつ》なものは専門家《せんもんか》でも本物《ほんもの》の写真《しゃしん》かを見《み》わけるのが困難《こんなん》なレベルになってきています。

# 60

# 予《よ》想《そう》・予《よ》測《そく》・予《よ》報《ほう》は似《に》ているようでちょっと違《ちが》う

天《てん》気《き》予《よ》報《ほう》などで未来《みらい》のことを解説《かいせつ》するときに、予想《よそう》、予測《よそく》、予報《よほう》という、似《に》た言葉《ことば》が使《つか》われることがあります。何《なに》が違《ちが》うのか考《かんが》えてみましょう。

まず**予想《よそう》**は、あらかじめ想像《そうぞう》することです。「主観的《しゅかんてき》な考《かんが》えという意味《いみ》が強《つよ》く、必《かなら》ずしも数値予報《すうちよほう》モデルの結果《けっか》のような客《きゃっ》観的《かんてき》な根拠《こんきょ》がなくても使《つか》われます。ただ、次《つぎ》の予測《よそく》・予報《よほう》の解説《かいせつ》に使《つか》われることも。

**予測《よそく》**はあらかじめ推《お》し量《はか》るという意味《いみ》で、気象学《きしょうがく》であれば数値予報《すうちよほう》モデルなどの何《なん》らかの客観的《きゃっかんてき》な根拠《こんきょ》をもとにしたものです。そのため、人間《にんげん》の手《て》を入《い》れていない計算《けいさん》そのものを予測《よそく》と表現《ひょうげん》することが多《おお》いです。

最後《さいご》に**予報《よほう》**は、予想《よそう》して知《し》らせる（報《ほう》じる）こと。気象業務法《きしょうぎょうむほう》では「観測《かんそく》の成果《せいか》に基《もと》づく現象《げんしょう》の予想《よそう》の発表《はっぴょう》」と定《さだ》められ、数《すう》値予《ちよ》報《ほう》モデルや観測《かんそく》の結果《けっか》などをもとに予《よ》報担当者《ほうたんとうしゃ》が作成《さくせい》・発表《はっぴょう》するものです。

このように、言葉《ことば》によって少《すこ》しずつ意味《いみ》合《あ》いが違《ちが》います。天気予報《てんきよほう》を聞《き》くときに気《き》にしてみましょう。

## ▼ 予想《よそう》・予測《よそく》・予報《よほう》の違《ちが》い

**予想《よそう》**

- あらかじめ想像《そうぞう》すること
- 主観的《しゅかんてき》な考《かんが》えで、必《かなら》ずしも客観的《きゃっかんてき》な根拠《こんきょ》があるわけではない
- 予測《よそく》・予報《よほう》の解説《かいせつ》に使《つか》われることも

**予測《よそく》**

- あらかじめ推《お》し量《はか》ること
- 何《なん》らかの客観的《きゃっかんてき》な根拠《こんきょ》に基《もと》づいている
- 数値予報《すうちよほう》モデルの結果《けっか》など

**予報《よほう》**

- 予想《よそう》して知《し》らせること
- 数値予報《すうちよほう》モデルや観測《かんそく》の結果《けっか》をもとに、予報担当者《よほうたんとうしゃ》が作成《さくせい》

黄砂情報《こうさじょうほう》

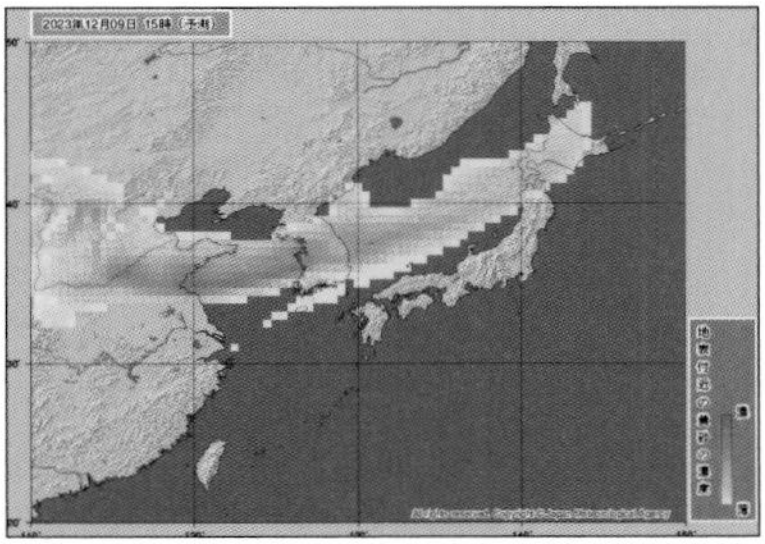


⬆気象庁《きしょうちょう》ウェブサイト「黄砂情報《こうさじょうほう》」の黄砂解析予測《こうさかいせきよそく》図《ず》。黄砂予測《こうさよそく》の計算結果《けいさんけっか》を直接確認《ちょくせつかくにん》できる。

天気予報《てんきよほう》

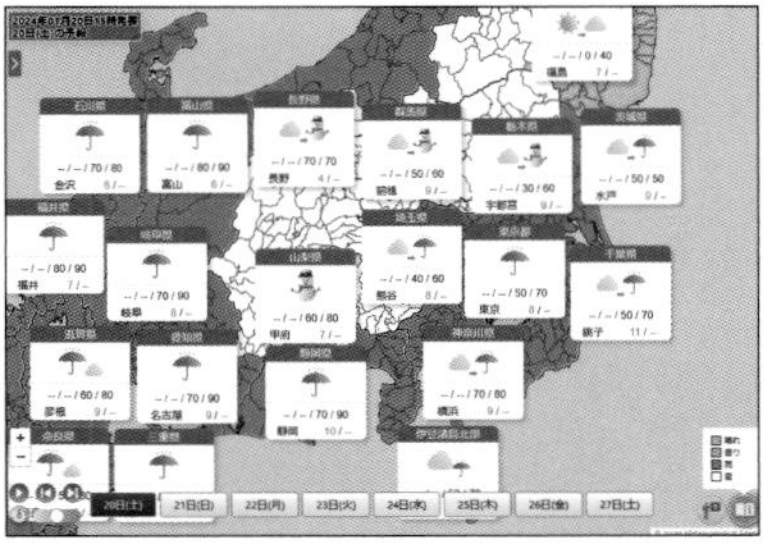


⬆気象庁《きしょうちょう》ウェブサイト「天気予報《てんきよほう》」。予報担当者《よほうたんとうしゃ》がモデルの信頼性《しんらいせい》を考《かんが》えて作成《さくせい》している。

**豆知識《まめちしき》**

予測技術《よそくぎじゅつ》が発展《はってん》して、気象庁《きしょうちょう》の予報官《よほうかん》や気象予報士《きしょうよほうし》による予報作業《よほうさぎょう》が不要《ふよう》になるのではという議論《ぎろん》があります。当面《とうめん》は人《ひと》による作業《さぎょう》が必要《ひつよう》ですが、将来《しょうらい》的《てき》には防災《ぼうさい》の観点《かんてん》で解説《かいせつ》するという役割《やくわり》が人《ひと》にとっては重要《じゅうよう》になりそうです。

CHAPTER 4

天気《てんき》と防災《ぼうさい》

# 61

# 誰《だれ》でもできる「観天望気《かんてんぼうき》」で未来《みらい》の空《そら》を予想《よそう》しよう

空《そら》や雲《くも》を見《み》て天気《てんき》の変化《へんか》を予想《よそう》することを、**観天望気《かんてんぼうき》**といいます。信頼性《しんらいせい》が高《たか》く、観天望気《かんてんぼうき》のできる雲《くも》を紹介《しょうかい》します。

まずは**晴《は》れ**のサインとして、蜂《はち》の巣状雲《すじょううん》があります。巻積雲《けんせきうん》や高積雲《こうせきうん》、層積雲《そうせきうん》が消《き》えゆくときに出現《しゅつげん》。短《みじか》くてすぐ消《き》える飛《ひ》行機雲《こうきぐも》も上空《じょうくう》が乾燥《かんそう》しているので晴《は》れが続《つづ》きます。朝《あさ》の霧《きり》や霜《しも》は晴天時《せいてんじ》の放射冷却《ほうしゃれいきゃく》で発生《はっせい》するので、晴《は》れの目安《めやす》になります。

また、**天気《てんき》が下《くだ》り坂《ざか》**になるサインとしては、西《にし》から低気圧《ていきあつ》や前線《ぜんせん》が接近《せっきん》して上空《じょうくう》から湿《しめ》ってくるときに見《み》られる雲《くも》があげられます。ハロを伴《ともな》う巻層雲《けんそううん》や空《そら》に広《ひろ》がる巻積《けんせき》雲《うん》、空《そら》に長《なが》く残《のこ》る飛行機雲《ひこうきぐも》や高層雲《こうそううん》、そして山越《やまご》え気流《きりゅう》に伴《ともな》う笠雲《かさぐも》やレンズ雲《ぐも》（吊《つ》るし雲《ぐも》）がこれにあたります。

**天気《てんき》の急変《きゅうへん》**の観天望気《かんてんぼうき》には、雄大積雲《ゆうだいせきうん》の頭《あたま》にできる頭巾雲《ずきんぐも》、積乱雲《せきらんうん》が限界《げんかい》まで発達《はったつ》してできたかなとこ雲《ぐも》、雲《くも》の底《そこ》にできる乳《ち》房雲《ぶさぐも》に注目《ちゅうもく》するのが有効《ゆうこう》です。

何気《なにげ》なく見上《みあ》げた空《そら》にも観天望気《かんてんぼうき》のできる雲《くも》があるかも。チェックしてみましょう。

## ▼晴《は》れのサイン

蜂《はち》の巣状雲《すじょううん》

観察《かんさつ》

短《みじか》い飛行機雲《ひこうきぐも》

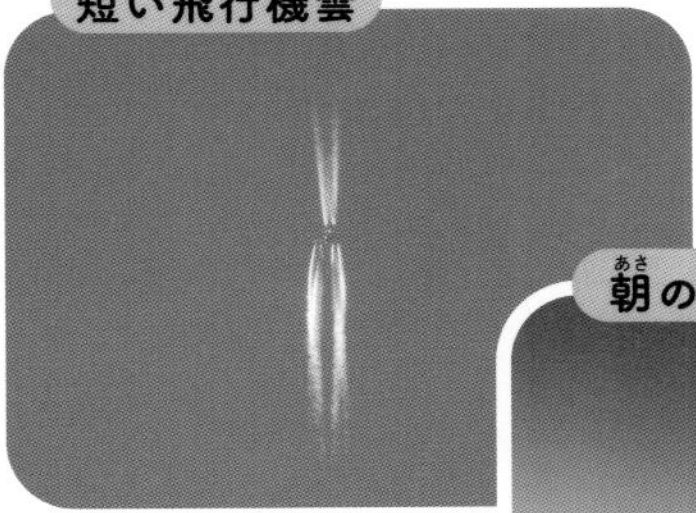

↑飛行機雲《ひこうきぐも》がないか、すぐ消《き》えるようなら上空《じょうくう》は乾燥《かんそう》している。

朝《あさ》の霜《しも》

↑足元《あしもと》でキラキラしていてきれい。

朝《あさ》の霧《きり》

←高層《こうそう》マンションなどからは雲海《うんかい》が見《み》えることも。

**豆知識《まめちしき》**

「空《そら》に雲《くも》がないとつまらないのでは?」といわれることがあります。しかし、低《ひく》い空《そら》は水蒸気《すいじょうき》の量《りょう》やエアロゾルが多《おお》いため白《しろ》っぽいですし、空全体《そらぜんたい》の色合《いろあ》いで水蒸気《すいじょうき》が多《おお》いかも想像《そうぞう》できるので、雲《くも》ひとつない青空《あおぞら》も楽《たの》しいものです。

## ▼天気《てんき》が下《くだ》り坂《ざか》のサイン

### ハロと巻層雲《けんそううん》

↑ここから雲《くも》が厚《あつ》くなったら雨《あめ》（図鑑《ずかん》2／P138）。

### 巻積雲《けんせきうん》

↑高積雲《こうせきうん》などに変化《へんか》したら雨《あめ》のきざし。

### 空《そら》に長《なが》く残《のこ》る飛行機雲《ひこうきぐも》

↑上空《じょうくう》が湿《しめ》っている証拠《しょうこ》といえる。

### 高層雲《こうそううん》

↑だんだん太陽《たいよう》も見《み》えなくなって乱層雲《らんそううん》に。

### 笠雲《かさぐも》

↑雨《あめ》や風《かぜ》が強《つよ》まる前《まえ》に山頂《さんちょう》付近《ふきん》に現《あらわ》れる。

### レンズ雲《ぐも》

↑上空《じょうくう》が湿《しめ》っていて風《かぜ》が強《つよ》い証拠《しょうこ》。

## ▼天気《てんき》の急変《きゅうへん》のサイン

### かなとこ雲《ぐも》

↑成熟期《せいじゅくき》の積乱雲《せきらんうん》。大気《たいき》の状態《じょうたい》が不安定《ふあんてい》な証拠《しょうこ》。

### 頭巾雲《ずきんぐも》

↑雄大積雲《ゆうだいせきうん》の上部《じょうぶ》に現《あらわ》れる。このあと積乱雲《せきらんうん》に。

### 乳房雲《ちぶさぐも》

↑積乱雲《せきらんうん》の進行方向《しんこうほうこう》に現《あらわ》れることがある。

ほかにも積乱雲《せきらんうん》の観天《かんてん》望気《ぼうき》はたくさんあるよ(雲図鑑《くもずかん》／P104)。積乱雲《せきらんうん》が危険《きけん》を呼《よ》びかける声《こえ》を聞《き》こう!

**そのほかの天気《てんき》の急変《きゅうへん》のサイン**

- 黒《くろ》い雲《くも》が急《きゅう》に青空《あおぞら》に広《ひろ》がる
- 雷《かみなり》の音《おと》が聞《き》こえる
- 冷《つめ》たい風《かぜ》が吹《ふ》いてくる

# 62

# 「災害《さいがい》デマ」に振《ふ》り回《まわ》されないための知恵《ちえ》

災《さい》害後《がいご》には、間違《まちが》ったことで不安《ふあん》をあおる話《はなし》や、いいかげんなうわさ話《ばなし》である**災害《さいがい》デマ**が流《なが》れがちです。

典型的《てんけいてき》なデマが「**地震雲《じしんぐも》**」です。雲《くも》は地《じ》震《しん》の前兆《ぜんちょう》にはならないので、地震《じしん》が不安《ふあん》なら備《そな》えの確認《かくにん》を。また、日時《にちじ》や場所《ばしょ》を指定《してい》した**地震予知《じしんよち》**は現代《げんだい》の科学《かがく》では難《むずか》しく、すべてデマです。自然災害《しぜんさいがい》を「人工的《じんこうてき》に引《ひ》き起《お》こされた」といって不安《ふあん》や対立《たいりつ》をあおる**陰謀論《いんぼうろん》**にも注意《ちゅうい》。災害直後《さいがいちょくご》に、うその救助《きゅうじょ》要請《ようせい》や、直接関係《ちょくせつかんけい》しない過去《かこ》の災害《さいがい》や生成《せいせい》AI《エーアイ》による**フェイク画像《がぞう》**が流《なが》れることも。「被災地《ひさいち》に外国人窃盗団《がいこくじんせっとうだん》がきている」「避難《ひなん》所《じょ》を出《で》たら仮設住宅《かせつじゅうたく》に入居《にゅうきょ》できない」など被災地《ひさいち》にかかわるデマもあります。

デマの可能性《かのうせい》が高《たか》いのは、不安《ふあん》をあおる内容《ないよう》で、公的機関《こうてききかん》や報道《ほうどう》にない情報《じょうほう》、発信《はっしん》者《しゃ》が実名《じつめい》ではなく、これまでも疑《うたが》わしい発《はっ》信《しん》をしている場合《ばあい》などです。なかには善意《ぜんい》で誰《だれ》かに伝《つた》えたくなることもあるかもしれませんが、伝《つた》える前《まえ》にひと呼吸《こきゅう》おいて冷静《れいせい》になり、デマを広《ひろ》げないようにしましょう。

# 災害《さいがい》デマに惑《まど》わされないための知識《ちしき》

## 雲《くも》は地震《じしん》の前兆《ぜんちょう》にならない

地震《じしん》が不安《ふあん》なら備《そな》えを。雲《くも》は愛《め》でよう（図鑑《ずかん》1／P54）。

## 地震予知《じしんよち》は信用《しんよう》できない

日時《にちじ》や場所《ばしょ》を指定《してい》した地震予知《じしんよち》はすべてデマ。

## 陰謀論《いんぼうろん》に気《き》をつけよう

「人工台風《じんこうたいふう》・人工地震《じんこうじしん》」で不安《ふあん》や対立《たいりつ》をあおる人《ひと》は、相手《あいて》にしないようにしよう。

## うその救助要請《きゅうじょようせい》もある

災害時《さいがいじ》のSNS《エスエヌエス》での救助要請《きゅうじょようせい》は、ほかに同《おな》じ文章《ぶんしょう》の投稿《とうこう》がないか検索《けんさく》を。

## フェイク画像《がぞう》に注意《ちゅうい》

画像検索《がぞうけんさく》で同《おな》じものがあれば、直接関係《ちょくせつかんけい》しないものだとわかる。

## 被災地《ひさいち》の情報《じょうほう》は自治体《じちたい》から

被災地《ひさいち》の不安《ふあん》をあおる話《はなし》を聞《き》いたら、自治体《じちたい》の情報《じょうほう》を確認《かくにん》しよう。

### デマの可能性《かのうせい》が高《たか》い情報《じょうほう》の傾向《けいこう》

- □不安《ふあん》をあおる内容《ないよう》になっている
- □公的機関《こうてききかん》の情報《じょうほう》ではなく、同《おな》じ内容《ないよう》の報道《ほうどう》もない
- □実名《じつめい》の人《ひと》による発信《はっしん》ではない
  ※実名《じつめい》なら検索《けんさく》するとプロフィールが出《で》てくる
- □これまでにも疑《うたが》わしい発信《はっしん》をしている

↑自治体《じちたい》や国《くに》などの情報《じょうほう》を確認《かくにん》しよう。

↑ネットで「〇〇　デマ」などで調《しら》べるとデマかどうかわかる場合《ばあい》も。

**豆知識《まめちしき》**

災害後《さいがいご》には被災者《ひさいしゃ》を装《よそお》って支援金《しえんきん》をだまし取《と》ったり、被災地《ひさいち》で必要《ひつよう》な物資《ぶっし》をありえないほどの高額《こうがく》で売《う》りつけたりするなど、極《きわ》めて悪質《あくしつ》な詐欺《さぎ》も過去《かこ》には起《お》こっています。不審《ふしん》に思《おも》うことはひとりで抱《かか》え込《こ》まず、周囲《しゅうい》に相談《そうだん》を。

# 63

# 天気《てんき》の急変《きゅうへん》に備《そな》えよう！ 気象情報《きしょうじょうほう》の使《つか》いこなし方《かた》

急《きゅう》な雷雨《らいう》で困《こま》った、という経験《けいけん》もあるかもしれません。でも、大丈夫《だいじょうぶ》。**気象情報《きしょうじょうほう》**をうまく使《つか》えば天気《てんき》の急変《きゅうへん》に備《そな》えられます。

まず、翌日以降《よくじついこう》の天気《てんき》については、気象庁《きしょうちょう》ウェブサイトで**週間天気予報《しゅうかんてんきよほう》**を確認《かくにん》しましょう。信頼度《しんらいど》がA《エー》～C《シー》で表現《ひょうげん》され、B《ビー》やC《シー》の場合《ばあい》は予報《よほう》が変《か》わる可能性《かのうせい》があるので最新《さいしん》の予報《よほう》を確認《かくにん》すると有効《ゆうこう》です。今日《きょう》・明日《あした》の詳《くわ》しい天気《てんき》は、**天気分布予報《てんきぶんぷよほう》**を使《つか》えばいつ・どこで・どんな天気《てんき》になりそうかがわかります。気象庁《きしょうちょう》「**今後《こんご》の雨《あめ》**」では15時間先《じかんさき》までの降水分布予報《こうすいぶんぷよほう》が見《み》られ、どこでどのくらい強《つよ》い雨《あめ》が降《ふ》りそうかもわかります。直前《ちょくぜん》では、気象庁《きしょうちょう》「**雨雲《あまぐも》の動《うご》き**」でレーダー観測《かんそく》によるリアルタイムの積乱雲《せきらんうん》の位置《いち》や動《うご》きを確認《かくにん》できます。

天気予報《てんきよほう》で、**大気《たいき》の状態《じょうたい》が不安定《ふあんてい》**、雷《かみなり》、竜巻《たつまき》などの言葉《ことば》が使《つか》われるときは、天気《てんき》の急変《きゅうへん》が予想《よそう》されます。このようなキーワードを聞《き》いた場合《ばあい》は、観天望気《かんてんぼうき》（P152）や気象情報《きしょうじょうほう》を使《つか》いこなして備《そな》えましょう。

## ▼気象情報《きしょうじょうほう》をうまく使《つか》おう

新潟県の天気予報（7日先まで）

2024年01月23日11時　新潟地方気象台　発表

| 日付 | | 今日 23日(火) | 明日 24日(水) | 明後日 25日(木) | 26日(金) | 27日(土) | 28日(日) | 29日(月) | 30日(火) |
|---|---|---|---|---|---|---|---|---|---|
| 新潟県 | | 雪 | 風雪強い | 風雪強い | 曇一時雪か雨 | 曇一時雪か雨 | 曇一時雪か雨 | 曇 | 曇 |
| 降水確率(%) | | -/-/70/90 | 90/90/80/80 | 90 | 60 | 50 | 50 | 40 | 40 |
| →信頼度 | | - | - | - | B | C | C | C | C |
| 新潟 気温 (℃) | 最高 | 6 | 4 | 3 (1～4) | 5 (4～7) | 6 (4～8) | 7 (5～9) | 7 (5～9) | 7 (5～9) |
| | 最低 | - | 0 | 0 (-3～1) | 1 (-1～2) | 2 (0～4) | 1 (-1～3) | 1 (0～4) | 2 (0～5) |

⬆1週間先《しゅうかんさき》までの天気予報《てんきよほう》。信頼度《しんらいど》に注目《ちゅうもく》。

週間天気予報《しゅうかんてんきよほう》 🔍

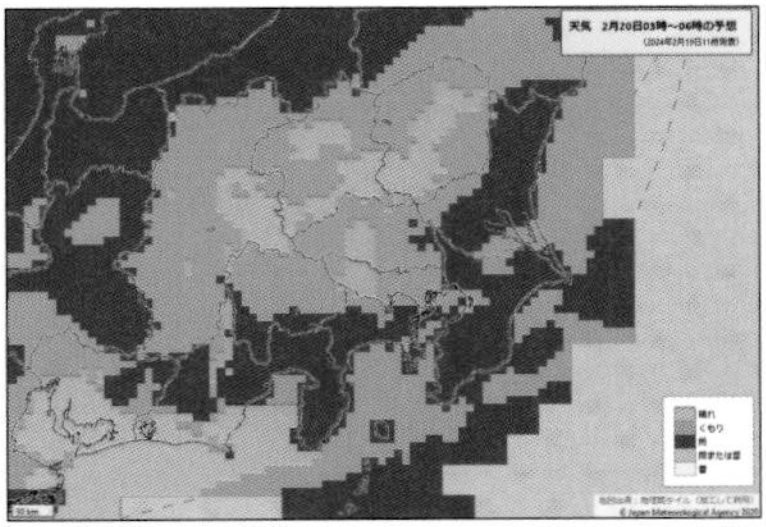

⬆3時間《じかん》ごとの天気《てんき》のほか、最高《さいこう》・最低気温《さいていきおん》も。

天気分布予報《てんきぶんぷよほう》 🔍

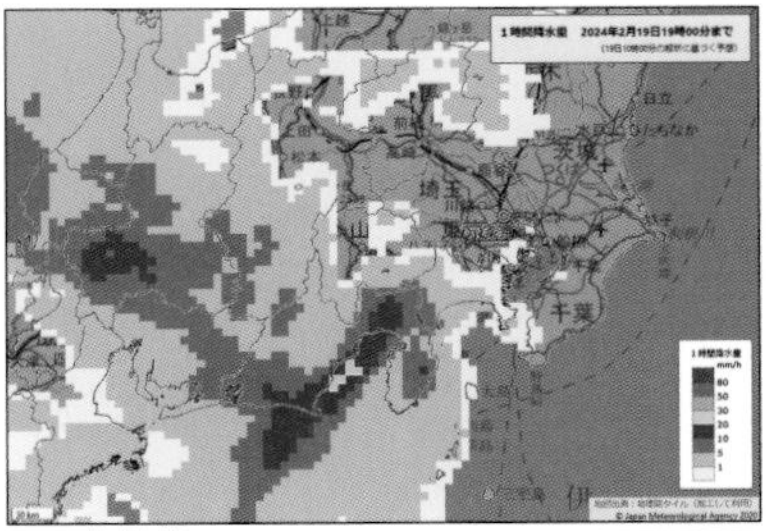

⬆15時間先《じかんさき》までの降水量予測《こうすいりょうよそく》を確認《かくにん》。

今後《こんご》の雨《あめ》 🔍

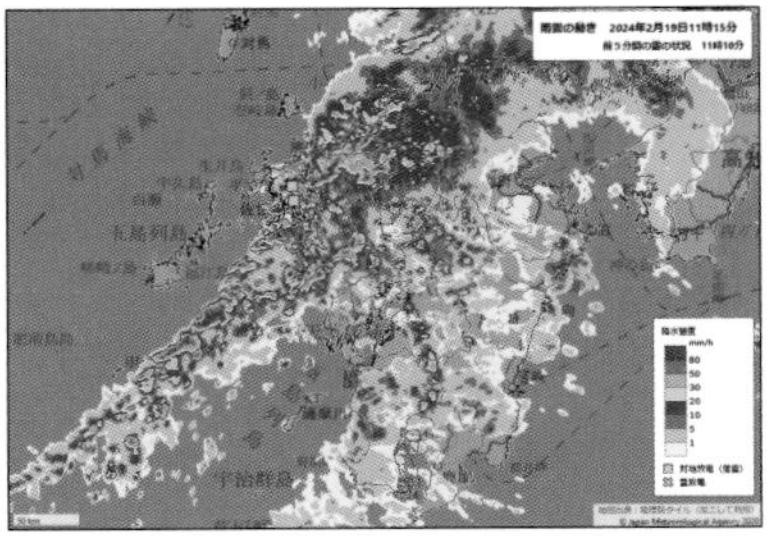

⬆リアルタイムの降水《こうすい》強度《きょうど》や雷《かみなり》の発生状況《はっせいじょうきょう》も。

ナウキャスト 🔍

※ナウキャスト＝雨雲《あまぐも》の動《うご》き

**キーワードに注目《ちゅうもく》!**

- □ 大気《たいき》の状態《じょうたい》が（非常《ひじょう》に）不安定《ふあんてい》
- □ 所《ところ》により雷《かみなり》を伴《ともな》う
- □ 竜巻《たつまき》などの激《はげ》しい突風《とっぷう》

**豆知識《まめちしき》**

気象庁《きしょうちょう》ウェブサイトは最新《さいしん》の気象情報以外《きしょうじょうほういがい》にも、気象《きしょう》や気候《きこう》について学《まな》ぶための教材《きょうざい》がとっても充実《じゅうじつ》しています。とくに「知識《ちしき》・解説《かいせつ》」には多《おお》くの解説《かいせつ》があり、「各種《かくしゅ》データ・資料《しりょう》」で過去《かこ》の気象状況《きしょうじょうきょう》を調《しら》べても楽《たの》しいです。

# 気象情報《きしょうじょうほう》と観天望気《かんてんぼうき》で、空《そら》とうまく付《つ》き合《あ》おう

1週間後《しゅうかんご》に迫《せま》る運動会《うんどうかい》。いつどんな気象情報《きしょうじょうほう》・観天望気《かんてんぼうき》を使《つか》えばいいか確認《かくにん》して、天気《てんき》を予想《よそう》しちゃおう!

**1週間前《しゅうかんまえ》**

## ●週間天気予報《しゅうかんてんきよほう》を確認《かくにん》

1週間後《しゅうかんご》の天気《てんき》は「くもり　降水確率《こうすいかくりつ》30%、信頼度《しんらいど》C《シー》」の予報《よほう》。信頼度《しんらいど》C《シー》は予報《よほう》が変《か》わる可能性《かのうせい》が高《たか》いので、最新《さいしん》の天気予報《てんきよほう》を毎日確認《まいにちかくにん》。

**3日前《かまえ》**

## ●空《そら》に広《ひろ》がる雲《くも》から天気《てんき》を予想《よそう》

ハロが見《み》えて雲《くも》が厚《あつ》くなってきたら天気《てんき》は西《にし》から下《くだ》り坂《ざか》のサイン(P154)。最新《さいしん》の天気予報《てんきよほう》をチェックしてみよう。

※太陽《たいよう》を直接見《ちょくせつみ》ると眼《め》を傷《いた》める可能性《かのうせい》があるので、建物《たてもの》などで太陽《たいよう》を隠《かく》して観察《かんさつ》しよう。

**前日《ぜんじつ》**

## ●明日《あした》の天気予報《てんきよほう》をチェック

前日《ぜんじつ》は低気圧《ていきあつ》の影響《えいきょう》で雨《あめ》。明日《あした》の天気《てんき》予報《よほう》を見《み》ると、「晴《は》れ時々《ときどき》くもり」。天気《てんき》は回復《かいふく》しそうだが「大気《たいき》の状態《じょうたい》が不安定《ふあんてい》」。これは、積乱雲登場《せきらんうんとうじょう》の予告《よこく》だ。

**当日《とうじつ》の朝《あさ》**

## ●詳《くわ》しい天気予報《てんきよほう》を確認《かくにん》

当日《とうじつ》は「天気分布予報《てんきぶんぷよほう》」で天気《てんき》の変化《へんか》をチェック。不安定《ふあんてい》なので「今後《こんご》の雨《あめ》」で雨量《うりょう》の予測《よそく》も確認《かくにん》。午後《ごご》に少《すこ》し雨《あめ》が降《ふ》りそう。空《そら》の変化《へんか》に気《き》をつけよう。

## 当日《とうじつ》の午前《ごぜん》

### ●雲《くも》に注目《ちゅうもく》しよう

「大気《たいき》の状態《じょうたい》が不安定《ふあんてい》」なときはとくに雲《くも》に注目《ちゅうもく》。
青空《あおぞら》に積雲《せきうん》が出《で》てきたら、背《せ》が高《たか》くなりそうか、空《そら》を時々《ときどき》見《み》て確認《かくにん》しよう。

## 当日《とうじつ》の午後《ごご》

### ●レーダーで雨雲《あまぐも》の位置《いち》を確認《かくにん》

昼過《ひるす》ぎには積雲《せきうん》が入道雲《にゅうどうぐも》に成長《せいちょう》。雲《くも》の頭《あたま》には「頭巾雲《ずきんぐも》」も(P155)。
レーダーでは雨雲《あまぐも》はまだ遠《とお》いけど、こっちにこないか時々確認《ときどきかくにん》しよう。

## 積乱雲《せきらんうん》の接近《せっきん》

### ●天気《てんき》の急変《きゅうへん》する兆《きざ》しを見逃《みのが》さない

空《そら》が暗《くら》くなり、乳房雲《ちぶさぐも》が見《み》えた。

天気《てんき》の急変《きゅうへん》するサインなので、レーダーで雨雲《あまぐも》の位置《いち》を確認《かくにん》しつつ、早《はや》めに建物《たてもの》のなかに避難《ひなん》。

## 雨上《あめあ》がり

### ●雷雨《らいう》のち虹《にじ》

雨上《あめあ》がりの太陽《たいよう》と反対側《はんたいがわ》の空《そら》にはきれいな虹《にじ》がかかることも。
美《うつく》しい空《そら》を友達《ともだち》と一緒《いっしょ》に楽《たの》しもう!

# 64

# 自《じ》分《ぶん》にあった避《ひ》難《なん》を考《かんが》えよう

いざ災害《さいがい》が迫《せま》って「早《はや》く避難《ひなん》しないと！　でもどうしたらいいの？」とならないように、穏《おだ》やかな天気《てんき》のときにこそ**自分《じぶん》にあった避難《ひなん》**を考《かんが》えてみましょう。

まず確認《かくにん》したいのが、住《す》まいの水害《すいがい》の危険性《きけんせい》です。国土交通省《こくどこうつうしょう》「重《かさ》ねるハザードマップ」などで浸水《しんすい》や土砂災害《どしゃさいがい》の危険性《きけんせい》を確認《かくにん》できます。また、家《いえ》が高層住宅《こうそうじゅうたく》か一軒家《いっけんや》かで、浸水時《しんすいじ》に安全《あんぜん》かなども検討《けんとう》できます。家族《かぞく》にけが人《にん》や高齢者《こうれいしゃ》などがいるか、避難所《ひなんじょ》以外《いがい》にも安全《あんぜん》な避難先《ひなんさき》（親戚《しんせき》や知人宅《ちじんたく》、宿泊施設《しゅくはくしせつ》など）はあるか、家《いえ》に備蓄《びちく》はあるか、自分《じぶん》たちだけで不安《ふあん》にならないか、ペットと一緒《いっしょ》に避難《ひなん》できる場所《ばしょ》はあるかなどをふまえて、どこに避難《ひなん》するかを考《かんが》えましょう。その上《うえ》で、いつから危険《きけん》な状況《じょうきょう》になりそうか気象情報《きしょうじょうほう》を確認《かくにん》し、避難《ひなん》のタイミングを検討《けんとう》すると良《よ》さそうです。

日《ひ》ごろから持《も》ち出《だ》し用《よう》の防災《ぼうさい》バッグの点検《てんけん》をしておくことも大切《たいせつ》。これを読《よ》んだみなさんは、ぜひ一度《いちど》家族《かぞく》などと一緒《いっしょ》に、どんな避難《ひなん》が良《よ》いか話《はな》し合《あ》ってみてください。

# 避難《ひなん》のために確認《かくにん》しておくこと

## □ 住《す》まいに危険《きけん》はあるか

ハザードマップで自《じ》宅《たく》の地域《ちいき》に水害《すいがい》の危《き》険《けん》があるかを確認《かくにん》しよう。

## □ 家《いえ》のタイプ

上層階《じょうそうかい》に避難《ひなん》できるか、高層住宅《こうそうじゅうたく》は停電《ていでん》したら移動《いどう》に困《こま》らないかなどを確認《かくにん》。

## □ 自分《じぶん》や家族《かぞく》の特性《とくせい》

小《ちい》さな子《こ》どもやけが人《にん》、妊婦《にんぷ》、高齢者《こうれいしゃ》、病気《びょうき》や障《しょう》がいのある人《ひと》がいたら、どこが安全《あんぜん》か考《かんが》えよう。

## □ 安全《あんぜん》な場所《ばしょ》を避難先《ひなんさき》に

自宅《じたく》が危険《きけん》な場合《ばあい》、安全《あんぜん》な場所《ばしょ》の親戚《しんせき》や知人宅《ちじんたく》、宿泊施設《しゅくはくしせつ》なども避難先《ひなんさき》の候補《こうほ》に。

## □ 備蓄《びちく》の充実度《じゅうじつど》

食料《しょくりょう》や水《みず》は最低《さいてい》3日《か》、目安《めやす》は1週間《しゅうかん》ぶんの備蓄《びちく》があると安心《あんしん》。

## □ 心《こころ》の状態《じょうたい》

自分《じぶん》たちだけで不安《ふあん》にならないか、親戚《しんせき》や知人《ちじん》の家《いえ》のほうが不安《ふあん》は小《ちい》さいか確認《かくにん》。

## □ ペット

ペットは家族《かぞく》。避難《ひなん》所《じょ》で受《う》け入《い》れできるか、一緒《いっしょ》に避難《ひなん》できるか確認《かくにん》しよう。

## □ 避難《ひなん》のタイミング

いつから危険《きけん》な状《じょう》況《きょう》になりそうか、最《さい》新《しん》の情報《じょうほう》をチェック。

避難《ひなん》のときにどんな行動《こうどう》をするか整理《せいり》する**マイ・タイムライン**をつくっておくと便利《べんり》だよ! 避難所《ひなんじょ》にいくだけが避難《ひなん》じゃないから、いつどうやって難《なん》を逃《のが》れるか考《かんが》えておこう。

マイ・タイムライン

**豆知識《まめちしき》**

大雨《おおあめ》や台風《たいふう》だけでなく、地震《じしん》によって突然被災《とつぜんひさい》することもあります。防災《ぼうさい》バッグの点検《てんけん》は忘《わす》れがちですが、チョコレートやアメなど保存《ほぞん》のきくお菓《か》子《し》を入《い》れておき、たまにつまみ食《ぐ》いして中身《なかみ》を確認《かくにん》して新《あたら》しくするのも有効《ゆうこう》です。

# 気象観測《きしょうかんそく》ランキング

2024年《ねん》3月《がつ》時点《じてん》

## 日本《にほん》ランキング

| 項目《こうもく》 | 記録《きろく》 | 記録《きろく》した年月日《ねんがっぴ》 |
|---|---|---|
| 最高《さいこう》気温《きおん》の高《たか》いほうから1位《い》 | 41.1℃ | 静岡県《しずおかけん》浜松《はままつ》(2020年《ねん》8月《がつ》17日《にち》)<br>埼玉県《さいたまけん》熊谷《くまがや》(2018年《ねん》7月《がつ》23日《にち》) |
| 最高《さいこう》気温《きおん》の低《ひく》いほうから1位《い》 | -32.0℃ | 静岡県《しずおかけん》富士山《ふじさん》(1936年《ねん》1月《がつ》31日《にち》) |
| 最低《さいてい》気温《きおん》の高《たか》いほうから1位《い》 | 31.4℃ | 新潟県《にいがたけん》糸魚川《いといがわ》(2023年《ねん》8月《がつ》10日《か》) |
| 最低《さいてい》気温《きおん》の低《ひく》いほうから1位《い》 | -41.0℃ | 北海道《ほっかいどう》旭川《あさひかわ》(1902年《ねん》1月《がつ》25日《にち》) |
| 最大《さいだい》1時間《じかん》降水量《こうすいりょう》1位《い》 | 153㎜ | 千葉県《ちばけん》香取《かとり》(1999年《ねん》10月《がつ》27日《にち》)<br>長崎県《ながさきけん》長浦岳《ながうらだけ》(1982年《ねん》7月《がつ》23日《にち》) |
| 日降水量《にちこうすいりょう》1位《い》 | 922.5㎜ | 神奈川県《かながわけん》箱根《はこね》(2019年《ねん》10月《がつ》12日《にち》) |
| 最大《さいだい》風速《ふうそく》1位《い》 | 72.5m毎秒《まいびょう》 | 静岡県《しずおかけん》富士山《ふじさん》(1942年《ねん》4月《がつ》5日《か》) |
| 最大《さいだい》瞬間《しゅんかん》風速《ふうそく》1位《い》 | 91.0m毎秒《まいびょう》 | 静岡県《しずおかけん》富士山《ふじさん》(1966年《ねん》9月《がつ》25日《にち》) |
| 最深《さいしん》積雪《せきせつ》1位《い》(世界《せかい》1位《い》) | 1182㎝ | 滋賀県《しがけん》伊吹山《いぶきやま》(1927年《ねん》2月《がつ》14日《か》) |
| 雹《ひょう》の大《おお》きさ1位《い》(非公式《ひこうしき》) | 約《やく》29.6㎝ | 埼玉県《さいたまけん》熊谷市《くまがやし》付近《ふきん》(1917年《ねん》6月《がつ》29日《にち》) |
| 雹《ひょう》の重《おも》さ1位《い》(非公式《ひこうしき》) | 約《やく》3.4㎏ | 埼玉県《さいたまけん》熊谷市《くまがやし》付近《ふきん》(1917年《ねん》6月《がつ》29日《にち》) |

## 世界《せかい》ランキング

| 項目《こうもく》 | 記録《きろく》 | 記録《きろく》した年月日《ねんがっぴ》 |
|---|---|---|
| 最高《さいこう》気温《きおん》の高《たか》いほうから1位《い》 | 56.7℃ | アメリカ・デスバレー(1913年《ねん》10月《がつ》7日《か》) |
| 最低《さいてい》気温《きおん》の低《ひく》いほうから1位《い》 | -89.2℃ | 南極《なんきょく》・ボストーク基地《きち》(1983年《ねん》7月《がつ》21日《にち》) |
| 1日《にち》の中《なか》での気温差《きおんさ》1位《い》 | 56℃ | アメリカ・モンタナ州《しゅう》(1916年《ねん》1月《がつ》) |
| 最大《さいだい》1時間《じかん》降水量《こうすいりょう》1位《い》 | 305㎜ | アメリカ・ミズーリ州《しゅう》(1947年《ねん》6月《がつ》22日《にち》) |
| 最大《さいだい》24時間《じかん》降水量《こうすいりょう》1位《い》 | 1825㎜ | フランスの海外県《かいがいけん》・レユニオン(1966年《ねん》1月《がつ》7～8日《か》) |
| 年間《ねんかん》降水量《こうすいりょう》1位《い》 | 26470㎜ | インド・チェラプンジ(1860年《ねん》8月《がつ》8日《か》～1861年7月《がつ》7日《か》) |
| 降水《こうすい》の連続日数《れんぞくにっすう》1位《い》 | 331日《にち》 | アメリカ・ハワイ州《しゅう》(1939～1940年《ねん》)<br>※0.25㎜以上《いじょう》の降水《こうすい》がある日《ひ》 |
| 乾燥期間《かんそうきかん》の長《なが》さ1位《い》 | 172か月《げつ》 | チリ・アリカ(1903年《ねん》10月《がつ》10日《か》～1918年《ねん》1月《がつ》1日《たち》) |
| 最大《さいだい》瞬間《しゅんかん》風速《ふうそく》1位《い》 | 113.2m毎秒《まいびょう》 | オーストラリア・バロー島《とう》(1996年《ねん》10月《がつ》4日《か》) |
| 竜巻《たつまき》の持続時間《じぞくじかん》1位《い》 | 3.5時間《じかん》 | アメリカ・ミズーリ州《しゅう》(1925年《ねん》3月《がつ》18日《にち》) |
| 竜巻《たつまき》の移動距離《いどうきょり》1位《い》 | 352.4㎞ | アメリカ・ミズーリ州《しゅう》(1925年《ねん》3月《がつ》18日《にち》) |
| 竜巻《たつまき》の大《おお》きさ1位《い》 | 4.184㎞ | アメリカ・オクラホマ州《しゅう》(2011年《ねん》5月《がつ》31日《にち》) |
| 竜巻《たつまき》の最大瞬間風速《さいだいしゅんかんふうそく》1位《い》 | 135m毎秒《まいびょう》 | アメリカ・オクラホマ州《しゅう》(1999年《ねん》5月《がつ》3日《か》) |
| 最低海面気圧《さいていかいめんきあつ》1位《い》 | 870hPa | 台風《たいふう》Tip《チップ》(1979年《ねん》10月《がつ》12日《にち》) |
| 熱帯低気圧《ねったいていきあつ》の発達率《はったつりつ》1位《い》 | 100hPa | 台風《たいふう》Forrest《フォレスト》(1983年《ねん》9月《がつ》22～23日《にち》)<br>※24時間《じかん》で976→876hPa |
| 熱帯低気圧《ねったいていきあつ》の寿命《じゅみょう》1位《い》 | 31日《にち》 | ハリケーン・台風《たいふう》John《ジョン》(1994年《ねん》8月《がつ》10日《か》～9月《がつ》10日《か》) |
| 熱帯低気圧《ねったいていきあつ》の眼《め》の小《ちい》ささ1位《い》 | 6.7㎞ | サイクロンTracy《トレーシー》(1974年《ねん》12月《がつ》24日《か》) |
| 熱帯低気圧《ねったいていきあつ》の眼《め》の大《おお》きさ1位《い》 | 90㎞ | サイクロンKerry《ケリー》(1979年《ねん》2月《がつ》21日《にち》) |
| 虹《にじ》の寿命《じゅみょう》1位《い》 | 8時間《じかん》58分《ぷん》 | 台湾《たいわん》・台北《たいぺい》(2017年《ねん》11月《がつ》30日《にち》) |
| 雷《かみなり》の長《なが》さ(横方向《よこほうこう》)1位《い》 | 768㎞ | アメリカ・テキサス～ルイジアナ～ミシシッピ州《しゅう》<br>(2020年《ねん》4月《がつ》29日《にち》) |
| 雷《かみなり》の継続時間《けいぞくじかん》1位《い》 | 17.1秒《びょう》 | ウルグアイ・アルゼンチン(2020年《ねん》6月《がつ》18日《にち》) |
| 雹《ひょう》の重《おも》さ1位《い》 | 1.02㎏ | バングラデシュ(1986年《ねん》4月《がつ》14日《か》) |
| 雪片《せっぺん》の大《おお》きさ1位《い》 | 直径《ちょっけい》38㎝<br>厚《あつ》さ20㎝ | アメリカ・モンタナ州《しゅう》(1887年《ねん》1月《がつ》28日《にち》) |

## 時間《じかん》

| 用語《ようご》 | 時間帯《じかんたい》(時《じ》) |
|---|---|
| **未明《みめい》** | 0〜3 |
| **明《あ》け方《がた》** | 3〜6 |
| **朝《あさ》** | 6〜9 |
| **昼前《ひるまえ》** | 9〜12 |
| **昼過《ひるす》ぎ** | 12〜15 |
| **夕方《ゆうがた》** | 15〜18 |
| **夜《よる》のはじめ頃《ごろ》** | 18〜21 |
| **夜遅《よるおそ》く** | 21〜24 |

## 気温《きおん》

| 用語《ようご》 | 説明《せつめい》 |
|---|---|
| **夏日《なつび》** | 日最高気温《にちさいこうきおん》が25℃以上《いじょう》の日《ひ》 |
| **真夏日《まなつび》** | 日最高気温《にちさいこうきおん》が30℃以上《いじょう》の日《ひ》 |
| **猛暑日《もうしょび》** | 日最高気温《にちさいこうきおん》が35℃以上《いじょう》の日《ひ》 |
| **冬日《ふゆび》** | 日最低気温《にちさいていきおん》が0℃未満《みまん》の日《ひ》 |
| **真冬日《まふゆび》** | 日最高気温《にちさいこうきおん》が0℃未満《みまん》の日《ひ》 |

その日《ひ》の天気《てんき》が「12〜17時《じ》は雨《あめ》、それ以外《いがい》は曇《くも》り」のとき、天気《てんき》はどのように表現《ひょうげん》されるかな？（答《こた》えはP171）

## 時間経過《じかんけいか》などを表《あらわ》す用語《ようご》

| 用語《ようご》 | 説明《せつめい》 |
|---|---|
| **一時《いちじ》** | 現象《げんしょう》が連続的《れんぞくてき》に起《お》こり、その現象《げんしょう》の発現期間《はつげんきかん》が予報期間《よほうきかん》の1/4未満《みまん》のとき。※時刻《じこく》の「1時《じ》」ではない |
| **時々《ときどき》** | 現象《げんしょう》が断続的《だんぞくてき》に起《お》こり、その現象《げんしょう》の発現期間《はつげんきかん》の合計時間《ごうけいじかん》が予報期間《よほうきかん》の1/2未満《みまん》のとき。 |
| **のち** | 予報期間内《よほうきかんない》の前《まえ》と後《あと》で現象《げんしょう》が異《こと》なり、その変化《へんか》を示《しめ》すとき。 |
| **はじめ** | 予報期間《よほうきかん》のはじめの1/4か1/3くらい。<br>週間天気予報《しゅうかんてんきよほう》では予報期間《よほうきかん》のはじめの1/3くらい。 |
| **おわり** | 季節《きせつ》、週間天気予報《しゅうかんてんきよほう》では予報期間《よほうきかん》の終《お》わりの前《まえ》1/3くらい。 |

## 台風《たいふう》の大《おお》きさ

| 用語《ようご》 | 風速《ふうそく》15m毎秒以上《まいびょういじょう》(強風域《きょうふういき》)の半径《はんけい》(km) |
|---|---|
| **(表現《ひょうげん》しない)** | 500未満《みまん》 |
| **大型《おおがた》** | 500以上《いじょう》800未満《みまん》 |
| **超大型《ちょうおおがた》** | 800以上《いじょう》 |

## 台風《たいふう》の強《つよ》さ

| 用語《ようご》 | 最大風速《さいだいふうそく》(m毎秒《まいびょう》) |
|---|---|
| **(表現《ひょうげん》しない)** | 33未満《みまん》 |
| **強《つよ》い** | 33以上《いじょう》44未満《みまん》 |
| **非常《ひじょう》に強《つよ》い** | 44以上《いじょう》54未満《みまん》 |
| **猛烈《もうれつ》な** | 54以上《いじょう》 |

# 歴代《れきだい》の気象観測機器《きしょうかんそくきき》・大集合《だいしゅうごう》！

気象庁《きしょうちょう》が採用《さいよう》してきた観測機器《かんそくきき》はどんなものか、観測項目《かんそくこうもく》ごとに紹介《しょうかい》します。ここにある機器《きき》の多《おお》くは気象庁《きしょうちょう》気象測器検定試験《きしょうそっきけんていしけん》センターの「気象測器歴史館《きしょうそっきれきしかん》」に展示《てんじ》されています。

## 温度《おんど》

物体《ぶったい》の温《あたた》かさ・冷《つめ》たさの度合《どあ》いのことで、とくに大気《たいき》の温度《おんど》を気温《きおん》という。
単位《たんい》は℃。温度《おんど》を正確《せいかく》に測《はか》るために百葉箱《ひゃくようばこ》や容器《ようき》にセンサーを入《い》れて観測《かんそく》する。

### ガラス製温度計《せいおんどけい》

←日射《にっしゃ》や風雨《ふうう》の影響《えいきょう》を避《さ》けるため、百葉箱《ひゃくようばこ》に入《い》れて使用《しよう》。

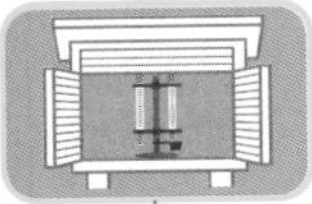

### 金属製自記温度計《きんぞくせいじきおんどけい》（バイメタル自記温度計《じきおんどけい》）

← 熱《ねつ》で膨張《ぼうちょう》する金属《きんぞく》の曲《ま》がり方《かた》から温度《おんど》を測《はか》る。

1882年《ねん》　1940年《ねん》　1971年《ねん》

### ブルドン管自記温度計《かんじきおんどけい》

←管《くだ》に入《い》れた気体《きたい》などの熱《ねつ》による膨張《ぼうちょう》で変化《へんか》する圧力《あつりょく》から温度《おんど》を測《はか》る。

### 白金抵抗温度計《はっきんていこうおんどけい》

←白金《はっきん》という金属《きんぞく》の電気《でんき》の通《とお》しやすさが、温度《おんど》によって変化《へんか》することを利用《りよう》した温度計《おんどけい》。写真《しゃしん》のような通風筒内《つうふうとうない》に設置《せっち》して使用《しよう》。

## 湿度《しつど》

大気中《たいきちゅう》に含《ふく》まれる水蒸気《すいじょうき》の割合《わりあい》のこと。単位《たんい》はパーセント（％）。
空気《くうき》が飽和《ほうわ》しているときは湿度《しつど》が100％になる。相対湿度《そうたいしつど》ともいう。

### 湿球温度計《しっきゅうおんどけい》

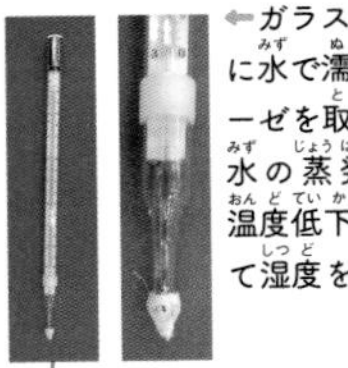

←ガラス製温度計《せいおんどけい》に水《みず》で濡《ぬ》らしたガーゼを取《と》り付《つ》け、水《みず》の蒸発《じょうはつ》による温度低下《おんどていか》を利用《りよう》して湿度《しつど》を測《はか》る。

### 塩化《えんか》リチウム露点計《ろてんけい》

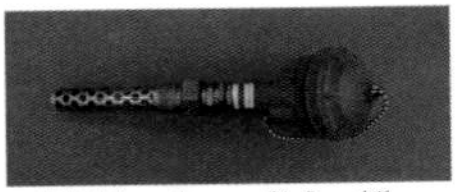

↑水蒸気《すいじょうき》を吸《す》うと電気《でんき》を流したときの発熱量《はつねつりょう》が変化《へんか》する塩化《えんか》リチウムの特性《とくせい》を利用《りよう》して観測《かんそく》。

### 携帯型通風乾湿計《けいたいがたつうふうかんしつけい》（アスマン式《しき》）

↑2本《ほん》の温度計《おんどけい》（乾球《かんきゅう》・湿球《しっきゅう》）で気温《きおん》と湿度《しつど》を測《はか》る。

1882年《ねん》　1906年《ねん》　1964年《ねん》　1996年《ねん》

### 毛髪湿度計《もうはつしつどけい》

←空気《くうき》の湿《しめ》り具《ぐ》合《あ》いにより髪《かみ》の毛《け》の長《なが》さが変《か》わる性質《せいしつ》を利用《りよう》して測《はか》る。

### 電気式湿度計《でんきしきしつどけい》

←湿《しめ》り具合《ぐあい》により電気的性質《でんきてきせいしつ》が変化《へんか》する、特殊《とくしゅ》なプラスチックを利用《りよう》して測定《そくてい》。通風筒内《つうふうとうない》に設置《せっち》。

## 気圧《きあつ》

空気《くうき》がものを押《お》す力《ちから》のことで、上空《じょうくう》ほど気圧《きあつ》は低《ひく》くなる。
単位《たんい》はヘクトパスカル（hPa）で、標準大気圧《ひょうじゅんたいきあつ》（1気圧《きあつ》）は海面上《かいめんじょう》で1013.25hPa。

### フォルタン型《がた》水銀気圧計《すいぎんきあつけい》

←ガラス管内《かんない》に入《い》れた水銀《すいぎん》が大《たい》気圧《きあつ》と釣《つ》り合《あ》う高《たか》さから気圧《きあつ》を測《はか》る。

### アネロイド型《がた》気圧計《きあつけい》

←内部《ないぶ》をほぼ真空《しんくう》にした金属製《きんぞくせい》の密閉容器《みっぺいようき》が、膨《ふく》らんだり凹《へこ》んだりすることから気圧《きあつ》を測《はか》る。

1882年《ねん》　1886年《ねん》　1984年《ねん》　1996年《ねん》

### 振動式気圧計《しんどうしききあつけい》

←真空《しんくう》にした薄《うす》い金属製《きんぞくせい》の円筒《えんとう》をたたき、その音《おと》の高《たか》さの変化《へんか》から気圧《きあつ》を測《はか》る。

### 静電容量式気圧計《せいでんようりょうしききあつけい》

←気圧《きあつ》の変化《へんか》に伴《ともな》って変化《へんか》する金《きん》属間《ぞくかん》の電気的《でんきてき》な性質《せいしつ》を利用《りよう》して測定《そくてい》。

## 風《かぜ》

空気《くうき》の移動《いどう》のことで、風《かぜ》の吹《ふ》いてくる方向《ほうこう》を風向《ふうこう》、空気《くうき》の速度《そくど》を風速《ふうそく》という。風向《ふうこう》は北西《ほくせい》や南東《なんとう》などの16方位《ほうい》、北《きた》を0度《ど》、東《ひがし》を90度《ど》とする360方位《ほうい》で表《あらわ》す。風速《ふうそく》の単位《たんい》はm毎秒《まいびょう》。

### 矢羽根《やばね》とロビンソン風速計《ふうそくけい》

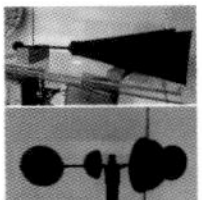

←風《かぜ》の吹《ふ》いてくる方向《ほうこう》に向《む》く羽根《はね》から風向《ふうこう》を観測《かんそく》（上《うえ》）。お椀型《わんがた》の「風杯《ふうはい》」の回転速度《かいてんそくど》から風《ふう》速《そく》を測《はか》る（下《した》）。

### 風車型風向風速計《ふうしゃがたふうこうふうそくけい》

←尾翼《びよく》の向《む》きで風向《ふうこう》、風車《ふうしゃ》の回転《かいてん》から風速《ふうそく》を測《はか》る。

### 超音波式風向風速計《ちょうおんぱしきふうこうふうそくけい》

←向《む》かい合《あ》う送《そう》波器《はき》と受波器間《じゅはきかん》の超音波《ちょうおんぱ》の遅《おく》れから風向《ふうこう》と風《ふう》速《そく》を測《はか》る。

1885年《ねん》　1937年《ねん》　1951年《ねん》　1960年《ねん》　2021年《ねん》

### ダインス自記風力計《じきふうりょくけい》

←2か所《しょ》で測《はか》った圧力《あつりょく》から、風速《ふうそく》を測《はか》る。

### セルシン自記風信器《じきふうしんき》

←発信機《はっしんき》に直結《ちょっけつ》する矢羽根《やばね》から受信《じゅしん》機側《きがわ》の指示計《しじけい》で風《ふう》向《こう》を読《よ》み取《と》り、自《じ》動《どう》で観測値《かんそくち》を紙《かみ》へ記録《きろく》する。

### 球型風向風速計《きゅうがたふうこうふうそくけい》

←風圧《ふうあつ》による球《たま》の傾《かたむ》き方《かた》から、風向《ふうこう》・風速《ふうそく》を求《もと》める。富士山《ふじさん》などで使用《しよう》。まるで武器《ぶき》。

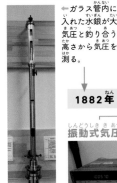

## 日照《にっしょう》

**太陽光《たいようこう》が地表《ちひょう》を照《て》らすことで、直達日射量《ちょくたつにっしゃりょう》（太陽《たいよう》から地面《じめん》に直接届《ちょくせつとど》くエネルギー）が1m$^2$あたり0.12kW以上《いじょう》の時間《じかん》。アメダスの日照観測《にっしょうかんそく》は、2021年《ねん》3月《がつ》から気象衛星観測《きしょうえいせいかんそく》による推計値《すいけいち》に変更《へんこう》された。**

### カンベル式日照計《しきにっしょうけい》

←ガラス球《だま》に太陽光《たいようこう》を通《とお》し、紙《かみ》の上《うえ》に焦点《しょうてん》を合《あ》わせて紙《かみ》を焦《こ》がす。焦《こ》げ跡《あと》の長《なが》さで日照時間《かん》を測《はか》る。

### 太陽追尾式日照計《たいようついびしきにっしょうけい》

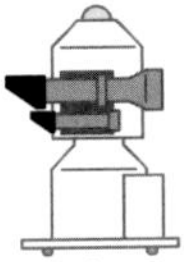

←日照計《にっしょうけい》が常《つね》に太陽《たいよう》の方向《ほうこう》を向《む》くように動《うご》かしながら直達《ちょくたつ》日射《にっしゃ》を測定《そくてい》し、日照《にっしょう》時間《じかん》を測《はか》る。

**1875年《ねん》　1892年《ねん》　1986年《ねん》　1996年《ねん》　2011年《ねん》**

### ジョルダン式日照計《しきにっしょうけい》

←筒《つつ》の内部《ないぶ》の感光紙《かんこうし》（光《ひかり》があたると変色《へんしょく》する紙《かみ》）に直達日射《ちょくたつにっしゃ》をあてて変《へん》色《しょく》させ、その軌跡《きせき》の長《なが》さから日照時間《にっしょうじかん》を測《はか》る。

### 回転式日照計《かいてんしきにっしょうけい》

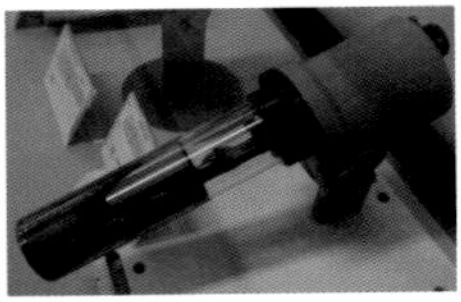

←回転《かいてん》する鏡《かがみ》に届《とど》いた光《ひかり》の強《つよ》さから、日照《にっしょう》があるかないかを判別《はんべつ》して測《はか》る。

## 日射《にっしゃ》

**太陽《たいよう》から直接地面《ちょくせつじめん》に達《たっ》する光《ひかり》を直達日射《ちょくたつにっしゃ》、雲《くも》などに散乱《さんらん》された光《ひかり》も合《あ》わせて全方向《ぜんほうこう》からの光《ひかり》を全天日射《ぜんてんにっしゃ》という。日射量《にっしゃりょう》の単位《たんい》はkW/m$^2$。**

### ロビッチ型全天日射計《がたぜんてんにっしゃけい》

←白黒《しろくろ》2組《くみ》の金属板《きんぞくばん》を利用《りよう》し、その温度差《おんどさ》から太陽《たいよう》のエネルギーを観測《かんそく》し記録《きろく》する。

### 熱電堆式全天日射計《ねつでんついしきぜんてんにっしゃけい》

←熱電堆《ねつでんつい》（熱《ねつ》を電気《でんき》エネルギーに変《か》える部品《ぶひん》）を使用《しよう》して、白黒《しろくろ》の受光面《じゅこうめん》で受《う》けた光《ひかり》による温度差《おんどさ》を日射量《にっしゃりょう》に換算《かんさん》する。

**1931年《ねん》　1932年《ねん》　1971年《ねん》　1978年《ねん》**

### 銀盤式直達日射計《ぎんばんしきちょくたつにっしゃけい》

←シャッターの開閉《かいへい》により、内部《ないぶ》の銀盤《ぎんばん》の温度《おんど》が上《あ》がったり下《さ》がったりする変化《へんか》から日射《にっしゃ》を測《はか》る。

### 直達電気式日射計《ちょくたつでんきしきにっしゃけい》

←熱電堆《ねつでんつい》で測《はか》った直達日射《ちょくたつにっしゃ》のエネルギーを日射量《にっしゃりょう》に換算《かんさん》。赤道儀《せきどうぎ》（太陽《たいよう》を追尾《ついび》する器械《きかい》）に取《と》り付《つ》けて使用《しよう》。

## 降水《こうすい》

雨《あめ》や雪《ゆき》、霰《あられ》、雹《ひょう》などが地面《じめん》に落《お》ちてくる現象《げんしょう》のことで、水《みず》に換算《かんさん》した量《りょう》（降水量《こうすいりょう》）を測《はか》る。降水量《こうすいりょう》はそのまま水《みず》が流《なが》れ去《さ》らずにたまった場合《ばあい》の水《みず》の深《ふか》さのことで、単位《たんい》はmm。

### 貯水型雨量計《ちょすいがたうりょうけい》

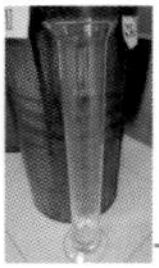

←貯水《ちょすい》ビンにたまった雨水《あまみず》を雨量《うりょう》ますに移《うつ》して測《はか》る。

### サイフォン式自記雨量計《しきじきうりょうけい》

←たまった雨水《あまみず》の重《おも》さを記録《きろく》してから、サイフォン（高《たか》いところから低《ひく》いところに液体《えきたい》を移《うつ》す隙間《すきま》のない曲《ま》がった管《くだ》）で排水《はいすい》するしくみの雨量計《うりょうけい》。

1886年《ねん》　1937年《ねん》　1959年《ねん》

### 直径《ちょっけい》10cmの雨量計《うりょうけい》

↑たまった雨水《あまみず》の深《ふか》さを測《はか》る。

### 転倒《てんとう》ます型《がた》雨量計《うりょうけい》

←0.5mmの雨水《あまみず》がたまるごとにますが転倒《てんとう》する。その回数《かいすう》から雨量《うりょう》を測《はか》る。

## 高層気象《こうそうきしょう》

上空《じょうくう》の気圧《きあつ》や気温《きおん》、湿度《しつど》、風《かぜ》などを測《はか》ることで大気《たいき》の状態《じょうたい》を知《し》る。以前《いぜん》は観測項目《かんそくこうもく》によって観測《かんそく》の名前《なまえ》が違《ちが》っていたが、現在《げんざい》はまとめてラジオゾンデと呼《よ》んでいる。

### 測風経緯儀《そくふうけいいぎ》

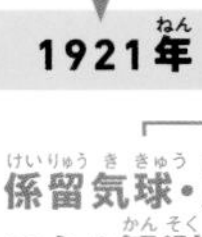

←方位目盛《ほういめも》りのついた望遠鏡《ぼうえんきょう》。飛《と》ばした小型気球《こがたききゅう》の方《ほう》向《こう》から風向《ふうこう》・風速《ふうそく》を測《はか》る。

### レーウィン観測《かんそく》

←小型無線機《こがたむせんき》を付《つ》けて飛《と》ばした気球《ききゅう》の位《い》置《ち》を方向探知《ほうこうたんち》機《き》で特定《とくてい》し、風《かぜ》を観測《かんそく》。

### レーウィンゾンデ観測《かんそく》

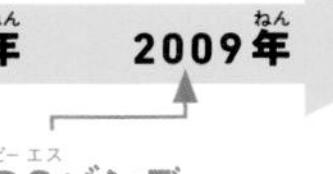

↑ラジオゾンデ観測《かんそく》とレーウィン観測《かんそく》を同時《どうじ》に行《おこな》うことができる。

1921年《ねん》　1922年《ねん》　1944年《ねん》　1952年《ねん》　2009年《ねん》

### 係留気球《けいりゅうききゅう》・凧《たこ》による観測《かんそく》

←気圧《きあつ》、気温《きおん》などを測《はか》る機《き》器《き》を吊《つ》るした気球《ききゅう》や凧《たこ》で上空《じょうくう》を観測《かんそく》。

### ラジオゾンデ観測開始《かんそくかいし》

←上空《じょうくう》の気圧《きあつ》や気温《きおん》など、測定《そくてい》した情報《じょうほう》を送信《そうしん》するための無線《むせん》送信機《そうしんき》を備《そな》えた測器《そっき》。

### GPS《ジーピーエス》ゾンデ

←高度《こうど》の計算《けいさん》や風向《ふうこう》・風速《ふうそく》の観《かん》測《そく》にGPS《ジーピーエス》信号《しんごう》が利用《りよう》されたもの。

# おわりに

ここ最近《さいきん》、『すごすぎる天気《てんき》の図鑑《ずかん》』シリーズを読《よ》んでくれた小《しょう》・中《ちゅう》・高校《こうこう》の生徒《せいと》さんが、私《わたし》のところに取材《しゅざい》にきてくれたり、気象研究所《きしょうけんきゅうしょ》の見学《けんがく》にきてくれたりする機会《きかい》が多《おお》くなってきました。そのなかには、図鑑《ずかん》を読《よ》んで気象《きしょう》への興味《きょうみ》が深《ふか》まり、「気象庁職員《きしょうちょうしょくいん》になりたい」と思《おも》った方《かた》や、「どうにかして荒木《あらき》に会《あ》って雲《くも》の話《はなし》をしたい」と自治体《じちたい》などのプロジェクトに応募《おうぼ》して、実際《じっさい》に会《あ》いにきてくれた熱《ねつ》意《い》のある方《かた》もいました。これは私《わたし》にとって、ものすごくうれしいことです。

『すごすぎる天気《てんき》の図鑑《ずかん》』シリーズを書《か》きはじめた頃《ころ》には、「これを読《よ》んでくれた人《ひと》に天気《てんき》のおもしろさが伝《つた》わるといいな」となんとなく思《おも》っていたくらいだったのですが、読《どく》者《しゃ》のみなさんが実際《じっさい》に天気《てんき》に興味《きょうみ》を持《も》ってくれたり、気象《きしょう》学《がく》を志《こころざ》すようになってくれたりする姿《すがた》を見《み》て、私自身《わたしじしん》がとても励《はげ》まされています。これを読《よ》んでくれているみなさんにも、心《こころ》からの感謝《かんしゃ》を伝《つた》えたいです。

コロナ禍《か》が落《お》ち着《つ》き、人前《ひとまえ》で講演《こうえん》する機会《きかい》も少《すこ》しずつ増《ふ》えてきました。もしお住《す》まいの地域《ちいき》で私《わたし》が講演《こうえん》する機会《きかい》があったら、ぜひ遊《あそ》びにきて声《こえ》をかけてやってください。一《いっ》緒《しょ》に空《そら》や雲《くも》のおもしろさを語《かた》りましょう。そのときには、どんな雲《くも》が好《す》きか、雲《くも》の魅力《みりょく》は何《なに》かなど、みなさんの**雲愛**《くもあい》を教《おし》えてくれるとありがたいです。

荒木健太郎

## 参考文献《さんこうぶんけん》・ウェブサイト

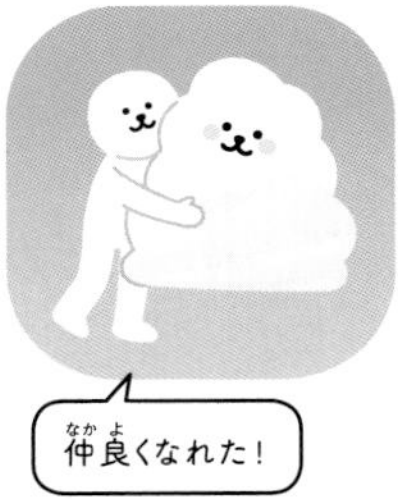



荒木健太郎『すごすぎる天気の図鑑』(KADOKAWA)
荒木健太郎『もっとすごすぎる天気の図鑑』(KADOKAWA)
荒木健太郎『雲の超図鑑』(KADOKAWA)
荒木健太郎『世界でいちばん素敵な雲の教室』(三才ブックス)
荒木健太郎『読み終えた瞬間、空が美しく見える気象のはなし』(ダイヤモンド社)
荒木健太郎『雲を愛する技術』(光文社)
荒木健太郎『雲の中では何が起こっているのか』(ベレ出版)
荒木健太郎・津田紗矢佳『天気を知って備える防災雲図鑑』(文溪堂)
荒木健太郎・津田紗矢佳『空を見るのが楽しくなる！雲のしくみ』(誠文堂新光社)
倉嶋厚『季節の366日話題事典 付・二十四気物語 新装版』(東京堂出版)
倉嶋厚・原田稔(編著)『雨のことば辞典』(講談社)
倉嶋厚(監修)『風と雲のことば辞典』(講談社)　高橋健司『空の名前』(角川書店)
公益社団法人日本雪氷学会(編集)『雪と氷の疑問60』(成山堂書店)
鴨川仁・吉田智・森本健志『雷の疑問56』(成山堂書店)
片岡龍峰『日本に現れたオーローラの謎』(化学同人)
堤之智『気象学と気象予報の発達史』(丸善出版)
バウンド(著)・秋山宏次郎(監修)『こどもSDGs』(カンゼン)
菊池聡『なぜ疑似科学を信じるのか』(化学同人)　吉野正敏『新版 小気候』(地人書館)
石田完, 1964: 積雪の音響特性. 低温科学, 物理編, 22, 59-72.
田近英一, 2007: 全球凍結と生物進化. 地学雑誌, 116, 79-94.
Hoffman, P. F., et al., 2017: Snowball Earth climate dynamics and Cryogenian geology-geobiology. Sci. Adv., 3, e1600983.
Lam, R., et al., 2023: Learning skillful medium-range global weather forecasting. Science, 382, 1416-1421.

NASA『EOSDIS Worldview』 ►https://worldview.earthdata.nasa.gov/
(公財)河川財団『水辺の安全ハンドブック』 ►https://www.kasen.or.jp/mizube/tabid129.html
IPCC『Climate Change 2021: The Physical Science Basis (AR6 WG1 Report)』
►https://www.ipcc.ch/report/ar6/wg1/
文部科学省・気象庁『日本の気候変動2020』 ►https://www.data.jma.go.jp/cpdinfo/ccj/
環境省『気候変動影響評価報告書』 ►https://www.env.go.jp/press/108790.html
防災アクションガイド ►https://bit.ly/3oH06Om


## 写真提供《しゃしんていきょう》

佐々木恭子(P13・P17・P21・P31・P33実験・P41・P43実験・P47実験・P49・P50虹・P59実験・P97)、星井彩岐(P15レンズ雲の彩雲)、seesaw(P19こちらに向かう飛行機雲と離れていく飛行機雲・P153飛行機雲)、ながらみ(P19成長した飛行機雲)、酒井清大(P23かなとこ雲・P79神鳴)、柴本愛沙(P25レンズ雲)、池宮城サキ(P25波状雲・P154笠雲/レンズ雲)、takako.ikd_(P35)、川村にゃ子(P36環天頂アーク/環水平アーク)、福井和子(P45白虹)、佐藤彩(P61積乱雲から生まれる反薄明光線)、藤野丈志(P67雪片・P75新雪/こしまり雪/しまり雪/こしもざらめ雪/しもざらめ雪/ざらめ雪/表面霜・P107)、梅原章仁(P79塵旋風)、藤原宏章(P91南極のオーロラ)、士別市 嘉藤哲志(P91北海道のオーロラ)、まりも(P103・P105)、上之原咲子(P154飛行機雲)、佐野ありさ(P155かなとこ雲)、小林麻子(P155乳房雲)、北海道大学医学部ボート部(P36マルチディスプレイ・ハロ)、NASA(P43・P101・P139の気象衛星画像)、国立国会図書館(P71)、防災科学技術研究所雪氷防災研究センター(P74)、気象庁(P87ナウキャスト・P119土壌雨量指数・P137・P151・P159)、気象庁気象測器検定試験センター(P143気象ロケットの打ち上げ・P166湿球温度計/塩化リチウム露点計/電気式湿度計・P167アネロイド型気圧計/振動式気圧計/静電容量式気圧計/超音波式風向風速計・P168ジョルダン式日照計/回転式日照計/ロビッチ型全天日射計/直達電気式日射計・P169貯水型雨量計/サイフォン式自記雨量計)、PIXTA(P47ダイヤモンドダスト・P133)、Adobe Stock(P109)、荒木健太郎(そのほかすべて)

### クイズの答《こた》え

P3：50人《にん》(パーセルくん45人《にん》、パーセルさん5人《にん》/なおP111「二十四節気《にじゅうしせっき》の分類《ぶんるい》」中央《ちゅうおう》はパーセルくんとカウント)　P35：環天頂《かんてんちょう》アーク、22度《ど》幻日《げんじつ》、幻日環《げんじつかん》、上部《じょうぶ》タンジェントアーク、うっすら22度《ど》ハロとパリーアークと上部《じょうぶ》ラテラルアーク　P129：2時間《じかん》にひとり(60000mmのときに6秒《びょう》にひとりなので、50mmの場合《ばあい》には(60000mm÷50mm)÷6秒《びょう》=7200秒《びょう》=2時間《じかん》)　P165：曇《くも》り一時雨《いちじあめ》

# さくいん

## ま



## や



## ら



## わ



## な



## は





## た





※太字《ふとじ》は詳《くわ》しく説明《せつめい》したページ、( )内《ない》は『すごすぎる天気《てんき》の図鑑《ずかん》(図鑑《ずかん》1)』、
[ ]内《ない》は『もっとすごすぎる天気《てんき》の図鑑《ずかん》(図鑑《ずかん》2)』、〈 〉内《ない》は『雲《くも》の超図鑑《ちょうずかん》(雲図鑑《くもずかん》)』で詳《くわ》しい説明《せつめい》のあるページです。

# SPECIAL THANKS

この本《ほん》の制作《せいさく》にあたり、「先読《さきよ》みキャンペーン」に1884名《めい》が参加《さんか》され、
とても多《おお》くの“雲友《くもとも》”のみなさまにお世話《せわ》になりました（敬称略《けいしょうりゃく》）。
本当《ほんとう》にありがとうございました。今後《こんご》ともよろしくお願《ねが》いいたします。

川田央恵、マツヤマチヒロ、うてのての、山本秀一、山本深雪、NOAH、関原のり子、深谷恵美、こやまもえ、佐藤望、藤本絵里、佐々木恭子、津田紗矢佳、太田絢子、斉田有紗、星井彩岐、seesaw、ながらみ、酒井清大、柴本愛沙、池宮城サキ・寺田真莉、takako.ikd_、川村にゃ子、福井和子、佐藤彩、藤野丈志、梅原章仁、藤原宏章、嘉藤哲志、まりも、上之原咲子、佐野ありさ、小林麻子、新垣貞則、濱上崇史、勝島隆史、森田正光、斉田季実治、菊池真以、松本直記、市川隆一、近藤肇、片平敦・楓、山下陽介、木山秀哉、国友和也、イノセンメダカ、林和彦、片山俊樹、行川恭子、井上創介、新村美里、田中健成、川原博満、石井日菜、渡邉朱里、赤松直、田中健路、山下克也、山口悟、伊藤陽一、加藤正明、田中康弘、鈴木智恵、中原一徹、小松雅人、奥田純代、宮脇秀一、前田智宏、大場（提髪）玲子、新井千夏、新井菜央、丸山末久、木村充慶、佐々木晶二、明城徹也、江守正多、夫馬賢治、岡本基良、藤島新也、伊藤裕平、神之田裕貴、砂田肇、高崎万里子・翼、岩崎泰久・ふみ・はるひろ・くみ、岡田・加島・理江、東京都立三鷹中等教育学校（長谷川野維・山下心羽・阪上夏子・坂上智康）、池田宰・なつみ、玉野美詩緒、一村花音・慶、井澤明音・尚子、小倉由佳・かれん、あきべえ・さかもとあずさ、内田えり・えいた、北脇一樹、山田悠斗・めぐみ・晃、大島紗月、高橋優子・悠明、渡邉浩朗・ひとみ・真尋・ちひろ・ちあき、幸来・怜来・英汰・せり、石田彩・碧生、堀口真由美・紗永、長野聡、眞能亮輔・朋也・千晴、山口璃子、加藤環、夕岐子・瑛志・璃乃、おおでこはる·じゅん·かなえ、目取眞美幸・桃華、Ran, Mira and Kinue、下地純敬・純子、後藤一英・千晶・将冴・卓哉、前川英秋、田村啓子・すぴか☆、佐々木陽彩・碧、かりん・あんず・ともき、いくゆうりょうりこあかり、みやざきかの・さやか、和泉慶信・琴子、窪煌星、山本星乃華・風宇香・航輝・涼加、七那葉・飛翔、ナオ・ナミ・ふとん・ピーすけ、千晴・円乃・茉和、上田ともみ・まな・すもも、手塚麻衣子・俊作・巧望、福田蕗子·恵子、中谷彩乃・未佳子、富田結菜・絢菜、諸麦優美子・咲子・貴美子、小野寺博・一登、吉本縁、かりん・みー・なっつん・よし、理央、地引陽音、美咲＆拓美、三國尚代・翠音、岡﨑百花・美帆、許斐知華・結、長坂利昭・莉子・明莉、須山幸治・陽斗・礼斗、横山侑希、新井仁香、ふみか、常木達也・優音・侍之介、みなね、佐久間祐樹・智央・好央、森美恵子・彩夏、小池みや子・誠一郎・美日・素日、とらまめ、雲くまーじ、佐藤ちゆり、松本優摩、村上優菜、ぶるーもーめんと、森長幸大、牧佳宏・彩佳・環希・七海、てらじ・太陽、阿部雄稀、田邉和子・日奈太、片倉由紀・慎也・凜・涼葉、山縣一平、小川智洋・千陽・稜仁・蒼生、赤羽美空、原陽菜乃・陽由起、岡田麻衣、とーる＆とーこ（娘）＆ふみ（娘）、とみおかかずは＆ママ、えんどうみどり、★たいがくん☆、篠原千輝、角谷明日美、大地・光・花・花・みのり、稲田真之・直弥、あきピエロ、藤澤翔馬・すみれ・稔、イタバミナミ・アキコ・ヨウイチ、及川伸一・円・周・陽織・陽向・陽鞠、みーちゃん・みーママ、川上結衣、前川寛人、ニャゴ(=^・・^=)、なすお、海老原満惠・美咲・翼、久村純子・理帆奈、はるまき、mikako-miura、焼きマシュマロ、荒井友紀★成一★良一、たなかみのり、南宏樹、とっしー、辻井侑里、真鍋結衣、天音、nanakuroyasu、深澤亮、こうちゃーーーん、長美南、そらのさかな.、ちょこ、ぴーちてぃー。、かねちゃん、高柳朱里、ジュードちゃん、kumoranian、ムセル・G・マロネ(新)、ななねん、yuhaku、さっちゃん、もなか、Ei、宮崎智加、安倍啓貴、Acloud、あしたば、伏見朋音、ふわふわひよこ、まっしゅるーム、北野湧斗、芳賀愛、久野敦矢、杵島裕樹、じおねこ、佐藤真、逢（禮）、yoko-tan、藤江陽子、駅の目録屋、富実子fufufu、響蘭悦、kernel_s、miu、オフトゥンニキ(:3[____]、鈴木寛之、こかぶ、井上美帆、Yoriko NISHIZAWA、skyqumin、Amelie_rainbow、大塚宏彦、橋本和樹、増田亮介、勝山恵子、もちねこ、@watagumo369、Runner 44、井戸井さやか、しなもん、片山幸江、にゅーどーぐも、佐久間理志、▲hideaki△、Nuitfroide、小林佳奈美、災害モンスター研究所、真冬の積乱雲、彰子、芳賀まりか、pugi pugi、Miki＆Lui＆Emil、まろまゆ、日暮千里、葵野ケイコ、前川歩、奥田波奈子、加瀬明子、中江文隆、おおやりつこ、神田静江、KeiNakanishi、森川加奈子、池田由利子、久富悠生、定直彰子、大間哲（くま香み）、妄想ハワイアン。、鈴木志穂、タケウチケンジ、川口由香里、日切勇輝、山本恭世、foxtail、後藤由美、征陸ランタナ和泉、雪風巻、オニッチ、ぴょん、山口紀之、篠原真理、おがわぎゃーこ、astraia、清白、永田統計、おかなつみ、rin、みーさんらん、しながわまなみ、sora*、芥田武士、Sumi、古谷由果理、海老沢左知子、らー、木村さとみ、ためにしき、棚橋由美子、小川絢子、徳永由里子、赤間洋子、Hokulani、ふわまみ、足立佑太、kiyo3、浅村芳枝、星野有香、丹代ひとみ、きんとと雲、SOKO、給田俊介、瀧下恵巳子、akisora、眞弓、金森哲郎、大久保賢一、小川豪、大橋優佳子、石丸吉隆、ゆめみあすか、Sophia、吉川創、佐藤絢子、沖田雅子、廣工房、yolu、瀬尾さちこ、佐野栄治、けいこ、紗菜、息子ふたり妻ひとりの気象予報士、菊池えみこ、松尾朋子、lune章、久保田美恵、盛内美香、和田典子、まなべ整骨院、田中淳平、浅井孔徳、Nako、三浦大平、川﨑圭子、ドルディーズ富ヶ岡、村竹恵子、小森麻子、杉本誠子、森田次郎、mocociel、坂原明裕、戎居見世子、熊見羊祐、maru52、町直樹、折本治美、はらぐちさちえ、山田博之、遠藤健浩、芽衣、田宮裕子、竹谷理鯉、くろ×ちゃー、果てしないオオゾラ、奥山進、紙田正美、矢﨑玲、武隈俊次、芳賀美和、ゆもとさちみ、飯尾陽子、南戸真衣、豊島桜、maftaro、森屋広美、西川貴久、MARS☆、Kayo(DearPrincess)、宮本美代子、ハヤシレイコ、山西由香、佐藤彰洋、空飛ぶペンギン、小林孝至、もちよし、木津努、あんどん、真野姫世美、島村佳世子、micco、東沙莉衣、mou_mou、ひがしひとみ、Ito,Hiroshi & Aiko (JW)、大久保実佐子、眞弓和江、石毛圭子、やまなかれいこ、ユミ、谷口綾音、斎藤悦子、あいそらさくら、ゆきだるまるま、しいね、西田妙子、松場英樹、ゆいねこ、安藤博則、山口佳代、堀田真由美、えりとなお、菅谷智洋、Hiromi.D36、藤田一美、九時、野月信子、SACHIE、実佳、安田由香、cfm90210、yukko、N-train、渡ひろこ、吉見和紘、かしむらさよこ、細川貴史、山際みず希、高月摩里子、キノオヴァ、おトキ、zitu、山下咲織、坂本安子、高岸亜耶乃、

お天気ママ ゆーみん、長井文、山下留美、ずっと恵、新井勝也、大井匡之、中西智子、磯野友紀、太田佳似、越田智喜、keco、レインボーアリス、こやなぎななえ、bakaneko、tod、すえ、ちびくろ、鈴木敦子、水野敏明、otoiro nature、菊地高史、あきしゃん。、希道、吉田信夫、諏訪友美、Ryo☆T、大村次郎、小山敦子、長谷川なおや、さめ島かな子、石和田希、のだしぶき、Chi Pie、宍戸由佳、ナカツ、すえこもり、浅野貴三子、石田真也、まいこ、君塚祐斗、岡留健二、和田章子、ミニドラえもん、小川萌子、田中（響）剛、高山み、ひかるパパ、中村和美、あおぞらK24、kaori.m、小口恵美、児玉友紀、秋雨、菊地真美、碧海、きなことそら、はまちゃん、山中陽子、神尾広子、岡本仁美、こじまともひろ、KAORU、*ざうるす*、りょん、KAYOKO、ちょぎ、彩心（いろは）、尾﨑知子、友歌、浅井透護、kappy、南原煎餅店、ｴｰｼﾞｪﾝﾄショコラ、yurihoda、丹羽広美、齊藤丈洋、白ネコメノウ、りき丸さに丸、花猫うり、泉田眞理子、やたにいっちゃん、はたぼう&しお、辰巳裕介、井上純、IKU、野山幸江、ミウラチカ、レラ、佳（よっしー）、亀田雪子、紺頼朋子、岡本美由紀、大畑早苗、柴田貴美子、豊福深雪、おさんぽんだ、待場寿子、むっちゃんかっちゃん、松永ゆり、minorin_heart、はっぴーかえる&ケヨ34、よっこ、増田美恵子、山村友昭、るるるんるだまるちゃん、Fusa、みっきーみきたん、まりっぷる、なおいわさん、maidari、小倉愛弓、SORA16、永山幸達、そらら、ゆっか、初谷敬子、chico、kaga3mochi、尾﨑幸克、由きらり、前田歩、井上幸史、関根朋美、真々田竜太郎、縣晴香、chino kuroro、mario_oiram、本多真理子、都嵜祥人、harewaka工房、水野安伸、でしぞー、クロワッサン、H.H.H.M、米田こずゑ、秋元淳子、natsu omi、川上佳子、秋山昭代、加藤聡子、橋爪美貴子、皆見節子、かわだなおみ、深尾みちよ、見尾千代子、木原均、中北宏、中川洋香、氏家美智代、永野孝明、山崎秀樹、mistral、種村美保子、河野香、mariko、グリンティ、ごん、茜、荻嶋美夕紀、古田五月、百合野。、後藤憲一、mikiT、鈴木真由美、みはせいちち、かじななこ、はこたんママ、ねっち、まるまるみ、古川浩康、齋藤菜保美、中内美穂、ころぴー、山本充裕、上杉倫子、えぬとう、岩松公徳、佐々木江利子、窪木睦美、しゅうへい、Kimiko.S、ひーなママ、菊池元秀、塚原久美子、るな、中野芳子、藤原優、ごましおこんぶん、春は菜の花、かおうみちよ、かわすぎけんじ、豊泉宏太、有川美樹、吉村京子、内田衣子、パルジュン、佐中美雪、蓼沼厚博、いとさち、みんみん、樋口智子、遥空ママ、フルが走りたいCK、Milk1145、梶尾奈月、野末枝里、みかづき、太田聡子、ろころら、松本由美子、三神強、あんこ、吉岡貴子、望月清永、めるてぃ☆、太田優美、ゆづはるママ、伊藤嘉高、のび犬、nao.39108、ろく、貝原美樹、森順美、すゆうまま、tamo1200、りらMarira、すねちゃん、國枝裕子、小川麻紀、橋本典和、中川みくる、ricakun、ヤギとかにぱん、きむらちはる、永江佳恵、高梨かおり、福田佳緒里、tomocha、harmony018、りしゃる★☆、橋田健太郎、noko、宮西映子、大我優子、つつみさくら、TOMOKO.KEN、武田奈緒美、鳥潟幸男、lilite、かずお、よしだあやと、髙島克子、土井修二、あいろにぃ、春さん大好きあゆ、岡前憲秀、早起きささみ、桜もち、チャコアンドレア、浦元彩子、照泉、福田巧、チェンタン、かよるん。、森下玲奈、MI、ハルヤマケンタロウ、淵上晴美、焼きそばたべる、安部貴之、24-Jun、栗山空大、うちだけいこ、コハシ子、だいちゃんbsp、内田龍夫、髙橋克実、すばる、岸なおこ、きょーちん、SAITO Kenjiro、Chiharuaochan、中村真由美、小田川琢郎、宮内尚代、佐々木仁、平松早苗、Yuma Kuroki、くまりゅう、前島麻美、星奈津子、ぱんだ、Masashi ADACHI、中岡聡、夢野、コーヒーノキ、天野一恵、木村将史、どりりん☆なごや、清水智恵子、田中美里、えころ爺、森田雅美、早坂敦子、川崎てるてる坊主、あるちゅ、まつおのりこ、堀口隆士、kisato、mayumin.T、朝倉明、赤塚香織、めざてんゼミ59ランひろ、むうとまま、うめぼし12345、chiruru、Spica★、真生、ひろりん@ITストラテジスト、今泉知也、ロロン2026N、雷鳥、羽廣正樹、みおみこママ、木村瑚白、瑠璃、ax_nanba、細野茜、じょにぃ、はやチャン、前川昭、早川浩美、金井利郎、望雲舎、高橋美希、mariomario、Super Typhoon ICHIRO、Masumi.I、もりこ、元木久憲、波多野和代、まるちゃん、似非恵比寿、ゆう@宮城、kyoko.519、下田啓司、yasuko、しあり、草野健、そらまめ、いがちゃん、久高ゆず、平城ツバメ、太田敏一、sanagi・unagi、山口恵美、apollonia涼子、ユミル・イェーガー、mana.、植田裕美子、佐田ちひろ、根岸真理、zakku親子、かっぱちゃん、ゆずきち、深井孝之、マオ、鳥居瑞樹、ヤマモトケイコ、平野智香、石原香織、みーさん☆、村山純子、すばっちょ、華、Toshihiro Odai、三田、URIBO、串田美佐子、橋本（もち）、琉（りう）、有馬正一郎、工藤周一、渡邉傑、はりる、みあにゃん・あきらっきー、NARUMI.O、ライム、岩永勅、平田裕子、暈松（かさまつ）、飯田奈々、坂内敦、kazusan、takako.ikd_、亀山友理佳、@tktktw、さくらいよしのり、さかもとはつみ、ゆべし（笹の方）、だん、前田舞、おとたま、ラビットちはる、葛生泰子、shuriri、伊藤祐樹、上杉和美、佐藤優、加藤元士、shirolove、まりちゅ、野田紗蘭、とかめろん、嘉悦ルパン正美・上村あけみ、外内賢、Midori Motoki、森川陽子、midori hatakeyama、みやや、江崎晶子、WNAおつかれ、kay_kaoru、izumo_ Four Seasons、田口大、まさかえる、anohinosora、kikoheat、田島優介、智弘さん頑張れ！ひろ、さとうーまる三、鎌田義春、ゆぅ、岡田けいこ、鵠、防災ママかきつばた、原田ゆかり、tacome、よもぎ、植草広長、ほしのそらみ、片山和美、ハタヤマカエコ、たいよー、中西智道、飛亭・手塚英孝、空と心、midoaki17、粟井一樹、真由美40、龍晴、おーさま、滝沢有里彩、冨名腰泰子、安見珠子、有利、rzryw_Danyo、森勝、弦音（itone）、kauai46、えみかな33、武田あきこ、のこのこ、宮杉正則、えりこ、枝光さやか、とんとん、安原みち、雲（もくも雲）、前崎久美子、尾崎容子、うばがいゆきお、瀬戸口隆、空丸風、潤子、wakka、髙桑房子、大津洋、惣慶靖、松本瑞代、大西将雅、サダきち、えみか。、岡田美穂、めぐちゃん、沖豊和・美智、小林俊夫、菅野真美恵、era yoshiko、猪瀬悠希、でーち、小田中、くもくた、小口尚子、貴方の手は何時も青い、石山浩恵、nicyan、市川奈己路、かずみtrish la、彩月、ほんまゆりこ、chopa、古屋美紀、河原智、オオカミ、荒木凪・雪・めぐみ、麦秋アートセンター、PANDASTUDIO.TV、てんコロ.、PIXTA、Adobe Stock、北海道大学医学部ボート部、アメリカ航空宇宙局（NASA）、国立国会図書館、防災科学技術研究所雪氷防災研究センター、日本雪氷学会関東・中部・西日本支部／北信越支部、気象庁、気象庁大気海洋部観測整備計画課、気象庁気象測器検定試験センター、気象庁高層気象台、気象庁気象研究所

荒木健太郎（あらき　けんたろう）

雲研究者・気象庁気象研究所主任研究官・博士（学術）。

1984年生まれ、茨城県出身。慶應義塾大学経済学部を経て気象庁気象大学校卒業。専門は雲科学・気象学。防災・減災のために、気象災害をもたらす雲のしくみの研究に取り組んでいる。

映画『天気の子』、ドラマ『ブルーモーメント』気象監修。『情熱大陸』、『ドラえもん』など出演多数。主な著書に『すごすぎる天気の図鑑』『もっとすごすぎる天気の図鑑』『雲の超図鑑』（KADOKAWA）、『読み終えた瞬間、空が美しく見える気象のはなし』（ダイヤモンド社）、『世界でいちばん素敵な雲の教室』（三才ブックス）、『雲を愛する技術』（光文社）などがある。

X（Twitter）・Instagram・YouTube：@arakencloud

『すごすぎる天気の図鑑』特設サイト（2024年3月現在）
https://sugosugiru.kadokawa.co.jp/tenki/

空《そら》のひみつがぜんぶわかる！

最高《さいこう》にすごすぎる天気《てんき》の図鑑《ずかん》

2024年4月2日　初版発行

著者／荒木《あらき》　健太郎《けんたろう》

発行者／山下　直久

発行／株式会社KADOKAWA
〒102-8177　東京都千代田区富士見2-13-3
電話0570-002-301（ナビダイヤル）

印刷所／大日本印刷株式会社

製本所／大日本印刷株式会社



●お問い合わせ
https://www.kadokawa.co.jp/（「お問い合わせ」へお進みください）
※内容によっては、お答えできない場合があります。
※サポートは日本国内のみとさせていただきます。
※Japanese text only

定価はカバーに表示してあります。


ISBN 978-4-04-606631-2　C0044